城市花灌木

◎李 琳　李清清　吴 佳　李 健　陈 乔　主编

中国农业科学技术出版社

图书在版编目(CIP)数据

城市花灌木 / 李琳等主编. --北京：中国农业科学技术出版社，2023. 5

ISBN 978-7-5116-6243-9

Ⅰ. ①城…　Ⅱ. ①李…　Ⅲ. ①木本花卉-灌木　Ⅳ. ①S685

中国国家版本馆 CIP 数据核字(2023)第 054009 号

责任编辑　于建慧
责任校对　王　彦
责任印制　姜义伟　王思文

出 版 者　中国农业科学技术出版社
北京市中关村南大街 12 号　　邮编：100081
电　　话　(010) 82109708 (编辑室)　　(010) 82109702 (发行部)
(010) 82109709 (读者服务部)
网　　址　https://castp.caas.cn
经 销 者　各地新华书店
印 刷 者　北京中科印刷有限公司
开　　本　170 mm×240 mm　1/16
印　　张　13. 25
字　　数　276 千字
版　　次　2023 年 5 月第 1 版　2023 年 5 月第 1 次印刷
定　　价　68. 00 元

编　委　会

策　划：曹广才（中国农业科学院作物科学研究所）

主　编：李　琳（北京市农业技术推广站）

李清清（廊坊市农林科学院）

吴　佳（皖西学院生物与制药工程学院）

李　健［天津市水上公园管理处（天津水上公园）］

陈　乔（汉中职业技术学院）

副主编（按姓氏汉语拼音排序）：

曹浥尘（北京城艺公共艺术发展有限公司）

寇　宇（北京市市政工程设计研究总院有限公司）

王　洁（皖西学院环境与旅游学院）

杨　林（北京市农业技术推广站）

朱旺生（皖西学院环境与旅游学院）

编　委（按姓氏汉语拼音排序）：

安凤霞（皖西学院生物与制药工程学院）

包　宁（皖西学院生物与制药工程学院）

陈存武（皖西学院生物与制药工程学院）

崔建平（廊坊市莲韵苑湿地生态研究所）

都斌斌（皖西学院生物与制药工程学院）

郭鑫莹（廊坊市农林科学院）

吉建斌（廊坊市农林科学院）

马丽萍（衡水市园林中心）

桑士舟（廊坊市农林科学院）

孙甜甜（衡水市园林中心）

王国军（汉中市农业技术推广与培训中心）

杨美娟（永清县自然资源和规划局）

作者分工

第一章　概述

第一节　花灌木在园林景观中的应用 …………………… 李琳，曹浥尘，寇宇

第二节　适地应用的原则与方法 ………………………… 李琳，曹浥尘，寇宇

第二章　花灌木种植与养护管理

第一节　苗木种植与管理………………………… 李清清，吉建斌，桑士舟，郭鑫莹，马丽萍，孙甜甜

第二节　肥水管理 ………………………… 李健，李清清，吉建斌，杨美娟

第三节　修剪和整形 ……………………… 李健，李清清，吉建斌，杨美娟

第四节　特色栽培技术 …………………… 李健，李清清，吉建斌，杨美娟

第三章　常见灾害及其防治

第一节　病害及其防治 …………………… 李健，李清清，吉建斌，杨美娟

第二节　虫害及其防治 …………………… 李清清，李健，孙甜甜，崔建平

第三节　自然灾害及其防治 ……………… 李健，李清清，马丽萍，杨美娟

第四章　种质资源和引种驯化

第一节　种质资源 ………………………… 李健，李清清，桑士舟，崔建平

第二节　种质资源的配置 ………………… 李健，李清清，郭鑫莹，崔建平

第三节　异地种植和引种驯化…………………………… 吴佳，朱旺生，王洁，都斌斌，包宁，安凤霞

第五章　常见城市花灌木种类

第一节　毛茛科—海桐科 …………………………………… 吴佳，陈存武

第二节　蔷薇科 …………………………………………………………… 杨林

第三节　豆科—山茱萸科 ………………… 陈乔，曹浥尘，寇宇，王国军

第四节　杜鹃花科—山榄科………………………… 李清清，吉建斌，桑士舟，郭鑫莹，孙甜甜，马丽萍

前言

花灌木是城市园林景观的重要组成部分。

花灌木种类繁多且具有较高的观赏性，造型可塑性高、色彩艳丽，可以修剪成各种造型，营造出多彩的园林景观，还可以通过人工措施将其塑造成各种造型，如花篮、花球、花篱、花墙、花带、动物造型、几何图案等，以丰富城市景观。花灌木还具有良好的适应性，且抗逆性、耐盐碱以及耐贫瘠性能良好，起到温度调节、消声降噪、保持水土、净化空气的作用。目前，在园林绿化过程中丁香、海棠、腊梅、木槿、刺梅等都是较为常见且美化效果较好的花灌木，在实际应用过程中，需结合地区实际情况选择合适植株类型。

本书系统总结了城市花灌木的特性及应用方法，全书由 5 章组成。第一章概述了花灌木在园林景观中的作用，介绍了花灌木适地应用的原则与方法；第二章介绍了花灌木的种植与养护知识和技术措施；第三章对城市花灌木通常遇到的灾害及其防治进行介绍；第四章分别介绍和论述了花灌木的种质资源、异地种植和引种驯化理论与实践；第五章图文并茂地展现了常见城市花灌木种类及其栽培技术，科序按照植物分类的恩格勒系统编排。

本书由多家单位联合编撰而成，限于学术水平和经验的不足，书中疏漏恐难避免，敬请广大读者不吝提出宝贵意见和建议。

编　者

2023 年 5 月

目录

第一章 概述

第一节 花灌木在园林景观中的应用

一、园林景观

(一) 景观

1. 概念

“景观”一词在英、德、俄语中的词义颇为相似，都是指自然风光、地面形态和风景画面，近代作为科学名词被引入地理学和生态学，具有地标可见景象的综合与某个限定性区域的双重含义。景观具有明确的边界和统一的外貌，可辨识性、空间重复性和异质性是其主要特征。狭义的景观是指一定范围内由不同生态系统类型所组成的异质性地理单元。广义的景观是指从微观到宏观不同尺度上具有异质性或斑块性的空间单元，即广义的景观概念的空间尺度随研究对象、方法和目的的变化而变化。简单来说，景观是指土地及土地上的空间和物质所构成的综合体，是反映统一的自然空间、社会经济空间组成要素总体特征的集合体和空间体系。

从社会实际情况看，凡被人们称为景观的物象都注入有文化底蕴，否则它只是具有某种特色的自然物像。因此，景观可以定义为是人类意念或创意在客观物像的呈现，是文化创意的符号。它有两种意境存在：一是人们在实践中对自然界富有特质和特色的物像的文化包装或修饰，例如“居庸叠翠”“西山积雪”“卢沟晓月”等景观，都是人们综合当地景致特色给出富有文化内涵的创意理念，使本不惊人的自然物像变成了引人向往的文化景观；二是人们按照社会需求所作的文化创意景观。例如延庆区千家店镇的百里山水画廊按照“百里画廊，山水人家”的创意对黑河、白河两岸的农业、民俗游及千亩葵花等物像进行统一包装与整合，构建了覆盖百里沟域的“山水画廊”景观。

不同学科对景观的定义不同。景观是受自然和人类因素的作用及其相互作用的影响从而产生被人类感知的、具有特征的一片区域（欧洲景观公约）。景观是人类生活其中的空间和环境，具有多种价值，同时又是一种记载人类过去、表达希望和理想、识别、认同和归属的语言和精神空间。当土地被人类所观测和感知时，它就成为景观，可以看到人类在地球表面的活动以及人类与环境相互关系的记录。对于景观的感知可以反映出一个人的态度，也可创造出不一样的情感变化，从不信任、恐惧一直到安定、愉悦。这些情感可以来自对现实景观的观测或者来自诗人、画家、作家描绘意象。景观是一个社会生态系统，包括自然生态系统和人工改造生态系统的镶嵌结合，具有典型的地貌、植被、土地利用、居住特征，会受到当地区域生态、历史、经济和文化进程等活动的影响。

2. 景观结构

农田景观结构与景观的结构一样，从空间形态、轮廓和分布等特征入手，可以区分出斑、廊、基、网和缘等5种空间类型。

（1）斑　又称斑块、拼块、嵌块体等，指不同于周围背景的非线条景观生态系统单元。目前，中国农业正处于从单一产业农业向多产业城郊型农业转化的阶段，与之相对应，农田景观格局中所包含的农田斑块，也不再单指原始农田中单一的耕地斑块。对农田斑块的划分，根据农田上农业用地性质的不同分为农田中的耕地斑块、农业中的设施斑块以及各种观光休闲农业园斑块等。其中，耕地斑块是农田景观格局演变过程中得到保留的原始农田部分，依然具有第一产业的功能，如大田、果园等；而设施斑块、园区斑块等则是为适应社会需求，在农田格局发展中逐渐演化出的新型斑块，也是使原始农田从根本意义上发生改变的决定性因素。这些斑块在城市边缘区农田景观格局的演变发展中不断地分裂重组。

（2）廊　又称廊道，指具有线状或带状的景观生态系统空间类型，是具有通道或屏障功能的景观要素，不同于两侧斑块的线状斑块。农田景观中廊主要包括河流、防护林、树篱、农村道路、机耕路、沟渠，其数量、构成、宽度、质量及连续性决定了城市边缘区农田景观中各斑块间物质与能量流的运送效率以及区域内各种人类活动的相互协调状况。

（3）基　又称基质，是一定区域面积内最大、分布最广而优质型很突出的景观生态系统，表现为斑、廊等的环境背景。

（4）网　又称网络，是指在景观中将不同的生态系统相互连接起来的结构。

（5）缘　又称过渡带、脆弱带、边缘带等，是指景观生态系统间有显著过渡特征的部分。景观生态系统在地球表面层次上的渐变特征，是缘的发生基础。

（二）园林景观

园林是指借助一定的空间范围，运用工程技术以及相应的艺术手段，通过对地形、种植的花草树木、建筑等进行改造、布置，进而使之能够形成具备自然美的环境氛围。园林景观是关于土地和户外空间设计的科学和艺术，是建立在广泛的自然科学和人文艺术学科基础上的应用学科。通过科学理性的分析、规划布局、设计改造、管理、保护和恢复的方法得以实践，其核心是协调人与自然的关系，它涉及气候、地理、水文等自然要素，同时也包含了人工构筑物、历史文化、传统风俗习惯、地方色彩等人文元素，是一个地域综合情况的反映。

现代园林景观的空间类型包括边界空间、内外空间、层次空间、序列空间以及“灰空间”（陈丹，2021），设计中要体现生态规划理念，应注意生态规划和园林景观设计、人和园林生态系统以及与区域特色文化结合（黎晓青，2021）。

二、花灌木在园林景观中的应用

花灌木具有良好的适应性，且抗逆性、耐盐碱性以及耐贫瘠性能良好，起到调节温度、消声降噪、保持水土、净化空气的作用。同时，花灌木具有较高的观赏性。尤其是在开花时节，多种类型的花灌木能够在园林景观中点缀出层次多样、丰富绚丽的景观景象，能够让人们充分感受自然的伟大与绚烂的生命力，满足人们在精神上的需求，同时这也是园林绿化的重要目标。目前，在园林绿化过程中，丁香、海棠、蜡梅、木槿、刺梅等都是较为常见且美化效果较好的花灌木，选择性多种多样。在实际应用过程中，需结合地区实际情况选择合适植株类型。

（一）种类丰富、应用广泛

花灌木由于其本身具有生存能力强、种类多样、美学价值和生态价值高等优点，被广泛应用于园林布景设计中，可充分发挥其自身优势，真正发挥其生态价值、美学价值等（阿丽米拉·阿依库尔曼，2016）。花灌木可以用于高大乔木与地面之间的过渡，还可以在草坪或湖池周围构成引人入胜的边饰。花灌木不仅可以用于花园设计，还可用于绿化工程的色块，从而给整体带来好效果，引起视觉冲击（易晓洁，2020）。

曾妍锋（2018）根据天津市西青郊野公园花灌木在城市美化建设中的用途及美化现状，将其分为以下几类：一是花篱类，即花灌木组成的较精美的墙垣，可以选作花篱的品种有金叶女贞、小叶黄杨、棣棠、蔷薇、玫瑰、红叶小檗、丰花月季、郁李、粉团蔷薇、黄刺玫、玫瑰、金露梅等；二是垂直美化类，即应用于攀缘棚架、花门、墙垣、假山等，主要品种有紫藤、凌霄、金银花、攀缘月季等；三是专类花园类，通常是由名贵优美的花灌木根据其五彩缤纷的花色、长短不一的花期、参差不齐的株形栽植而成，适宜的品种主要有玫瑰、牡丹、丁香、杂种香水月季等；四是可作孤植类的花灌木，要求开花繁茂、色彩艳丽或具芳香，重点突出其个体观赏效果，适宜品种有紫薇、石榴、探春、锦带、海仙、珍珠梅、木绣球、醉鱼草、贴梗海棠、天目琼花等；五是荒山美化类花灌木，品种中有不少野生品种可用于荒山的美化，如沙棘、野蔷薇、柠条、锦鸡儿等。

（二）株型各异，可塑性高

花灌木主要指以观花为主的灌木类植株。这类植株的主要特点是造型可塑性强、色彩艳丽，可以修剪成各种造型，营造出多彩的园林景观，对于园林工程是至关重要的植株类型，可应用在临近水源、溪流以及园内道路两侧的点缀布置（闫晗，2017）。实践中可通过规则式、自然式和混合式配植，彰显出多样景观效果，发挥多种生态效益，提升城市园林绿化品位，可在熟悉各种花灌木生态特性的基础上，进行合理的色彩搭配与适时适度的整形修剪，创造持久的艺术景观（陈为民，2012）。

花灌木能形成良好的群体效应，是园林绿化中不可缺少的植物材料，用这些植物进行群植，能充分显示大色块的群体效果，美化环境；花灌木适应性强，有利于保护生态环境；花灌木具有良好的装饰效果。花灌木种类繁多，可以通过人工措施将其塑造成各种造型，如花篮、花球、花篱、花墙、花带、动物造型、几何图案等，以丰富城市景观，有利于提高建筑物和地皮的经济价值，提高城市的品位（王永辉，2015）。

尹朝朝（2016）认为，灌木在园林植物群落中属于中间层，起着乔木与地面、建筑物与地面之间的连贯和过渡作用。因其种类繁多，既有观花也有观叶、观果的，更有花果或果叶兼美者。例如金银花对环境要求不太严格，适于种植的地区非常广阔，适宜与其他高大的木本药用植物间作，或攀附于庭园围篱起绿化作用，其柔韧的藤还能随意扎成新颖别致的造型，是集生态、观赏与经济价值为一体的绝佳品种。北京市怀柔—密云段的国道中间利用金银花作篱笆墙，房山区利用当地所产的野生品种进行村边道路绿化，门头沟区利用金银花进行生态修复，昌平区果园用金银花进行美化环境。同时，金银花的老茎可用作盆景制作，特别是变色的立本亚特二号金银花，花蕾由紫红变大红、粉红，花香四溢，四季常青，是集家庭观花、绿化、药用为一体的奇特品种。

（三）抗逆性好，生态值高

花灌木耐瘠薄、耐盐碱、抗逆性强，用其进行绿化，能够起到保持水土、消除噪音、调节气温、吸收有害气体、减少粉尘及净化空气等作用；观花灌木有良好的装饰效果。其种类繁多，有的种类具有生长快、萌芽力强、耐修剪等特点，可以通过人工措施将其塑造成各种造型，如花篮、花球、花篱、花带、动物造型、几何图案等以丰富城市景观，提高城市的品位，有利于提高建筑物和地块的经济价值。

于化杰（2016）归纳，花灌木的运用能够有效地发挥出园林绿化的群体效应，通过合理搭配栽植花灌木，可体现群体美感。花灌木的良好适应性使其能够有效发挥出除尘降噪、净化空气、保水控温的作用，从而改善城市的生态环境。利用花灌木的栽植性花墙、花篱以及其他造型图案等，可以发挥出良好的装饰作用，对城市景观美感与城市品味的提升具有积极的作用。花灌木的多样性对于城市中生物多样性的保持也具有一定的支撑作用，不同花灌木的合理运用，能够为昆虫、鸟类及微生物的生存与繁衍提供必要的环境条件，具有积极的生态保护意义。以金银花为例，金银花是一种适合中国广大地区栽培，药用、经济和生态价值极高的木本植物。不仅在医药、保健等各方面具有广泛的用途，而且由于金银花的主根粗壮，毛细根密如蛛网，茎根长可达 3 m，枝条蔓生，叶面积密度大，在山区、平原的黏壤土、沙土、盐碱土等都能很好地生长，具有很强的耐旱、耐涝、耐贫瘠、耐盐碱、防风固沙、涵养水源、保持水土的能力。金银花不仅能减少水土流失、绿化环境，还能够吸收有害气体和有害元素，置换出大量的氧气，有效降低噪音、降低湿度、减少蒸腾、增加温度等，是山区开发、净化空气、保护生态环境的理想植物。据临沂市水土保持办公室测算，每亩金银花可涵养水源 200 m^3，保持水土 300 t，其生态功能非常显著。研究显示，金银花对氟化氢、二氧化硫等有毒气体有较强的抵抗力。随着环境污染的加重，金银花必将越来越受到人们重视，金银花作为观赏花卉也从室外进入到室内盆栽。农村庭院和城市居室种植金银花，不仅可以美化环境、净化空气，而且可以获得可观的经济收入。金银花适应性强，种植管理方便，作为庭院种植和盆栽花卉，发展前景广阔。特别是初夏时节，连片种植的金银花，含苞怒放，香飘万里，如金似银，成为人们观光旅游的一道独特的风景线。2010 年前后，北京市在门头沟区、平谷区、怀柔区、密云县、延庆县等 5 个区（县）建设“北京市生态涵养区”。选择抗逆性强、成活率高、便于栽植管理、绿化效果好的植物物种，采取成本较低、简便易行的科学绿化技术方法，是北京市“生态涵养带”生态修复的关键所在。研究结果表明，在公路下边坡、煤矸石、石灰窑、采石场等 4 种废弃地依靠自然力不能恢复植被，采用其他方法或成本过高，或效果不够理想，引种金银花新品种‘九丰一号’作为绿化先锋植物，平均成活率 99.2%，具有使示范区快速复绿、当年成景和群落快速形成的潜力，对不同退化迹地的适应能力和恢复效果好，而且成本较低，关键技术易于掌握，后续管理简单，便于大面积推广。

第二节 适地应用的原则与方法

一、原则

城市花灌木的种植应“适地适树”。首先，与气候条件相适应；其次，与绿化功能相适应；再次，与园林艺术相适应。

（一）生态适应性

城市园林景观建设过程中花灌木类型选择至关重要，对于其能够适应气候、土壤等要素需进行全面考虑。南方气候较为温热潮湿，紫荆、茉莉、马缨丹等都是适应性较强的花灌木类型。在北方，则应注重对蜡梅、丁香、刺梅等的合理选择。汉梅兰等（2008）曾报道，适宜兰州地区栽植的新优花灌木主要有丁香、连翘、榆叶梅、黄刺玫、珍珠梅、大花月季、大叶黄杨等10余种，植物种类远远低于生态园林城市水平。因此，在充分应用原有品种的基础上，引种、驯化、繁育适应本地区生长的新优园林花灌木是实现城市植物多样性的一个重要环节。例如经过详细的野外调查，河南省漯河市主要观花灌木有51种，其中常绿观花类16种，落叶观花类35种（赵宇等，2016）。翁国盛等（2017）曾以哈尔滨市植被物候为例，以观花为主，列举了50余种花期相对较长，具有良好观赏性的乔、灌木树种的花期、花色和株高等，并从种植形式、适用区域、栽植方式等方面阐明了树种配置技巧。除考虑地区环境因素外，花灌木选择还需结合对园林土壤、盐碱度、养分等全面分析。大部分花灌木对土壤的营养性、排水性要求较高，但是不同的花灌木种类也有着一定差别，需要同时考虑花灌木特点及园林环境来对其种类进行合理选择。花灌木对于环境以及其他生物在共存上面可能存在不适应的情况。因此，在进行栽种前必须对要栽种的花灌木习性进行分析、研究，以保证栽种不会出现被排斥的现象，如此才能保证园林内的花灌木较高的存活率以及后期实现健康成长。

（二）功能适应性

在选择花灌木营造城市园林景观的时候，还要注重与园林绿地使用功能的适应性，例如在产区周围可以通过选择对有害气体吸收较好、抗逆功能较为显著的花冠木品种；在公园、校园、办公区则主要以美化环境为主，多选用香味与花色较为突出的花冠木；对于一些有特殊需求的，例如以科普教育为主的公园可选择科目不同的树种；在中医院里可以种植观赏的药用植物花冠木。张君艳等（2012）曾为促进耐阴野生花灌木的应用，着重介绍了青荚叶、绣球绣线菊、桦叶荚蒾、盘叶忍冬、香荚蒾、三桠乌药、多花勾儿茶等7种耐阴野生花灌木的观赏特征和园林应用形式，为其在园林绿化中的充分利用提供参考。方岩（2019）为研究花灌木界定标准、绿地类型选择，调查了太原市园林绿地花灌木的种群结构，分析了其在公园绿地、道路绿化、专类园、防护绿地、社会绿化中的应用。最后提出了加大乡土野生植物的引种驯化、强化传统优良种类的扩繁、积极引进新品种等建议。

（三）园林适应性

在城市园林景观建设过程中，花灌木种类的选择还要遵循和利用园林艺术规律，确保与园林艺术较好的相合性。花灌木的选择搭配以及与其他植物的配合设计，都必须遵循园林艺术规律，实现自然与优美的结合，提高园林设计的整体性和美观性。刘欣（2016）认为，生态型园林景观设计的植物配置方式是将观花与观叶植物结合起来。生态型园林景观设计期间，合理搭配色彩反差较为强烈的植物，能够得到较好的植物观赏效果。生态型园林景观设计中，为了避免出现景观配置单调的情况，需要运用相应的绿草、花卉等不同的品种、不同颜色进行搭配，做到多层次艺术搭配，从而使得层次以及色彩更加丰富鲜明。生态型园林景观配置设计过程中，不仅要避免园林植物配置的单调性，还需要注意景观的季节性。不同季节的景观能够显示出不同的自然风光。孙晓锋等（2015）曾通过目标层次分析和专家咨询评价相结合的方法，从花灌木美学因子、生物学因子、抗性因子等方面，建立了基于花型、花色、果实、枝干、冠形、繁殖力、呈彩期、生长量、抗旱、抗寒和抗病虫害等 12 个指标因子综合评价体系，运用模糊综合评价方法，对 24 种新优花灌木进行综合评价与分级排序。评价结果表明，应用价值高的Ⅰ级新优花灌木包括海棠花、紫薇、美国金钟连翘等 10 种，应用价值较高的Ⅱ级新优花灌木包括猬实、美人梅、火棘等 10 种，应用价值一般的Ⅲ级新优花灌木有火焰南天竹、卫矛、山楂等 4 种，研究结果可为科学评价与合理利用新优花灌木提供参考。

从古至今，花灌木在园林景观构成中均起着重要的作用，它可以充分表现园林的美，构成各种壮观的模纹图案和壮丽的群体景观形成令人赏心悦目的画面。种植花灌木一是坚持适地适树的原则，尽量选择和开发乡土花灌木。二是种植花灌木时，生境要符合花灌木的生物学和生态学特性，以达到预期的园林效果。三是不同的花灌木与其周围的植物要合理搭配，才能获得最佳观赏效果。四是在确定好树种之后，还应注意它们与周围环境之间的协调。在建筑物前或立交桥下，为了与环境相适应，经常在平面上采用圆形、曲线形等几何图案，在立面上采用直线形、拱线形或波浪形；在大草坪上，可进行大面积的色块或较大量的孤植。五是植成曲线或图案的花灌木需要经常修剪，促进植株枝叶生长紧密整齐，并保持较多顶梢新叶（王毅承，2018）。

二、城市园林花灌木栽植的色彩搭配方法及应用

花灌木是园林绿化中较为重要的植物类型，应用过程中也要确保色彩搭配合理并与时节变化有较好的适应性。在园林造景中要注意季相变化，合理协调配置。突出色彩园林造景植物群落配置时应强调色彩的对比，层次分明，富于变化，彩叶植物必须与各种花草树木共同运用，合理搭配，才能获得最佳观赏效果。通过花灌木色彩配植，可尽展园林植物艺术性和生命力，形成丰富优美的园林景观，塑造不同风格的绿色景观空间（张琳，2015）。张俊桦（2019）总结了园林花灌木栽植中色彩搭配的基本原则和方法。

色彩搭配基本原则主要包括基本色主导原则、主次搭配原则和背景色协调原则。

1. 基本色主导原则

是指在颜色搭配上采用植被的基本色，以公园项目为例，通常表现为绿色，在搭配上要做到明度适中、色彩适中，统一色调，满足整体性、适度性的原则。同时，在颜色的搭配上也要注意避免喧宾夺主，以绿色为主调，充分展现各季节自身的特点，以季节为特征。春天表现为嫩绿，夏季表现为浓绿，秋季最突出的是黄绿，冬季的为墨绿色。这既是生命力的表现，也是季节特点的体现。

2. 主次搭配原则

花灌木栽植的色彩分为主调和次调，主次搭配就成为园林花灌木色彩搭配的重要原则之一，所以在色彩搭配上色调协调也非常重要。特别是在一些商业广场中，植物花色搭配都偏向于暖色调，因为颜色对人的心理具有一定影响，而且颜色的搭配需要结合周边环境，例如蓝紫搭配时通常不会选在阴暗的地方，以免加剧人们内心的沉闷。若在人行路小道上采用白黄搭配，会给人心情愉悦的享受和幸福感。

3. 背景色协调原则

背景色通常也会表现为冷色和暖色，一般分为近背景和远背景，近背景像栏杆、墙壁、水渠等，远背景一般有天空、水面等。在背景的选取上，同样秉持着冷暖搭配的原则，通过背景特点来进行色调上的点缀，并配置不同的颜色，例如蓝色植物，本身属于冷色调，通常配暖色背景，明亮的装饰，从而实现背景与植被浑然一体，协调一致，为观光者及游客营造一个愉悦的观赏氛围，最大限度满足游客及观光者的需要。

三、花灌木的应用方法

（一）色彩搭配方法

主要包括大片涂抹法、对比衬托法和画龙点睛法。

1. 大片涂抹法

大片涂抹通过对线条的勾勒，将线条的勾勒范围表现得更加合理。一般情况下，大片涂抹法适用于成片的花卉，例如低矮灌木、色彩相对鲜艳的花卉。大片涂抹具有较强的视觉效用，可以很好地吸引观赏者眼球，色彩相对一致，方便管理者进行花灌木栽植和管理。

2. 对比衬托法

多采取冷暖色调的搭配，两者相互结合搭配界限较明显，对比程度强烈，更易吸引观赏者的眼球，满足观赏者的视觉效应。

3. 画龙点睛法

主要是在色彩搭配的局部效果上下功夫，通过局部效应来吸引观赏者的眼球。在使用该方法时，切记色调配比上要做到适度，比例要分配好，植被选取上要适宜，整体色彩要做到一致平衡，并突出局部亮点。

（二）品种配置方法

花灌木在园林绿化中的应用配置方式有孤植、对植、丛植和群植；孤植指单独地种植花灌木，一株一株地分隔开来，从而彰显个体的魅力和姿态，让人们能够仔细地品味和欣赏，而不是走马观花地一看了之。对植，是指对称地种植大致相等数量的彩色植物；丛植指的是按照一定的比例种植多丛的花灌木，这是城市美化的主要方式。3 株以上同种或异种的彩叶植物较紧密地种植在一起。丛植既能表现出花灌木群体美，又能烘托花灌木的个体美。在形态上有高低、远近的层次变化；色彩上有基调、主调与配调之分。群体的疏密错落布局形成明显的空间划属关系，随着观赏视点的变换和植物季相的演变，树丛的群体组合形态、色彩等景象表现也随之变化，既丰富了景观色彩，又活跃了园林气氛。群植是将相同色彩的植物群体组合成片、成块地大量栽植，构成林地或森林景观，营造出气势宏伟的景观，其独特的叶色和姿态一年四季都很美丽，但要做到疏密有致、有断有续和自由错落。在选择花灌木种类时，要高矮结合、错落有致。

第二章　花灌木种植与养护管理

第一节　苗木种植与管理

一、苗木繁殖及育苗

苗木繁殖的方法主要有播种、扦插、压条、分株、嫁接等。

（一）播种

播种繁殖具有简便易行、繁殖系数高，且长出的实生苗根系强大、生长健壮、适应性强、寿命长且种子便于流通等优点。

嫁接繁殖所用的砧木也多采用实生苗，但 F_1 代种子发生性状分离后易发生变异，对母株的优良性状不能全部遗传，易丧失优良特性。

一般适宜采用种子繁殖的花卉通常应具备以下条件：能产生大量种子，容易获得；种子自身或催芽后易于萌发，生长迅速，且幼年期较短；实生苗基本能保持母本的特性或进行品种选育杂交组合所决定的特性。

1. 苗床或苗圃准备

（1）场地选择　常规露地苗圃场地选择原则：第一，交通便利，地势平坦，背风向阳。第二，土壤肥沃，酸碱度适宜，土壤 pH 值 6.5～7.5。壤土、沙壤土及轻黏土保肥水能力强，通气条件好，有利于种子发芽和幼苗生长。熟土层厚度应在 30 cm 以上，富含腐殖质且呈团粒结构。第三，要求水源充足，排灌方便，地下水位应在 1 m 以下，低洼易积水和遭霜冻的地方不宜育苗。第四，要求无危险性病虫害，立枯病、根头癌肿病、蛴螬、金针虫、线虫及根瘤蚜等病虫害严重的土壤和地区不宜建立苗圃。

（2）整地施肥　播种地的基肥可采用厩肥、蓄粪肥、堆肥等有机肥。首先，要求粪肥充分腐熟，并要彻底打碎后使用，施肥时将肥料均匀撒施在地表。然后，进行翻耕，使肥料与土壤充分混合。播种前的灌溉尤为重要，浇水一定要浇足浇透，等到水分充分渗透进入土壤中后再进行整地，清除土中砖块、烂根等杂物，将床土表面耙平、耙细。苗圃地确定后，还要根据圃地的任务和性质分区，现代化专业苗圃的分区主要包括资源区、繁殖区及辅助区。

（3）土壤处理　为保证幼苗不受病虫侵害，要对播种地进行处理以消灭病原菌、地下害虫和杂草，对土壤进行酸碱度调节以适应不同种类植物。土壤处理可选用日光暴晒法和药剂处理，前者最为经济实用，但不如后者消杀彻底，因此，一般主要采用药剂处理的方法，常用的药剂有福尔马林、高锰酸钾、硫黄、生石灰、硫酸亚铁、五氯硝基苯混合剂等。

2. 种子处理

（1）种子清选与消毒处理　播种前首先需进行种子清选和消毒灭菌。种子清选可采用风选、筛选、水选的方法，去除如鳞片、果皮、果柄、枝叶、碎片、瘪粒、病粒、土粒以及其他种子等杂质（霍炳宏，2007）。

风选，适用中小粒种子利用风、簸箕或扬场机净种。少量种子可用簸箕扬去杂物。筛选，用不同大小孔径的筛子将大于或小于种子的夹杂物除去，再用其他方法将与种子大小等同的杂物除去。筛选可以清除杂质，还可以用于将大小不同的种粒分级。水选，一般使用大而重的种子，如栎类、豆科植物的种子，利用水的浮力，使杂物及空瘪种子漂出，饱满的种子留于下面。水选一般用盐水或黄泥水，水的比重为 1.1~1.25 g/cm^3 把漂浮在上面的瘪粒和杂质捞出。水选后可进行浸种，但水选后不能暴晒，要阴干，水选的时间也不宜过长。

经过清选的种子，为了防治种传病虫害，对其进行消毒处理也是十分必要的环节。种子消毒除防止系统性病害的传播流行、预防烂种和秧苗枯萎病、预防贮藏性病害、防治土传性病害等外，还可促进发芽，提高种子发芽率，出苗整齐、促苗生长、缩短育苗期限，提高苗木的产量和质量。

种子消毒方法有多种，可采用物理法，如日光曝晒、紫外光照射、温汤浸种等，还可采用杀菌剂、杀虫剂或杀菌与杀虫混剂处理等化学药剂进行种子消毒。随着农药工业的发展，种子处理技术也相应发生了变化，由古老的热水处理走向药剂处理，内吸性杀虫剂和杀菌剂的出现又使药剂处理由药剂浸种走向粉剂拌种。花灌木种子处理方法主要有药剂浸种、粉剂拌种和胶悬剂处理等（霍炳宏等，2007）。目前，用于花灌木浸种处理的化学药剂有氰胍甲汞、醋酸甲氧乙汞、福尔马林、高锰酸钾、多菌灵、福美双、硫酸亚铁、硫酸铜、退菌特等，对防治种传、土传病害和系统性病害有良好的效果。常用方法是 0.3%硫酸铜浸种 46 h，或 0.5%高锰酸钾浸种 2 h，或可用 0.15%甲醛在播前 1~2 d 浸种 15 min，取出种子密闭 2 h，摊开阴干即可。还可采用药剂拌种，例如用 50%的甲基硫菌灵或 70%的可湿性粉剂拌种可防治苗期病害。拌种时可以用聚乙烯醇 200 倍液作黏着剂，用量为种子量的 0.7%，50%的辛硫磷乳油拌种可以防治地下害虫，用量为种子的 0.1%~0.15%。

（2）种子催芽　种子催芽是解除种子休眠和促进种子发芽的措施。通过催芽解除种子休眠，使种子适时出土，出土整齐，提高发芽率和成苗率，减少播种量，提高苗木的产量和质量。沈漫和曹广才（2010）在《中国北方木本花卉》

中详细介绍了多种种子催芽的技术。

浸种催芽：一般在临播种前先进行浸种，保证种子吸足水分，使种子膨胀、种皮破裂、种子内的水解酶类激活从而使种子内部的贮藏性物质迅速分解转化为结构物质，以供给幼胚生长所需。催芽过程的技术关键是保持充足的氧气和饱和的空气相对湿度，为各类种子的发芽提供适宜温度。浸种时水温和浸泡时间是重要条件，有凉水（25~30℃）浸种、温水（55℃）浸种、热水（70~75℃）浸种和变温（90~100℃或20℃以下）浸种等。温水浸种和热水浸种适宜有厚硬壳的种子（核桃、山桃、山杏、山楂等），可将种子在开水中浸泡数秒，再在流水中浸泡2~3 d，待种壳1/2裂口时播种，但切勿烫伤种胚。保水可采用多层潮湿的纱布、麻袋布、毛巾等包裹种子。可用火炕、地热线和电热毯等维持所需的温度，一般要求18~25℃。例如红果小檗常规播种不出苗，必须经过种子处理，可用温汤浸种的方法，做法是将种子加入温度为60℃热水中，分别用两个容器来回倾倒或不停搅拌，待水温降至45℃时，再静置浸种24 h，然后控水待播（陈淑英等，2006）。

机械破皮：用于坚硬和不透水的种皮，如夹竹桃、厚朴、油橄榄、山楂、樱桃、山杏等，这类植物的种子由于种皮坚韧、致密、表面具有革质或蜡质，往往容易限制种子的萌发而休眠。少量的种子可人工破壳，而对于大量种子，则需要用特殊的机械破皮机，促使透水透气，促进发芽。

层积处理：将种子与潮湿的介质（通常为湿沙）一起贮放在低温条件下肥水管理（0~5℃）以保证其顺利通过后熟作用叫层积，也称沙藏处理。春播种子常用此种方法来促进萌芽。对要求低温和湿润条件下完成休眠的种子，如蔷薇、月季、海棠、桃花、牡丹等，在入冬前将种子与湿沙均匀混合，置于冷室保存，翌年取出播种，也可采用室外窖藏的方法。层积处理具体操作过程是，层积前先用水浸泡种子5~24 h，待种子充分吸水后取出晾干，再与洁净河沙混匀，中小粒种子一般沙的用量是种子容积的3~5倍，大粒种子为5~10倍。沙的湿度以手捏成团不滴水即可，约为沙最大持水量的50%。种子量大时用沟藏法，选择背阴高燥不积水处，挖沟深50~100 cm、宽40~50 cm，长度视种子多少而定。沟底先铺5 cm厚的湿沙，然后将拌好的种子放入沟内距地面10 cm处，用河沙覆盖，一般要高出地面呈屋脊状，上面再用草或草垫盖好，种子量小时可用花盆或木箱层积。层积日数因不同种类而异，例如八棱海棠40~60 d，毛桃80~100 d，山楂200~300 d。层积期间要注意检查温、湿度，注意防霉烂、过干或过早发芽。

化学处理：种壳坚硬或种皮有蜡质的种子（山梳、酸枣、花椒等）可浸入有腐蚀性的浓硫酸（95%）或氢氧化钠（10%）溶液中，经过短时间的处理，坚硬的种皮变软变薄、种皮表面的蜡质消除，增加其透水性，利于种胚萌发，但使用腐蚀性药剂处理后的种子必须用清水冲洗干净，防止烧伤胚芽。此外，用赤霉素（5~10μl/L）处理可以打破种子休眠，代替某些种子的低温处理。大量元素肥料如硫酸铵、尿素、磷酸二氢钾等可用于拌种。硼酸、钼酸铵、硫酸铜、过锰酸钾等微肥和稀土可用来浸种，使用浓度一般为0.1%~0.2%，用0.3%大粒碳酸钠和0.3%溴化钾浸种，也可促进种子萌发。

3. 播种时期及方式方法

（1）播种期　正确掌握播种期是播种繁殖极为重要的技术环节，关系苗木的生长发育和对恶劣环境的抗御能力。适时播种可以提高发芽率，使幼苗出土迅速而整齐，提高苗木产量和质量。一般播种期可分为春播和秋播两种。春季是主要的播种季节，以2—4月为宜，中国大部分地区和大多数树种都适宜春播。春季土壤湿润，地温逐渐回升，有利于种子发芽，从播种到幼苗出土的时间较短，可以减少播种地的管理工作和减轻霜冻、鸟兽、病虫等的危害，对于生长期较短的种类或较干旱的地区尤为重要。秋播主要适用种子休眠期长、颗粒较大的种类，多在8月至冬初土壤封冻前进行，可免去种子催芽和贮藏工作，翌年春季幼苗出土早而整齐，成苗率高，苗木生长期长，生长健壮。温室的花灌木没有严格的时间限制，可根据需要而定。

（2）播种方式　种子播种可分为大田直播和苗床播种两种方式。大田直播可采用平畦播种，也可起垄播种，一般播后不再移栽，就地成苗或作为嫁接砧木进行培养；苗床播种一般是在露地苗床或温室苗床、盆钵集中育苗，然后经分苗培养后定植于田间进行培养。前者优点是节省移栽成本，而后者优点是能够有效错开土地使用时期，便于苗期管理和水肥管理。

（3）播种方法　播种方法通常包括撒播、点播（穴播）和条播3种。一般海棠、山荆子等种子颗粒较小的花灌木适合采用撒播的方法，撒播时要均匀，不可过密。播种时可以将种子掺入沙子，根据种子发芽率提前计算好单位面积播种量，而后再撒播，撒播后用筛过的细土覆盖，以稍埋住种子为度。此法比较省工，而且出苗量多。缺点是稀密不均，管理不便，苗子生长细弱，后期需间苗。

点播（穴播）多用于大粒籽花灌木，例如核桃、桃、杏、龙眼、荔枝等的播种。先将床地整好，开穴，每穴播种2~4粒，然后覆土，覆土厚度为第2节种子大小的2~3倍为宜，待出苗后根据需要确定留苗株数。点播法出苗分布均匀，营养面积大，生长快，成苗质量好，但产苗量少。

条播时用条播器在苗床上按一定距离开沟，开沟深度以不超过种子横径的3~5倍为宜，沟底宜平，在沟内播种，然后覆土填平。条播可以克服撒播和点播的缺点，适宜大多数种子。

4. 播后管理

（1）温度管理　根据具体品种的要求给以适当的温度，大多数种子的发芽温度在20~25℃，温度太高和太低都会直接影响种子的发芽率。早春或秋后播种，可覆盖塑料地膜或加盖小拱棚，以保持温度。出苗后，适当降低温度，防止胚轴生长过快，造成芽苗徒长；待真叶出现后再提高温度，促进苗木生长。

（2）水分管理　播种前，提前将土壤洇透，播后还要浇足水，待水渗入土壤后覆盖地膜或草苫以保持水分。经催芽的种子，需要先浇水，水渗入土壤后播种，播后覆盖。芽苗出土后揭开覆盖物，控制水分防止徒长。

（3）通风管理　播后覆盖地膜，以便保温保水，出苗后将地膜等覆盖物逐渐揭开，适当通风，防止猝倒病等病害发生，待符合移栽定植标准后加大通风量。

（4）间苗移栽　出苗后如果出苗多、密度较大，应在幼苗2~4片真叶时间苗、分苗或者直接栽到大田中。移苗不能太晚或太早，否则均不易缓苗，以致成活力低。移栽前一定要控水控温，加大通风量，进行炼苗。

（5）中耕除草　为保持育苗地土壤疏松，减少水分蒸发，防止滋生杂草，需要勤浅耕、早除草，还有利于提高地温。

（6）肥分管理　幼苗生长过程中为促进幼苗生长健壮，可以适当施入以氮肥为主的化肥，可结合浇水进行。

（二）扦插

扦插是花灌木最常用的繁殖方式之一。扦插是利用植物的营养器官作为材料进行繁殖，其过程是在土壤中埋入生长到一定阶段的营养器官，使其长成新植株。利用这种技术培育的植株能够很好地适应环境和气候，因而存活率也相当高。

1. 扦插的类型

花灌木因种类不同而用来繁殖的最佳营养器官也不同，根据采用的营养器官不同，扦插类型一般可分为叶插、芽叶插、枝插和根插。

（1）叶插　以成熟的叶片作为扦插材料，自叶上能产生不定芽和不定根，多数具有粗壮的叶柄或肥厚的叶片。此繁殖方法多用于草本花卉，部分多肉植物也可采取此方式。

（2）芽叶插　以1叶1芽及其着生处茎或茎的一部分作为插穗，主要用于叶插易生根但不易长芽的温室木本花卉，如杜鹃花、八仙花、山茶、橡皮树等。叶芽插由于使用的是茎的一部分，所以更像是茎插，由于只带1个芽，故又称单芽插。

（3）枝插（茎插）　是应用最广泛的一种方法。指以带2~4个芽的枝条（茎）为插穗来扦插的方法。根据扦插的时间以及枝条木质化程度的不同，可分为以下3种。

软枝扦插：选取的是当年生发育充实的嫩枝扦插，多用于草本花卉。

半硬枝扦插：选用当年生半木质化的枝条作为插穗，多用于常绿、半常绿的温室木本花卉，如米兰、茉莉、栀子花、山茶、杜鹃花、月季等。扦插深度一般为插条的1/3~2/3。

硬枝扦插：选用一年生或二年生完全木质化的休眠枝条作插穗。多用于落叶木本花卉及针叶树，如罗汉松、刺柏、花柏、玉兰、叶子花等。插穗一般10~20 cm，带3~4个芽，扦插深度为插穗的2/3。常绿针叶树宜于秋季采取并立即扦插，采用高浓度生根剂、高空气湿度及高地温以保证其成活。

（4）根插　有些藤本和木本花灌木，如凌霄、紫藤、海棠、丁香、泡桐等，能从根上产生不定芽形成幼株，可以用根作插穗来扦插繁殖。这类花卉大多具有粗壮的根，可在其休眠期（晚秋或早春）选取较粗大的根，切成5~15 cm长的根段，直接插到基质中，其根段顶端与基质平或略高，也可将插穗横着埋入基质中，深度约1 cm。

2. 插穗、插条的处理

大多数花灌木的扦插繁殖多以枝条扦插为主，采集下来作为插穗的枝条在剪截好后，无论采用何种扦插类型，均需提前进行消毒处理，防止伤口感染造成腐烂。在插枝生根处理中，用0.1%~1%的高锰酸钾水溶液浸泡插枝24 h，对多数木本植物有效。另外，对不易生根的品种还需使用生根剂等外源激素进行处理，以促进不定根的快速形成。师晨娟等（2002）研究试验证实外源激素的应用可使插穗下切口附近变成吸收营养物质的中心。俞杭见等（2015）对北方地区红王子锦带花扦插繁殖研究中，先将剪取的插穗用0.05%的高锰酸钾溶液浸泡30 min，对剪口进行杀菌消毒，预防感染，然后再用清水冲洗干净。在扦插前用100 mg/kg的ABT生根粉药液浸泡插穗基部2~4 cm处，浸泡时间1~2 h，同时避免叶片碰到药液，引起腐烂。刘宏伟等（2018）插枝生根处理中先用0.1%~1%的高锰酸钾水溶液，浸泡插枝24 h，对多数木本植物有效。徐兴友等（2005）对蚂蚱腿子、胡枝子两种植物的插穗先采用0.2%的高锰酸钾进行处理，然后分别采用NAA、IBA、ABT等生根剂对插穗进行处理，试验表明，100 mg/kg的NAA对蚂蚱腿子硬枝扦插生根总体效果最好，100 mg/kg的IBA对胡枝子硬枝扦插生根率最佳。至于不同品种花灌木应用哪种生根剂效果最佳，这就需要在生产实践中仔细摸索，找出最适合的生根剂种类和浓度。

3. 插床的准备

扦插场所同播种育苗。在扦插育苗中，插床是植物生根的地方，必须提供植物生根的良好条件，无论是露地扦插，还是温室盆插、床插或塑料大棚扦插。插床中首先要配好插床的介质，一般扦插床介质可分为园土、混合土、沙土、腐叶土等。地插首先要对插床进行浅耕，深度15~20 cm，一般作畦宽1 m左右，畦面平整，上铺扦插基质，刮平拍实，然后用50%的多菌灵可湿性粉剂500倍液对基质消毒，用农膜覆盖 3 d。若是温度较高的夏季，扦插之前还需在场地四周设置高 2 m 左右的荫棚，棚顶和四周一般用 70%~80%遮光度的遮阳网遮住烈日。

4. 插后管理技术

扦插后要加强管理，特别是嫩枝带叶扦插和叶插育苗，要细心管理，才能生根良好。管理工作主要是浇水、遮阴，必须保持土壤湿润。生根后减少浇水，并逐渐增加日照时间。遮阴的目的主要是减少扦插基质的水分蒸发和降低插穗的蒸腾作用。具体做法是扦插后立即浇 1 遍透水，以防插穗与基质产生空隙不利插穗吸水，并适当遮阴，每天清晨或傍晚需要向叶面喷水，使叶面湿润，保持插穗地上、地下部分水分的平衡，空气湿度 85%以上。为防止高温高湿引起细菌感染和腐烂，可每隔 7 d 喷洒 1 次 45%百菌清 1 000倍液和 50%多菌灵 1 000倍液的混合药液，通常在日落后进行，防止高温造成幼苗药害。愈伤组织形成后，新根进行呼吸作用需要大量空气，这时应控制浇水量并逐渐增加日照时间。

5. 全光照自动雾化扦插技术

全光照自动雾化扦插简称为全光雾插。全光雾插是夏季扦插育苗的主要方法之一，在全光照条件下，自动控制设施根据插床中插穗周围环境温湿度情况自动间歇喷雾，使插穗在昼夜 24 h 内都能得到充足的水分，提供必要的生根条件。一般插穗在 10~15 d 生根，1 个月可移栽。全光雾插摆脱了靠经验控制的方法，便于管理，省时省力，提高生根率的同时也提高了工作效率。扦插基质透水透气性强，维持插穗生根的温度恒定。全光照条件下通风效果好，插穗不易发生病害。雷晓明等（2012）进行了 33 种温室花灌木的全光雾插研究，结果表明扦插成活率高，在温室生产中可大量推广应用。全光雾插设施除水泵外，还包括自控设施（一般由湿度感应器、继电器、电磁阀 3 个部分组成）、喷雾设施、扦插床及基质。在进行设计时，扦插床要根据喷头的喷射半径进行设计，保证喷水全面覆盖且均匀。扦插基质可用 1 种或几种透气透水的无土材料，如蛭石、草炭土、珍珠岩等。全光雾插技术要点如下。

（1）扦插时间　5—8 月，最佳时期为 5 月下旬至 7 月中旬。

（2）选用品种　如锦带、连翘、月季、糯米条等花灌木。插条采集时间应选择天气晴朗无露水而太阳未出来之前的清晨。采集尚未木质化或半木质化的新梢或副梢，每 50 根 1 捆，迅速运往育苗基地进行处理。将采集的枝条剪成 2~3 节为 1 段，枝条基部剪口剪成马蹄形，上剪口在节上留 1.5 cm 左右平剪，剪口越小、越平滑越好。苗顶部留 1 片叶，其余的叶片剪掉。剪好后将插条基部对齐，每 30~40 根 1 捆，然后进行消毒处理，对于一些不易生根的品种可用萘乙酸、吲哚乙酸、生根粉等处理。

（3）环境选择　育苗应选择光照充足，地势平坦，排灌良好，透水保肥的沙壤土为宜。先做出苗床，再用细河沙做苗床基质，基质厚度 20 cm，畦面宽

1.8~2.4 m，长 50 m 左右，保持畦面中心稍高，苗床之间留出 40 cm 作业通道。扦插基质要提前消毒，可用高锰酸钾、甲基硫菌灵等溶液消毒，之后盖上覆盖物。

（4）行株距　一般为 4 cm×5 cm，深度 2~5 cm。

（5）扦插后管理　扦插后马上启用微喷进行间断喷雾以降温保湿。扦插后要始终保持叶片湿润，以后全天各阶段的喷水次数和时间，应视天气状况而定。如阴雨天可少喷或不喷，白天、风天、晴天勤喷，但总的要求是叶片湿而不蔫。插条在 7 d 左右开始生出愈伤组织，2 周生出新根，半月后适当控水，3 周开始炼苗，4 周则可开始移栽。由于在扦插生根阶段苗床长期处于高温高湿状态，扦插苗易患病害，所以，应在每天傍晚喷 1 次高锰酸钾，7 d 喷 1 次 40%疫霜灵 600 倍液，防病效果显著。生出新根后可结合喷雾进行叶面喷肥以促进枝叶根的生长和壮苗。

（三）压条

压条繁殖是指在枝条不与母体植株分离的情况下，将枝条除顶端外部分埋入土中，或是把空中枝条包裹在能发根的基质中，促使枝条生根，然后再与母体植株分离成为独立新植株的繁殖方法。压条繁殖是无性繁殖中最简便、最可靠的方法，成活率高、成苗快。扦插和嫁接不易成活的树种常用此法（安永芳等，2004）。

杨小雨（2013）介绍压条繁殖多用于木本植物中的灌木类，如木樨、蜡梅、白兰、结香、迎春花、金钟花、月季等。方法是将母体部分枝条进行环状剥皮，然后覆于土中，待生根后自母体上剪下再行种植，成为独立植株。优点是能保存母本的优良特性，以弥补扦插、嫁接不足。有些植物用剪下的枝条进行扦插或嫁接不易成活，而压条则易成活，因压条在其未发根之前，不与母体分离，能获得养分的供给，所以发根成活概率较高。缺点是无法大量繁殖，仅局限于小范围进行。

1. 压条繁殖的时期

依压条方法不同可分为休眠期压条和生长期压条两类。休眠期压条常在秋季落叶后或早春发芽前，利用一年或二年生的成熟枝，在休眠期进行的压条属于真正压条法，多用于普通压条法；生长期压条常在生长季中进行，一般在雨季进行，用当年生的枝条压条，多用于堆土压条法和空中压条法。

2. 压条繁殖的方法

杨小雨（2013）对园林植物压条繁殖进行了系统总结。刘宏伟等（2018）在研究园林花卉的无性繁殖技术时，也介绍了几种压条繁育方法。针对不同的花灌木种类基本上分为以下 4 种。

（1）普通开沟压条法　该方法为最通用的 1 种，适用于枝条离地面近且容易弯曲的树种。方法是在春季2—3月在花卉植株下部选生长健壮的一年生或二至三年生枝条，在靠近母株的地方挖1小沟，沟宽5~10 cm，深10~20 cm，距母株近的一侧挖成斜面，以便顺应枝条的弯曲，使其更好地与土壤接触，沟的另一侧挖成垂直面，以引导枝梢垂直向上，穴内或沟内最好加入松软肥沃的土壤并稍踏实，并于枝条向上弯曲处，插一木钩以固定，防止枝条弹出，露出地面的枝梢，必要时可缚支持物如竹竿、木棒等。枝条压入部分最好有2~3芽进行刻伤，然后盖土踩实，待压条生根后就可与母株割断移植它处。

(2) 堆土压条法　多用于枝条不易弯曲、丛生性强、根部发生萌蘖多的花灌木，如黄刺玫、榆叶梅、珍珠梅、贴梗海棠、绣球、金银忍冬、红瑞木等。由于这些花木分枝力弱，枝条上没有明显的节，腋芽不明显，培土后可使枝条软化，促使其生根，1次可得到大量株苗。此法宜在生长旺季进行。先将枝条的下部距地面20~30 cm处进行环状剥皮，宽度1.2~2.5 cm，依种类而定。从茎的周围移去树皮，用刀刮移去树皮后的暴露面，完全除去韧皮部部分及形成层，以阻止上下部分再愈合。然后堆土，将整个株丛的下半部分埋住。埋后保持土堆湿润。经过一段时间，从环剥伤口部分隐芽再生而长出新根，翌年早春萌芽以前刨开土堆并从新根的下面逐个剪断后移植。

(3) 盆压法　主要应用于名贵或又不能移动的花卉，除了一些很容易发生不定根的种类，如含笑、杜鹃、山茶、榕树、荷花玉兰、红花紫葡萄、常春藤等不需要进行压条前处理外，一般还需要进行刻伤或环剥处理。做法是将枝条压于准备好的花盆中，生根后即可割开，成为新植株。

(4) 空中压条法　又称为高空压条法。一般用于植株高大、枝条不能弯曲而茎基部很少丛生枝条的花灌木。一些热带及亚热带的乔木和灌木等温室花木类多采用高压法繁殖，如叶子花、朱槿、南洋杉、变叶木、龙血树、朱蕉、露兜树、山茶等。最佳压条时间为春季或初夏（3—5月），可在春季可以用1年以上的老枝进行压条，但生根并不好，而且生根后这些枝条过于粗壮，而在操作上也比较困难，而在夏末选取部分木质化的枝条上进行，压条上有许多生长的叶片可加速根的形成。具体做法是，首先将空中枝条欲生根部位（一般距枝条顶端15~20 cm）进行环状剥皮或先进行刻伤，在暴露的伤口处涂抹吲哚丁酸等生根剂进行处理，以刺激生根；然后在伤口处用透明的塑料薄膜包住，先将底部扎好，内部填充苔藓、腐殖土等基质，压实，将上口也扎好，保持土壤湿润。生根后可去掉薄膜，将生根枝条剪离母体另行栽植。

(四) 分株繁殖

分株繁殖是园林植物繁殖最简单的方法，是分割母体上发生的小植株另行栽植而形成独立新个体的繁殖方式。草本植物、耐寒的多年生宿根观赏植物和一些温室观叶植物多采用此种方式。一些花灌木在植株根际周围发生分蘖，如牡丹、蜡梅、石榴、丁香等，可采用分株的方法进行繁殖。另外，有许多灌木以根为主体的地下部分生出小枝，称为吸枝，它是植物自然繁殖的一种方式，可以在植物休眠期将小枝带根挖出栽培，常见的植物有火炬树、雪梅和木葱属植物。分株繁殖的时期一般选择早春和秋末落叶后进行，即 11 月至翌年 3 月。侯国华等（2015）于春季雨后夜间挖取野生欧李优良单株，尽量保护好根系，分别采用带土坨栽植和裸根栽植，裸根栽植又分别采用直接土培和沙培催根再转土培的方法进行试验。试验结果表明，带土坨移栽欧李植株较裸根栽植的植株相比，成活率高；利用沙培催根再转土培处理的欧李分蘖苗，较直接土培栽植的效果好。徐成文（2004）介绍了牡丹分株方法。牡丹分株可于秋分、寒露之间进行。生长期分株会造成生长不良，甚至死亡。一般 4~5 年生的植株才可进行分株，分株后一般需要 3 年才能恢复元气，正常开花。分株时，先将植株挖起。因根较深，挖时要离根 50~60 cm，深度 60~90 cm。挖起后，在阴凉处晾晒 1 d，使根部失水变软，再去除败枝朽根，然后用利刀顺势从根上劈下，注意不要使老根对半剖开，不使根芽损伤。一般可分成 4~5 株，分株后伤口最好用高锰酸钾溶液或多菌灵、百菌清粉剂涂抹消毒，以免感染细菌病毒。选择适合的栽培地点，挖好坑，喷洒药剂防治害虫伤根。坑底铺 1 层基肥，基肥上加 1 层土，使之与根隔离。栽植时，将根理顺理直，不可扭曲，不要过深或过浅，根茎与土面齐平即可。最后覆土浇透水，使泥土与根部接触密实。

（五）嫁接

嫁接繁殖是有目的性地将植株上的芽或者枝等离体营养器官接到另一株拥有根系植株的枝、干或根上，使接穗吸收砧木供给的水分、营养物质，并愈合成活形成新植株的繁殖方法。此方法可以将 2 种不同的花卉结合成 1 株新的植物。作为一种传统的无性繁殖方法，嫁接已广泛应用于农林领域中的良种扩繁保存、品种改良、新品种选育等方面，具有周期短、耗材少、易成功、开花结实早等优点，还能够有效提高作物产量和抗逆性、固定植物的杂种优势，改变植物的开花结果习性及改良果实品质。在果树及经济林栽培中，通过选育砧木资源，如矮化砧等，再利用嫁接技术可充分利用砧木的优良特性，达到使树体矮化、提高产量和品质的目的。嫁接也常用于花卉的特殊造型以提高观赏性，如在直立砧木上嫁接垂枝桃、垂枝樱花、龙爪槐等下垂品种的造型；1 株砧木上进行多个花色花卉品种的嫁接造型，如丹东杜鹃、山东青州杜鹃等；嫁接还可提高观赏植物的抗逆性，如切花月季常用强壮的品种做砧木促使其生长旺盛（何海洋等，2016）。近年来，有研究发现植物间嫁接可以诱导嫁接体的性状变异，且这种变异能够稳定遗传给后代。

嫁接繁殖适用于有性繁殖败育且扦插压条不易生根、繁殖系数低、采用种子繁殖不能维持自身品种特性、树体衰弱需恢复缺乏枝以及利用砧木优良特性的树种。例如牡丹的繁殖虽然可以采用种子繁殖和分株、压条、扦插等无性繁殖方法，但有性繁殖不能保持品种特性，而无性繁殖苗木又繁殖系数低，发展速度慢，效果都不太理想，不能满足市场需求。而采用嫁接繁殖技术就可以克服以上不足，除保持品种的优良性状外，成活率有保障，能有效加快繁殖速度（田媛媛等，2015）。

嫁接技术对园林工作人员的技术水平要求较高，应对花卉嫁接时间和砧木的选择要熟悉，操作技术手法还要熟练。

1. 砧木和接穗的选择

嫁接包括砧木和接穗两部分。砧木必须对接穗的生长、开花和寿命有利，一般选用同科同属或同种为砧木（表 2-1）。

表 2-1　不同花木品种砧木选择

花木品种	砧木选择
金叶榆	白榆
梅花	毛桃、山桃、杏、梅花实生苗等
白玉兰	紫玉兰、玉兰实生苗等
蜡梅	狗牙梅、野生蜡梅、蜡梅实生苗等
牡丹	次品牡丹根、芍药根、牡丹实生苗等
桂花	女贞、桂花实生苗等
樱花	樱桃
月季	蔷薇、生长强壮的月季品种如白玉堂等
菊花	黄蒿、白蒿

接穗需要选用健壮母株外围的一些发育比较充实、饱满、粗细均匀、无病虫害的健壮枝条，可以提高嫁接的成活率。枝接一般要选用二至三年生的枝条做接穗，太小或者太嫩的枝条尽量不用，成活率低。芽接一般要选用当年生枝条上的芽做接穗，一般应在 5—10 月嫁接为宜。

2. 嫁接方法及接后管理

嫁接一般分为枝接、芽接和靠接，枝接又分为切接法、劈接法、腹接法，芽接分为“T”形芽接、方块芽接、套管芽接、唇形芽接、二重接等。一种植物可以采取一种或几种嫁接方法。胡中成等（2005 年）选用当地种植的芍药根茎作为砧木，接穗为从日本引进的牡丹一年生枝条上的饱满芽，于秋季进行芽接。具体做法是选取本地芍药根茎切成宽 1.5～2 cm、长 10～15 cm 的段，上口削平，距离上口 2 cm 处开始呈 30°向上削成楔形，注意要削至髓心，必须一刀削成功，否则要重削，削好后待用；接穗采用从日本引进的牡丹一年生枝条上的饱满芽，枝条粗 0.2~0.4 cm，剪成 2~3 cm 的段，芽朝上呈 30°向下削成楔形，注意也要削至髓心，且必须一刀削成功，削好后待用；将削好的砧木和接穗髓心正对接洽，砧木和接穗大小尽量挑选相配套的，这样髓心容易相接，可提高成活率；然后采用细纯麻线，不能用掺有塑料质的麻线，更不能用塑料线捆进行绑扎，因嫁接好后的牡丹要埋到地底下，塑料质的麻线不能腐烂，影响牡丹的成活，这也是区别于其他品种之处；嫁接好后的牡丹按不同品种分类包扎，埋藏到湿沙中（沙的湿度以手捏能成形，松手后能散开为宜），沙藏时间为 1 个月左右，平时注意适时浇水保持湿度，确保发芽率和成活率；沙藏 1 个月至抽芽，检查成活率后移植至田间栽植，注意加强水分管理，注意排水，防止冻害、鼠害，防止蚂蚁和蛴螬为害。

赵勇等（2008 年）分别采用枝接和芽接的方法进行丁香嫁接繁殖。

（1）枝接　于早春 4 月中旬至 5 月上旬西宁当地日平均气温已上升至 8~10℃进行，此时正值丁香展叶盛期，树液开始大量流动，枝条表皮组织活跃，细胞亲合力旺盛，枝接的成功概率较高。接穗采用入冬前剪取的饱满充实的休眠枝条。常用手法为劈接法，具体做法是，先将带有 1 对腋芽的接穗，用劈接刀削成上斜下倾的光滑斜面，长 2~2.5 cm，再将下端斜面的另一面以同样的方法削成同样长度的斜面。此时，立即将选择好的砧木在离地面 5~10 cm 处剪断，再按照接穗削成的形状，从砧木断面 1/3 处垂直向下劈一窄缝，然后迅速将接穗枝插入切口，尽量使接穗切面与砧木的切缝紧密吻合并确保砧木与接穗的形成层至少有一面密切相接，穗端与砧底缝合，随后用棉绳或塑布条紧紧捆扎。为了防止嫁接部位出现干枯现象，嫁接后再用细土在砧木基部进行浅埋覆盖，以保湿保墒。枝接成活的接穗 15~20 d 开始萌芽生长，应在当年秋末冬初季节或翌年早春从 15~20 cm 处短截，使其早日萌发侧枝。

（2）芽接　嫁接时间大多在砧木和接穗形成层处于旺盛生长阶段的夏末秋初进行。所以，芽接接穗大多采取随接随剪的办法，嫁接前先将接穗枝条上的叶片全部剪除，仅保留叶柄，然后放在装有纯净清水的容器内浸泡，但浸泡的时间最长不要超过 8 h。具体做法是，先将接穗上饱满的叶芽由下而上削成 1~5 cm 长的盾形芽片，顶部削平，然后轻轻剥去稍带木质部的薄片，将砧木芽接部位擦抹干净；再在距离地面 10~20 cm 处，用芽接刀将砧木表皮刻划成“T”形，其长度与芽片基本相等，随即将芽片嵌入“T”形切口内，使芽片上部与砧木“T”形皮层的顶端紧密相接。待上述工序完成后，立即严密包扎，紧固牢缚。为了防止芽接刀口处水分的过多蒸发，可在已经包扎好的芽接处包扎 1 层塑料薄膜，以防砧木体内水分的过分消耗和雨水的长期侵蚀，促进芽接苗的成活。芽接后当年不一定萌发新枝，待翌年春季芽片萌发后，从嫁接部位上端 3~5 cm 处剪取砧木主干，促进接穗芽片快速生长。

二、苗木种植技术

（一）露地苗木种植技术

1. 场地选择及土壤管理

露地苗木种植的场地要地势平坦，便于排灌并且应交通便捷。此外，选择肥沃、疏松、排水良好的土壤条件。

一般壤土、沙壤土、黏壤土适合各种花卉的栽培，遇到理化性状较差的黏性土和沙性土就需要进行土壤改良。遇到土壤结构差的地块，可通过客土或加沙或增施有机肥改良土质来培育良好的土壤结构。也可在成年花卉苗木的树盘和行间覆盖有机物，如堆肥、作物秸秆、腐叶、松针、锯末、树皮、甘蔗渣、花生壳等，进行土壤改良。

按照土壤酸碱度分为5类，即强酸性土壤，pH值小于5；酸性土壤，pH值5~6.5；中性土壤，pH值6.5~7.5；碱性土壤，pH值7.5~8.5；强碱性土壤，pH值大于8.5。不同植物对土壤酸碱度的要求也有所不同，依据植物对土壤酸度的要求，可分为3类。酸性土植物即在呈或轻或重的酸性土壤上生长最好的植物，要求土壤pH值小于6.5，如杜鹃、栀子花、山茶、茶梅、石楠、吊钟花、棕榈科植物、印度橡皮树等，当然这其中绝大部分植物对于北方来讲属于温室花灌木，可以通过盆栽的方式进行培养（盆栽营养土另行介绍）。中性土植物即在中性土壤上（即土壤pH值6.5~7.5）生长最佳的种类，大多数的花卉树木均属此类。碱性土植物即在呈碱性或轻或重的土壤中生长最好的植物，土壤pH值大于7.5，如紫穗槐、柽柳、沙棘、沙枣、柳等。所以在苗圃中栽植苗木需要根据不同的苗木种类，对土壤进行改良，例如栽植酸性植物可以对土壤可选择不同的有机物覆盖来改善土质，对于原产南方的花木，可覆盖松针、栎树叶、泥炭藓等，待其腐烂后呈酸性反应，必要时施入硫酸亚铁或硫黄粉等，而对于原产北方的花木和碱性土植物则可覆盖枫树类和榆树类叶子，腐烂后略呈碱性反应，必要时施入石灰、草木灰等。

2. 整地作畦

苗木移栽定植前需结合整地施基肥，基肥分为有机肥和化肥。有机肥包括畜粪肥、厩肥等。化肥一般用迟效性的复合肥料，如磷酸二铵等，以增加土壤有机质和无机养分。新开垦的土地应进行深耕，同时根据不同的植物种类进行土壤改良。

露地花卉栽培多采用畦栽的方式，依地区和地势的不同有高畦和低畦两种。北方地区因干旱，多用低畦，畦面两侧有畦埂。畦面一般宽为100 cm。北方低畦灌溉多采用畦面灌溉的方法，因此畦面必须平整，畦埂坚实。

3. 移栽定植

定植季节应选择适合苗木根系再生和枝叶蒸腾量最小的时期。四季分明的温带地区一般以春季萌芽前最为适宜，此时气温缓慢回升、地气上升迅速，土地化冻返浆，最利于苗木根系的萌发生长，而气温还较低，地上部还未生长，蒸腾较少，容易保持和恢复以水分代谢为主的平衡。夏季由于气温高，植株生命力旺盛，一般不适合移栽，但如果夏季正值雨季地区，由于供水充足，土温较高，也有利于根系再生；空气湿度大，地上蒸腾好，在这种条件下也可进行移栽。具体到一个地区应根据当地的气候特点、树种类别而定。

春季萌芽前移栽，对于落叶植物种类无论是否带土球的苗木均可直接定植。但裸根苗木若不能及时定植，尤其是在高温季节，由于苗木较小根系脆弱，最好用拌有生根剂的泥浆进行根系蘸浆处理，蘸浆后的苗木置于阴凉处或覆盖湿草苫。定植的株行距，根据不同苗木种类而定。

4. 定植后苗木管理

（1）浇水　露地花卉苗木浇水与季节及生长发育有着密切的关系。定植后，需要及时浇 1 次透水，第 2 d 再浇 1 次；土面稍干后进行中耕松土蹲苗，利于根系伸长生长，待抽出的新芽中午发蔫，早晚直立时开始浇水，进行正常管理。之后随着气温的升高，日照充足，蒸腾量加大，大部分花卉苗木由于体量较小，则需保持土壤湿润。浇水时间应避开中午高温时段，利用早晚气温低时进行灌溉。

（2）中耕除草　中耕是花灌木栽培中必不可少的管理措施，可结合除草进行，以防土壤板结而阻断土壤毛细管的形成，有利于保湿水分、提高土壤温度和通透性，促进土壤中各种气体的交换及微生物的活动，便于缓苗。一般浇水过后，待土面稍显干燥，进行中耕松土，离苗近处浅耕，远处深耕。

（3）施肥　追肥方法包括土壤施肥和根外施肥。花灌木苗期施肥主要任务是培育壮苗，为以后开花打好基础，以氮肥为主，氮肥的作用是“促小不促大”。一般在定植蹲苗后结合浇水进行土壤追施，促进苗木发棵。土壤施肥方法应根据不同花木根系分布的特点进行，将肥料施在根际周围，氮肥易流动宜浅施，磷钾肥移动性差宜深施，磷钾肥多与有机肥作为基肥使用。根外施肥多采用叶面喷施，目前市场上叶面肥种类较多，多是一些微量元素缺乏症的补充肥料，可根据苗木表现的不同状况进行施用，喷施时也可添加尿素。叶面施用时需避开高温时段，在早晚气温低时进行，以免造成肥害；还要保证叶面无露水，否则会稀释肥液，影响使用效果。

（二）温室苗木种植技术

温室栽植苗木，一般是在北方不能露地越冬的花灌木种类或是为了延长苗木观赏期所采取的栽培措施。

1. 环境管理

在温室中，花灌木所需要的主要环境条件多是通过人工来进行控制，包括温度、湿度、光照和空气等。

（1）温度　一般在超过植物的最高和最低的极限温度要求的前提下，通过开放风口、加盖草苫棉被、加设补温设备等操作进行控制。环境温度的调节和控制应遵循苗木自身的生长规律，中午温度高，早晚温度低，春秋两季的室温应高于冬季的室温，并要防止温度的骤升骤降和温差过大对原产于热带亚热带的花木，尤其是原产热带雨林地区的花木生长极为不利。

（2）湿度　冬季进入温室大棚中的花木，尤其是盆栽，为充分利用空间，植株间密度较大，空气相对湿度较高，一般不需要增湿也能满足花木生长发育的需要；有时反而会因空气相对湿度高造成病害，此时就需要降低湿度，通常采取通风来解决。

（3）光照　遮阳是调节光照的主要方法。冬季阳光不强，无论是阳性植物还是阴性植物都需要良好的光照条件，一般不需要遮阳；而在春、夏、秋 3 季，中午阳光较强烈，最好采取遮阳以调节光照强度。

（4）空气　保护地尤其是温室中通风不良会影响植物正常的生长发育，有时还会造成病虫害的发生。为了解决保温、保湿和通风之间的矛盾，必须根据天气情况适当调节，例如中午开顶窗通风，必要时为保持室内空气湿度可进行喷雾；入冬后，有北窗的温室必须将北窗封死，不让其产生对流风。

2. 营养土配制

温室栽培花灌木分为地栽、盆栽和无土栽培。由于苗木种类繁多、习性各异，因此，对营养土的配制要求也不尽相同。常用的培养土种类有草炭土、腐叶土、松针土、堆肥土、树皮碎块、椰糠等，需根据花灌木种类及所处生长阶段按照不同的比例进行配制。要求肥沃疏松、排水透气良好、酸碱度适宜，并在使用前进行消毒。花灌木的幼苗期一般不加或少加肥料，进入成苗期再应用添加肥料的营养土。一般播种用的培养土的配制比例为腐叶土 5、园土 3、河沙 2；假植用土为腐叶土 4、园土 4、河沙 2；定植用土为腐叶土 4、园土 5、河沙 1。一般木本花卉所用的培养土，在播种期和扦插苗培育期间要求较多的腐殖质，大致的比例是腐叶土 4、园土 4、河沙 2，待植株长成后，腐叶土的量应减少。

3. 施肥

温室地栽植株较密集，盆栽苗根系营养面积有限，因此需要充足的基肥，多用有机肥料和部分化学肥料配制施用。施肥及用量因花灌木种类、生长阶段及观赏目的而不同，苗期多施氮肥，促进苗木生长；花芽分化和孕蕾期多施磷钾肥。观叶植物不能缺氮肥，观茎植物不能缺钾肥，观花植物不能缺磷肥，喜酸的植物如杜鹃、山茶、栀子花等还需要增施硫酸亚铁以补充铁元素。生长季节用充分腐熟的有机液肥作追肥，有时还可补充叶面喷肥。肥料要配合施用，营养元素的种类不能单一，否则容易引起缺素症。在苗木的休眠期间一般停止施肥。对于施肥方法，温室植物多结合浇水进行或直接施用液体肥料。

4. 浇水

浇水是温室苗木栽培管理中的重要环节，尤其是苗期管理期间，应根据季节、天气、土壤和植物生长状况进行。夏季浇水一般在上午或傍晚，冬季则在中午浇灌。光照好、气温高时要勤浇水；阴雨天、气温低时则应间隔较长时间浇水。此外，应根据苗木的不同品种、不同生活习性、生长发育特性而适时适量浇水。一般喜湿类种类多浇勤浇，反之少浇，休眠期少浇，疏松土壤多浇，黏重土壤少浇。对湿度要求较高的植物或扦插苗床还可采取自控间歇喷水、喷雾等措施；对播种盆或新栽小盆苗，宜用盆浸法补充水分。

5. 整形修剪

苗期管理中修剪较少，主要是进行苗木的整形，目的在于培养植物的良好株形，调节生长发育，促进开花或结果，增加观赏价值。整形主要包括绑扎、支架、作弯、诱引等作业，修剪则包括剪截、摘心、剪梢、除芽、去蕾、除叶、疏果、剪根等。温室内的树桩盆景有更高、更细的整形修剪要求。

6. 病虫害防治

温室内的环境条件终年适宜多种病虫害的繁殖，温室植物又较嫩弱，病虫害远比露地花木严重。改善通风透光条件、增强植株抗性、对培养土及工具进行消毒、对新引种的植物进行隔离培养等，是减少病虫害发生的必要措施。

7. 出室锻炼

对于在生长季节要移出温室栽培的小苗或盆栽植物，出室前应逐渐降温，加强通风，使温室内外环境条件接近，从而锻炼与提高苗株适应露地的能力。

第二节　肥水管理

一、水分管理

1. 水分管理的原则

（1）因地、因时而异　不同地区、不同的气象条件和不同时期对灌水和排水的要求有所不同。以北京地区为例，4—6 月是干旱季节，雨水较少，也是树木发育的旺盛时期，需水量较大，灌水次数应根据树种和气象条件决定，如月季、牡丹等名贵花木在此期只要见土干就应灌水，而对于其他花灌木则可以粗放些。这个时期是由冬春干旱转入少雨时期，树木又是从开始生长逐渐加快达到最旺盛，所以土壤应保持湿润，而在江南地区因有梅雨季节，在此时期不宜多灌水。某些花灌木如梅花、碧桃等6月底以后形成花芽，所以在6月还需要短时间扣水（干一下），以促进花芽的形成。7—8月为北京地区的雨季，此时降水较多，空气湿度大，故不需要多灌水，遇雨水过多时还应注意排水，但在遇大旱之年，在此期也应灌水。9—10月秋季应该使树木组织生长更充实，充分木质化，增强抗性，准备越冬。一般情况下，就不应再灌水以免引起徒长，但过于干旱，也可适量补水，特别是对新栽的苗木和名贵树种及重点布置区的树木，以免土壤过于干旱造成树木缺水而萎蔫。

11—12月树木已经停止生长，为使树木很好地越冬，不会因为冬春干旱而受害，所以在此时期在北京应灌封冻水，特别是华北地区越冬尚有一定困难的边缘树种一定要浇灌封冻水。地区不同，气候也不同，则灌水也不同，例如在华北地区在土壤封冻前，但不可太早，因为9—10月灌大水会影响枝条成熟，不利于安全越冬；但在江南9—10月常有秋旱，故在当地为安全越冬起见在此时亦应灌水。

（2）因树种和栽植年限而异　树种不同、栽植年限不同则灌水和排水的要求也不同。花灌木是城市园林绿化中不可或缺的一部分，数量大、种类多，加上目前园林机械化水平不高，人力不足，全面普遍灌水不易做到，因此，应区别对待。观花、观果树种，特别是老灌木的灌水量和灌水次数均比一般的树种要多；对于沙棘、锦鸡儿等耐干旱的树种则灌水量和次数均少，有很多地方因为水源不足，劳力不够，则不灌水；而对于水杉等喜湿润土壤的树种，则应注意勤灌水。尽管如此，但也应该注意耐干旱的不一定常干，喜湿者也不一定常湿，应根据四季气候不同相应变更。同时，也应掌握不同树种抗性情况，例如最抗旱的紫越槐耐水力也强，而刺槐不耐水湿。总之，应根据树种的习性而浇水。

不同栽植年限灌水次数也不同。刚栽种的树一定要灌3次水才可保证成活，新栽灌木需要连续灌水最少5年，土质不好的地方或树木因缺水而生长不良以及干旱年份均应延长灌水年限，直到树木扎根较深后即使不灌水也能正常生长时为止；新栽常绿树，尤其常绿阔叶树，需要在早晨向树上喷水，有利于树木成活；定植多年，正常生长开花的树木，除非遇上大旱，树木表现迫切需水时才灌水，一般情况则可根据条件而定。

此外，树木是否缺水，需不需要灌水，比较科学的方法是进行土壤含水量的测定，但目前这种方法还没有普遍应用，多是园艺工人们凭多年的经验进行观察。例如早晨看树叶上翘或下垂，中午看叶片萎蔫与否及其程度轻重，傍晚看恢复得快慢等，还可以看树木生长状况，例如是否徒长或新梢长短、叶色、大小与厚薄等。花农对落叶现象有这样的经验，认为落青叶是由于水分过少、落黄叶则由于水分过多，栽培露地树木时也可参考。名贵树木略现萎蔫或叶尖焦干时应立即灌水并对树冠喷水，否则将产生旱害，如红枫、明毛枫、杜鹃等；有的虽遇干旱即现萎蔫，但长时不下雨也不致于死亡，如丁香及蜡梅等灌水条件差时亦可以延期灌溉。

从排水角度来看，也要根据树木的生态习性、忍耐水涝的能力决定，例如玉兰、梅花、梧桐在北方均为名贵树种中耐水力最弱的，若遇水深淹没地表，必须尽快排出积水，否则不过 3~5 d 即可死亡，而柽柳、榔榆、垂柳、旱柳、紫穗槐等能耐 3 个月以上深水淹，是耐水力最强的树种。

（3）根据不同的土壤情况进行灌水和排水　灌水和排水还应根据土壤种类、质地、结构以及肥力等而灌水。盐碱地，就要“明水大浇”（利于压盐泄碱）、“灌耪结合”（即与中耕松土相结合），最好用河水灌溉；对沙土地种的树木灌水时，因沙土保水能力差应增加灌水次数，小水勤浇，并施有机肥增加保水保肥性；对于低洼地也要小水勤浇不要积水，雨季应注意及时排水防涝。较黏重的土壤保水力强，灌水次数和灌水量应当减少，并施入有机肥和河沙，增加通透性。

（4）灌水应与施肥、土壤管理等相结合　在全年的栽培养护工作中，灌水应与其他技术措施密切结合，以便在互相影响下更好地发挥每个措施的积极作用。例如灌溉与施肥做到“水肥结合”十分重要，特别是施化肥的前后，应该浇透水，既可避免肥力过大、过猛，影响根系吸收或遭毒害，又可满足树木对水分的正常要求。山东青州花农用的“矾肥水”浇灌杜鹃花，就是水肥结合很典型的措施，有效防治了缺绿病和地下虫害。此外，灌水还应与中耕除草、培土、覆盖等土壤管理措施相结合。因为灌水和保墒是一个问题的两个方面，保墒做得好可以减少土壤水分的消耗，减少经常浇水。山东菏泽花农栽培牡丹时就非常注意中耕，并有“湿地锄干，干地锄湿”和“春锄深一犁，夏锄刮破皮”等经验，当地常遇春旱和夏涝，但因花农加强了土壤管理，勤于锄地保墒，从而保证了牡丹的正常生长发育，减少了旱涝灾害与其他不良影响。

2. 浇灌时期与方法

灌水时期由花灌木在一年中各个物候期对水分的要求、气象特点和土壤水分的变化规律等因素而决定，除定植时要浇大量的定根水外，大体上可以分为休眠期灌水和生长期灌水两种。

休眠期灌水在秋冬和早春进行。东北、西北、华北等地降水量较少，冬春又严寒干旱，因此休眠期灌水非常必要。一般在秋末或冬初的灌水（北京为 11 月上中旬），称为灌“冻水”或“封冻”水，冬季结冻放出潜热提高树木越冬能力，并可防止早春干旱；对于边缘树种，越冬困难的树种以及幼年树木等，灌冻水尤为必要。早春灌水（返青水）不但有利于新梢和叶片的生长，并且有利于开花与坐果，早春灌水促使树木健壮生长，是花繁果茂的一个关键。

生长期灌水分为花前灌水、花后灌水和花芽分化期灌水。花前水，在北方大部分地区多早春干旱和风多雨少，及时灌水补充土壤水分，是解决树木萌芽、开花、新梢生长和提高坐果率的有效措施，还可以防止倒春寒、晚霜的危害。盐碱地区早春灌水后进行中耕还可以起到压盐泄碱的作用。花前水可在萌芽后结合花前追肥进行。花后灌水，多数花灌木在花谢后半个月左右是新梢迅速生长期，如果水分不足，则新梢生长受挫。观果花灌木此时如缺水则易引起大量落果。北方各地春天风多，地面蒸发量大，适当灌水保持土壤适宜的湿度，前期可促进新梢和叶片生长，扩大同化面积，增强光合作用，提高坐果率和果实膨大程度，对后期的花芽分化又能起到一定的作用。没有灌水条件的地区，也应积极做好保墒措施，如盖草、盖沙等。花芽分化期灌水对观花、观果树木尤为重要，因为树木一般是在新梢生长缓慢或停止生长时，花芽开始形态分化，此时也是果实迅速生长期，都需要较多的水分和养分，若水分不足，则影响果实生长和花芽分化。因此，在新梢停止生长前及时而适量地灌水可促进春梢生长而抑制秋梢生长，有利花芽分化及果实发育。北京一般年份全年灌水 6 次，除 7—8 月外，3—11 月均应各 1 次。干旱年份和土质不好或因缺水生长不良者应增加灌水次数。西北干旱地区灌水次数应更多一些。

灌水量同样受多方面因素影响。灌水量与树种、品种、砧木、土质、气象条件、植株大小、植株生长状况等有关。在有条件灌溉时，要灌饱灌足，切忌表土打湿而底土仍然干燥。适宜的灌水量一般以达到土壤最大持水量的 60%~80% 为标准。还可根据树种、品种、生育期、物候期以及日照、温度、风、干旱持续的长短等因素进行调整，酌增酌减，以更符合实际需要。正确的灌水方式，可使水分均匀分布，节约用水，减少土壤被冲刷，保持土壤的良好结构，并充分发挥水效。常用的方式有下列 5 种。

（1）人工浇灌　在山区及离水源过远处，人工挑水浇灌虽然费工多而效率低，但仍很必要。浇水前应松土并作好水穴（堰），深 15~30 cm，大小视树龄而定，以便灌水。有大量树木要灌溉时，应根据需水程度的多少依次进行，不可遗漏。

（2）地面灌水　是效率较高的常用方式。可利用河水、井水、塘水等灌溉大面积树木，分为畦灌、沟灌、漫灌等方式，畦灌时先在树盘外作好畦埂，灌水应使水面与畦埂相齐，待水渗入后及时中耕松土，能保持土壤的良好结构；沟灌是用高畦低沟的方式，引水沿沟底流动浸润土壤，待水分充分渗入周围土层后，不致破坏其结构，并且方便实行机械化；漫灌是大面积的表面灌水方式，因用水极不经济，很少采用。

（3）地下灌水（渗灌）　利用埋设在地下多孔的管道输水，水从管道的孔眼中渗出，浸润管道周围的土壤，借助土壤毛细管作用湿润土壤的灌水方法。渗灌的主要优点是灌水后土壤仍保持疏松状态，不破坏土壤结构，不产生土壤表面板结，为作物能提供良好的土壤水分状况；地表土壤湿度低，可减少地面水分的蒸发，管道埋入地下，可减少占地，便于交通和田间作业，可同时进行灌水和其他施肥、喷药等农事活动；节水，灌水效率高；能减少杂草生长和植物病虫害，渗灌系统流量小，压力低，故可减小动力消耗，节约能源。缺点是表层土壤湿度较差，不利于作物种子发芽和幼苗生长，也不利于浅根作物生长；投资高，施工复杂，且管理维修困难；一旦管道堵塞或破坏，难以检查和修理；易产生深层渗漏，特别对透水性较强的轻质土壤，更容易产生渗漏损失。

（4）空中灌水　又称“喷灌”，包括人工降雨及对树冠喷水等。人工降雨是灌溉机械化中比较先进的一种技术，但需要人工降雨机及输水管等全套设备。具有以下优点：节省水资源，由于喷灌可以控制喷水量和均匀性，避免产生地面径流和深层渗漏损失，使水的利用率大为提高，一般比漫灌节省水量 30%～50%，对渗漏强，保水性差的沙土。省水还意味着节省动力，降低灌水成本。提高土地利用率，采用喷灌时，无需田间的灌水沟渠和畦埂，比地面灌溉更能充分利用耕地，提高土地利用率，一般可增加耕种面积 7%～10%。减少对土壤结构的破坏，可保持原有土壤的疏松状态。调节公园及绿化区的小气候，减免低温、高温、干风对树木的为害，使其对植物产生最适宜的生理作用，从而提高树木的绿化效果。节省劳力，工作效率高。由于取消了田间的输水沟渠，不仅有利于机械作业，而且大大减少了田间劳动量。喷灌还可以结合施入化肥和农药，又可以省去不少劳动量，据统计，喷灌所需的劳动量仅为地面灌溉的 1/5。对土地平整的要求不高，地形复杂的山地亦可采用。特别是在土层薄、透水性强的沙质土，非常适合采用喷灌。

喷灌可以使果实着色好，因为喷灌可以降低气温。

但喷灌也有以下的缺点，有可能加重树木感染白粉病和其他真菌性病害。首先，喷灌设备价格高，增加投资。就目前条件移动式喷灌系统最便宜，投资也需要 20～50 元/亩。其次，是受天气影响大，当风速大于 5.5 m/s 时（相当于 4 级风），就能吹散雨滴，降低喷灌均匀性，不宜进行喷灌；在天气十分干燥时，蒸发损失增大，也会降低效果。

（5）滴灌　这是最能节约水量的办法，是目前干旱缺水地区最有效的一种节水灌溉方式，水分利用率可达 95%。滴灌较喷灌具有更高的节水增产效果，同时可以结合施肥，提高肥效 1 倍以上，适用于果树、蔬菜、经济作物以及温室大棚灌溉，在干旱缺水的地方也可用于大田作物灌溉。不足之处是滴头易结垢和堵塞，应对水源进行严格的过滤处理。

3. 排水

排水是防涝保树的主要措施。土壤水分过多，土壤通透性变差，氧气不足，从而抑制根系呼吸，一旦根系进行无氧呼吸，容易积累酒精致使蛋白质凝固，引起根系死亡。特别是对耐水力差的树种更应抓紧时间及时排水。排水的方法主要有以下 3 种。

（1）明沟排水　在栽植场地及树旁纵横开浅沟，内外联通，以排积水。这是园林中一般采用的排水方法，关键在于做好全场排水系统。使多余的水有个总出口。

（2）暗沟排水　在地下设暗管或用砖石砌沟，借以排除积水，其优点是不占地面，但设备费用较高，一般较少应用。

（3）地面排水　目前大部分绿地是采用地面排水至道路边沟的办法。这是最经济的办法，但需要设计者精心的安排。

二、按需施肥

按需施肥是对花灌木养护管理的主要措施。应按花灌木生长发育的需要，适期、适量进行施肥。

1. 影响施肥的主要因素

（1）物候期　不同的物候期需要的营养元素不同。在充足的水分条件下，新梢的生长很大程度取决于氮的供应，其需氮量是从生长初期到生长盛期逐渐提高。随着新梢进入缓慢生长期，叶片加速老化，除氮、磷外，也还需要一定数量的钾肥。在保证氮、钾供应的情况下，多施磷肥可促使芽迅速通过各个生长阶段有利于分化成花芽。

开花坐果和果实发育期，植物对各种营养元素的需要都特别迫切，而钾肥的作用更为重要。在结果的当年，钾肥能加强植株的生长和促进花芽分化。

春季和夏初需肥开始增多，但此时土壤微生物活动能力较弱，土壤内可供吸收的养分较少，加强施肥可解决树木对养分的需要和土壤可给态养分含量较少之间矛盾。

树木生长后期对氮肥和水分的需要一般较少，但在此时，土壤所供吸收的氮及土壤水分却很高，此时应控制灌水和施肥。

（2）花灌木种类　例如柑橘类几乎全年都能吸收氮素，但吸收高峰在温度较高的仲夏；磷素主要在枝梢和根系生长旺盛的高温季节吸收，冬季显著较少；钾的吸收主要在 5—11 月。

（3）土壤　土壤含水量与肥效的发挥有着密切关系，土壤水分亏缺，施肥有害而无利。由于肥分浓度过高，树木不能吸收利用，易导致树体水分外溢而遭受毒害。因此，施肥应根据当地土壤水分变化规律或结合灌水施肥。土壤的酸碱度对植物吸肥的影响较大。酸性土壤有利于硝态氮的吸收；而中性或微碱性土壤有利于铵态氮的吸收，即在 pH 值为 7 时，有利于 NH_4^+ 的吸收，pH 值为 5～6

时，有利于 NO_3^- 的吸收。此外，土壤的酸碱度除对吸肥的直接作用外，还能影响某些物质的溶解度，酸性条件下可提高磷酸钙和磷酸镁的溶解度；碱性条件下可降低铁、硼、铝等化合物的溶解度，从而间接地影响植物对营养物质的吸收。

（4）肥料的性质　肥料的性质不同，施肥时期也不同，易流失和易挥发的速效性或施后易被土壤固定的肥料，如碳酸氢铵、过磷酸钙等，宜在树木需肥前施入；迟效性肥料如有机肥因需腐烂分解矿质化后才能被树木吸收，故应提前施用。北京农业大学园艺系 1997 年曾报道，同量的硫酸铵秋施较春施开花率高，干径增加量大，1 年生枝含氮率高。

2. 基肥的施用时期

北方花灌木大多早春萌芽、开花和生长，主要消耗树体贮存的养分，树体贮存的养分高，可提高开花质量和坐果率，有利于枝条健壮生长，枝繁叶茂，增加观赏效果。为提高树体营养水平，北方省份多在秋分前后施入基肥，宜早不宜晚，尤其是对观花、观果类和由南方引入的树种，更应早施，施得过迟，树木不能及时停长，不利于过冬。秋施基肥宜选迟效性、腐熟的有机肥，如腐殖酸类的肥料，堆肥、厩肥、圈肥、鱼肥以及作物秸秆、树枝、落叶等。

3. 追肥的施用时期

根据树木一年中各物候期需肥特点进行。在生产上，分为前期追肥和后期追肥，前期追肥又分为花前追肥和花后追肥。对观花、观果类而言，花后追肥与花芽分化期追肥比较重要，尤以落花后追肥更为重要，而对牡丹、紫薇等开花较晚的花木，可将两次追肥合为 1 次，为花前追肥。对于初栽 2~3 年内的花木，每年生长期进行 1~2 次追肥。

4. 肥料种类及用量

不同的花灌木的种类使用的肥料也不同，如果树应增施磷肥，酸性花木如杜鹃、山茶、栀子花、八仙花等，应施酸性肥料。树种不同，对养分的需求也不一样，例如茉莉、桂花、牡丹等喜肥沃土壤；沙棘、山杏等耐瘠薄；开花结果多的树较开花结果少的树种应多施肥，树势衰弱的也应多施肥。施肥量过多或不足，对树木生长发育均有不良影响。

曹冰东等（2018）试验采用了 8 种施肥处理方式进行比较，每盆施肥分别为缓释肥 10 g、尿素 0.41 g、磷酸二氢钾 0.11 g、硝酸钾 0.11 g、尿素 0.14 g+磷酸二氢钾 0.04 g+硝酸钾 0.04 g、尿素 0.21 g+磷酸二氢钾 0.05 g、尿素 0.21 g+硝酸钾 0.05 g，自来水作为对照。调查分析了株高、叶面积与重量、花苞数量和花径等指标。结果表明，缓释肥 10 g、尿素 0.41 g、尿素 0.21 g+磷酸二氢钾 0.05 g 和尿素 0.21 g+硝酸钾 0.05 g 等 4 种施肥处理方式对扶桑的营养生长和开花都有比较明显的促进作用，其中，施缓释肥 10 g 株高生长从施肥后第 40 d 起促进效果明显，第 60 d 左右超过其他处理。据此，提出扶桑盆栽可以根据施肥预期选择缓释肥或者速效肥；缓释肥每株 10 g，速效肥以浇施尿素 0.21 g+磷酸二氢钾 0.05 g 或尿素 0.21 g+硝酸钾 0.05 g 处理为宜，施肥周期 60 d。

5. 施肥的方法

（1）土壤施肥　施肥效果与施肥方法密切相关，而土壤施肥方法要与树木的根系分布特点相适应。肥料施在距根系集中分布层稍深、稍远的地方利于根系向纵深扩展，形成强大的根系，扩大吸收面积，提高吸收能力。具体施肥的深度和范围与树种、树龄、砧木、土壤和肥料性质有关，例如油松、胡桃、银杏等树木根系强大，分布较深远，施肥宜深，范围也要大一些；根系浅的悬铃木、洋槐及矮化砧木施肥应较浅；幼树根系浅，根分布范围也小，一般施肥范围较小而浅，并随树龄增大，施肥时要逐年加深和扩大施肥范围，以满足树木根系不断扩大的需要。沙地、坡地岩石缝易造成养分流失，施基肥要深些，追肥应在树木需肥的关键时期及时施入，每次少施，适当增加次数，既可满足树木的需要，又减少了肥料的流失。各种肥料元素在土壤中移动的情况不同，施肥深度也不一样，例如氮肥在土壤中的移动性较强，即使浅施也可渗透到根系分布层内被树木吸收；钾肥的移动性较差，磷肥的移动性更差，所以，宜深施至根系分布最多处；同时，由于磷在土壤中易被固定，为了充分发挥肥效，施用过磷酸钙或骨粉时，应与圈肥、厩肥、堆肥等混合堆积腐熟，施用效果较好。基肥因发挥肥效较慢应深施，追肥肥效较快，则宜浅施，供树木及时吸收。具体施肥方法有环状施肥、放射沟施肥、条沟状施肥、穴施、撒施、水施（随水施入）等。

（2）根外追肥　根外追肥也叫叶面喷肥，中国各地早已广泛采用，并积累了不少经验。近年来，喷灌机械的发展大大促进了叶面喷肥技术的广泛应用。叶面喷肥，简单易行，用肥量小，发挥作用快，可及时满足树木的急需，并可避免某些肥料元素在土壤中的化学和生物的固定作用。缺水季节或缺水地区以及不便施肥的均可采用此法，但叶面喷肥并不能代替土壤施肥。据报道，叶面喷氮素后，仅叶片中含氮增加，其他器官的含量变化较小，这说明叶面喷氮在转移上还有一定的局限，而土壤中追肥的肥效持续期长，根系吸收后，可将肥料元素分送到各个器官，促进整体生长；同时，向土中施有机肥后，又可改良土壤，改善根系环境，有利于根系生长。但是土壤施肥见效慢，所以，土壤施肥和叶面喷肥各具特点，可互补不足，如能运用得当，可发挥肥料的最大效用。

叶面喷肥主要是通过叶片上的气孔和角质层进入叶片，而后运送到树体内和各个器官。一般喷后 15~120 min 即可被树木叶片吸收利用，吸收强度和速度则与叶龄、肥料成分、溶液浓度等有关。由于幼叶生理机能旺盛，气孔所占面积较老叶大，较老叶吸收快，叶背较叶面气孔多，且叶背表皮下具有较松散的海绵组织，细胞间隙大而多，有利于渗透和吸收，因此，一般幼叶较老叶，叶背较叶面吸水快，吸收率也高。所以在实际喷施时一定要把叶背喷匀、喷全，使之有利于树木吸收。

同一元素的不同化合物进入叶片内的速度不同。例如硝态氮在喷后 15 min 可进入叶片内，而氨态氮则需 2 h，硝酸钾需要经 1 h 进入叶片内，而氯化钾只需 30 min，硫酸镁要 30 min，氯化镁只需 15 min。溶液的酸碱度也可影响渗入速度，例如碱性溶液的钾渗入速度较酸性溶液中的钾渗入速度快。此外，溶液浓度浓缩得快慢，气温、温度、风速和植物体内的含水状况等条件都与喷施效果有关。可见，叶面喷肥必须掌握树木吸收的内外因素，才能充分发挥叶面喷肥的效果。一般喷前先作小型试验，然后再大面积喷布。喷布时间最好在晴天 10 时以前和 16 时以后，以免气温高，溶液很快浓缩，影响喷肥效果或导致肥害。

第三节 修剪和整形

公园绿地对花灌木进行修剪、整形非常重要。修剪、整形工作可以调节树势，创造和保持合理的树冠结构，解决树木之间的矛盾，形成优美的树姿，构成有一定特色的园景。在有台风侵扰的地区，修剪、整形措施可以减少风害，防止倒伏。对观花观果的树种，修剪、整形措施对保花保果更具有重要作用。

一、修剪、整形的原则

修剪是指对植株的某些器官，如根、茎、枝、叶、花、果、芽等部分进行剪截或剪除的措施。整形是指对植株施行一定的修剪措施而形成某种树体结构形态。整形是通过一定的修剪手段来完成的，而修剪又是在一定的整形基础上，根据某种目的的需求而实现的。因此，两者紧密相关，统一于一定栽培管理目的要求下的技术措施。在对树木进行修剪、整形时，应根据下述的原则进行工作。不同的修剪、整形措施会造成不同的后果，不同的绿化目的各有特殊的整剪要求；因此，首先，应明确该树木在园林绿化中的配置方式要求，独植、对植、丛植还是群植则是大不相同。其次，在确定目的要求后，整形修剪时还必须根据该树种的生长发育习性来实施，否则会事与愿违，达不到既定的目的与要求。一般应注意以下两方面。

1. 树种的生长发育和开花习性

不同树种的生长习性、花芽着生和开花习性有很大差异，有的是先开花后长叶，有的是先发叶后开花，有的是单纯的花芽，有的是混合花芽，有的花芽着生于枝的中部或下部，有的着生于枝梢，这些千变万化的差异均是在修剪时应予考虑的因素，必须采用不同的修剪、整形措施。

根据园林花灌木的生长习惯进行修剪，春季花叶同放、先花后叶的灌木都是在上年的枝梢上构成花芽，到春天来临就会开放，每年开花 1 次。因此，在修剪过程中，应控制修剪时间，留下一些生长旺盛的树枝，适量剪掉一些树枝。一般在开花 1~2 周内是整形修剪的最佳时间，若该类型的树枝修剪较晚，一些成熟的树枝被剪掉，就会降低翌年开花量，降低植物的观赏性（周军峰，2017）。

（1）对于先长叶、后开花类型的灌木修剪　由于此种植物在生长过程中，花芽一般都生长在最新长出的树枝上，因此，最佳修剪时间为早春，并且此时树木的光合作用也刚开始，能够保障修剪达到良好的效果。此种类型的植物如果在秋季进行修剪，就会使得枝梢由于整形修剪产生刺激而长出新枝，在冬季来临时会出现病害。

（2）对于观花、观果、观叶以及既观花、又观叶类型的灌木整形、修剪　由于此种植物的生长类型较为复杂，分为春色、秋色、四季色，因此，其整形修剪的时间也各不相同，一些是按照春季花叶同放、先花后叶的灌木修剪方式进行修剪；一些是按照先长叶、后开花类型的灌木修剪方式进行修剪；一般是采用常规的修剪方式进行修剪。

不同生长习性的灌木植物所使用的修剪方式也不同，但都要符合植物的生长规律、特征等，才能取得良好的整形修剪效果（王德泉等，2015）。早春开花的花灌木，花芽大多数在前一年的夏、秋季进行分化，花芽着生在 2 年生的枝条上，经过冬季低温阶段翌年春季开花。因此，应在花残后叶芽开始膨大尚未萌发时进行修剪。修剪方法以疏枝和短截为主，修剪的部位依据植物种类及纯花芽或混合芽的不同而有所不同，例如连翘、榆叶梅、碧桃、迎春等可在开花枝条基部留 2~4 个饱满芽进行短截，牡丹则仅将残花剪除即可。该类植物切忌在冬季或早春发芽前修剪，以免剪掉花枝，影响开花。对于花芽着生在多年生枝上的花灌木，如紫荆等，虽然花芽大部分着生在 2 年生枝上，但当营养条件适合时多年生的老干也可分化花芽，对于这类灌木中进入开花年龄的植株，修剪量应较小，在早春可将枝条先端枯干部分剪除，在生长季节为防止当年生枝条过旺而影响花芽分化时可进行摘心，使营养集中于多年生枝干上。

夏、秋季开花的花灌木。花芽着生在当年生枝条上，如紫薇、木槿、珍珠梅等，是在当年萌发枝上形成花芽。因此，可在冬季休眠期进行修剪，此时修剪可以减少养分的消耗，使养分有效的供给翌年的新梢。修剪时可将 2 年生枝基部留 2~3 个饱满芽或 1 对对生的芽进行重剪，剪后可萌发出一些茁壮的枝条，花枝会少些，但由于营养集中能产生较大的花朵。

陈恺之（2018）介绍，当年多次开花的花灌木如月季、茉莉等，虽然也可在冬季或早春进行修剪，但建议在天气回暖时进行短截、回缩方式，可在合适的枝条上留取壮芽，同时剪除交叉枝、病虫枝、徒长枝，以及内膛过密枝条，一年内多次修剪可不断抽生新枝，形成花蕾，连续开花，大大提高观赏效果。每次花谢之后需要剪除残花，避免消耗过多营养，形成果实，影响观赏效果。月季一次开花到下次开花周期为 45 d 左右，如果遇到重大喜庆节日或重要展会，可根据花期修剪，等到日期来临便可坐观美花。这也是经常在四季中可观赏道路两边的月季花开的原理。

在多年生枝着生花芽的花灌木如贴梗海棠、紫荆等应注意保护老枝，培养树形，剪除影响树形、遮挡阳光影响通风的内堂密枝、老弱残枝、病虫枝等。一般情况下，花芽会在 2 年生枝上着生，但是如果打理合理以及营养好的条件下，多年生的老枝也会生出部分花芽在开花季节开出花朵。对于此类的花灌木，修剪不宜过量，在早春回暖时剪掉枝条顶端的干枯部分，在生长季节，避免新生枝条对花芽分化产生阻碍，可对其进行摘心处理，从而使营养集中供应花芽开花。

姚冬梅（2021）从另一个角度介绍了不同类型花灌木修剪、整形。短枝开花类花灌木的花芽或混合芽生于短枝上，一般不修剪，夏季旺盛生长时可对生长枝适当摘心，疏剪过多的直立枝、徒长枝，抑制其生长，如垂丝海棠、西府海棠。一年多次开花类花灌木可一年多次抽梢开花，在休眠期短截当年生枝或回缩强枝，剪除病虫枝、枯枝、交叉枝、并生枝、过密枝等不良枝。生长期可多次修剪，花后在新梢饱满芽处短截，一般在花梗下方第 2 芽至第 3 芽处。剪口芽很快萌发抽梢，形成花蕾开花，花谢再剪，反复修剪而连续开花，如月季、茉莉。萌芽力极强类花灌木可于冬季在接近地面处重剪，翌年春季萌发新枝，旺盛生长，开花繁茂，如胡枝子、木芙蓉、牡荆、醉鱼草。

2. 植株的年龄时期（生命周期）

植株处于幼年期时，由于具有旺盛的生长势，所以不宜进行强度修剪，以免健枝不能及时在秋季成熟，因而降低抗寒力，造成延迟开花，所以对幼龄小树除特殊需要外，只宜弱剪，不宜强剪；成年期树木正处于旺盛开花结实阶段，此期树木具有完整优美的树冠，这个时期的修剪、整形目的在于保持植株的健壮完美、使开花结实活动能长期保持繁茂和丰产、稳产，所以关键在于配合其他管理措施综合运用各种修剪方法以达到调节均衡的目的；衰老期树木，因其生长势力衰弱，每年的生长量小于死亡量，处于向心生长更新阶段，修剪时应以强剪为主以刺激其恢复生长势，并应善于利用徒长枝来达到更新复壮的目的。

周军峰（2017）介绍了处于不同生长周期的园林花灌木的修剪、整形技术要点：幼树修剪，幼树由于生长周期较短，整形修剪应该适量。在修剪过程中，应修剪直立枝、徒长枝等。依据植物观赏性的不同，选择合适的修剪方式。例如以花观赏为主，应该依据以后需要的形状进行修剪，对幼树的生长趋势进行控制；在茁壮灌木修剪过程中，一般采用轻剪的方法，及时剪掉一些较老的树枝，留下一些直立树枝，采用拉枝、坠重物的方法控制其生长趋势。对于一些生长缓慢的树枝，应该对其进行重点修剪，及时剪掉枝丫，降低养分损耗，提高弱枝的生长效率，保障花灌木早日开花结果。

衰老灌木修剪应采用短截的修剪方法，能够及时地集中树木养分，并且还能控制灌木的养分走向，使得衰老的灌木枝能够获得更多的养分，促进树枝快速生长。

二、修剪

各种树种的抗寒性、生长特性及物候期对决定它们的修剪时期有着重要的影响。总的来讲，可分为休眠期修剪（冬季修剪）和生长期修剪（又称春季修剪或夏季修剪）等两个时期。前者视各地气候而异，一般自土地结冻树木休眠后至翌年春季树液开始流动前施行。抗寒力较强的种类最好在早春修剪，以免伤口受风寒伤害；对于落叶后伤流特别旺盛的种类，例如复叶槭、四照花等不可修剪过晚，否则会自伤口流出大量树液而使植株受到广重伤害。对于入冬前需进行防寒保护的花灌木，宜在落叶后尽早重剪，以利于埋土或包草，如牡丹、葡萄。

生长季的修剪期是自萌芽后至新梢或副梢延长生长停止前这一段时期内实施，其具体日期则视当地气候及树种而异，但勿过迟，否则易促使发生新梢而消耗养分且不利于当年新梢的充分成熟。

1. 休眠期的修剪

（1）截干　对于茎或粗大的主枝、骨干枝等进行截断的措施称为截干。这种方法有促使树木更新复壮的作用。在培育次生萌芽林以及对树木施行去顶的“头状作业”时均采用本法。在截除粗大的侧生枝干时，应先用锯在粗枝基部的下方，由下向上锯入1/3~2/5，然后再自上方在基部略前方处从上向下锯下，如此可以避免劈裂（图2-1）。最后再用利刃将伤口自枝条基部切削平滑，并涂上护伤剂以免病虫侵害和水分的蒸腾。伤口前平滑的措施会有利于愈伤组织的发展，有利于伤口的愈合。护伤剂可以用接蜡、白涂剂、桐油或油漆。

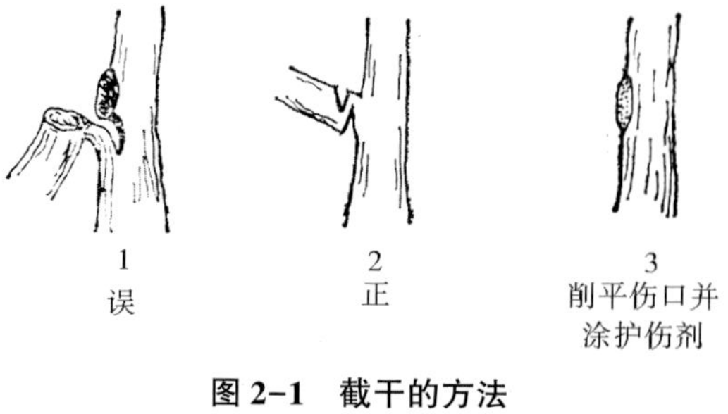

图2-1　截干的方法

（2）剪枝　修剪中最常应用的措施，依修剪的方式可分为“疏剪”（又称疏删）及“剪截”两类。前者是将整个枝条自基部完全剪除，不保留基部的芽，林业上的“打枝”和园艺上的“疏枝”均是应用此法。后者则是仅将枝条剪去一部分而保留基部几个芽。剪枝又依程度的不同而分为疏剪（将一年生枝条从基部剪除掉)、“短剪”（又称“重剪”或“强剪”），即剪除整个枝条长度的1/2以上，及“长剪”（又称“轻剪”或“弱剪”）即剪除的部分不足全长的1/2。行疏剪时，可使邻近的其他枝条增强生长势，并有改善通风透光状况的效果。行强剪时，可使所保留下的芽得到较强的生长势；行弱剪时，其生长势的加强作用较强剪小。当然这种刺激生长的影响是仅就一根枝条而言的。实际上，各芽所表现出的生长势强与弱的程度还受着邻近各枝以及上一级枝条和环境条件的影响。

剪枝是修剪中的主要技术措施，应用极广，除少数情况外，大多数均在休眠期进行。剪枝对树木生长发育的影响有两方面：第一，对局部的影响。经剪枝后，生长点减少，翌年春季发芽时可使留存的芽多得到养分、水分的供应，因而新梢的生长势可得到加强。又由于剪枝的方法和强弱程度的不同，可以有效地调节各枝间的生长势。其实行剪截的植株，由于生长点降低，故前级枝与新梢间的距离缩短，因而有避免树冠内部空虚的作用。第二，对全株的影响。对同一种树木进行修剪与不行修剪的对比试验结果表明，修剪量的大小对全株的生长发育影响很大，但反映的程度则视树种而异。那些长期进行较多量修剪的树木（例如果园中的果树)，均会产生树体容积减少的后果；又由于地上部与地下部生长的平衡关系，所以枝梢及根系的总生长量要比不修剪者少，而对幼树来讲更易产生矮化的倾向。修剪还可以调节植物整体或局部的生长势，节约植物营养。通过修剪花灌木的病虫枝、枯死枝、过密枝、交叉枝，对植物的通风透光有很大好处，增强了同化作用。对衰老树的修剪，尤其是行重度修剪，能收到更新复壮的效果。

短剪是剪掉1年生枝的一部分，可促进发枝，程度大则发枝旺；短剪影响花芽的形成（姚冬梅，2021）。

轻短剪：剪掉枝的1/5~1/4称为轻短剪，主要用于花灌木强壮枝条的修剪。轻短剪将会在剪口下抽出数个中短枝，其下半饱满芽抽出短枝。

中短剪：剪掉枝的1/3~1/2，即在枝条饱满芽处剪截，称为中短剪。中短剪将抽出较多中长枝，连续中短截能延缓花芽的形成。

重短剪：剪掉枝的2/3以上，即在枝饱满芽以下剪截，称为重短剪。重短剪影响很大，将促发基部潜伏芽。

极重短剪：剪截后只在春梢下部留2~3个芽，称为极重短剪。极重短剪的剪口芽是瘪芽，将抽发1~3个中、短枝。

长放：不剪除营养枝条的方法称为“放”。该方法可以使植物抽生的枝条增多，形成中短枝，后期积累养分较多，促进花芽的分化和结果。

回缩：对多年生枝条进行短截称为“回缩”。该方法可以降低顶端优势，促使枝条基部复壮，促进新芽的生长。

平茬：通常在冬末初春新芽萌出前进行，修剪太早易引起冻害。首先，在枝条的接近地面处确定一个位置，然后每年将枝条截到这个位置，较长时间后，此处逐渐形成一个凸起，里面富含淀粉和愈伤组织，平茬时注意不能破坏或超过此处。对于那些许多小枝簇生在一起的小灌木，常采用平茬方法。平茬使植物树冠一致，但也易徒长。

截梢：每年截梢都剪至同样位置，截去一年生枝，最后形成 1 个圆形凸起物，为截梢头。截梢头不能剪掉，也不要损伤。截梢的位置离地面较高，其他与平茬修剪技术基本相同。为了培育截梢头，修剪时要比前一年的修剪高度高 2~3 cm。截梢既能保持树的健康和活力，也能控制树木体量。截梢与平茬都是控制植物高度的好方法。

截顶：截顶不同于回缩，二者虽都截 2 年生枝，但截顶是为了截后形成一致的外貌，截口不一定在分枝处，而回缩截后表现自然，截面在一个分枝处。截顶更费工，但二者都可控制树木的体量。

2. 生长期的修剪

（1）折裂　为防止枝条生长过旺，或为了曲折枝条使形成各种苍劲的艺术造型时，常在早春芽略萌动时，对枝条施行折裂处理。较粗放的方法是用手将枝折裂，但对珍贵的树木行艺术造型处理时，用刀斜向切入至枝的直径 1/3~2/3 处，然后小心地将枝弯折，并利用木质部折裂处的斜面互相顶住（图 2-2）折弯枝和木质部折裂处的斜面支撑，然后包裹伤口或在切口处涂泥以免伤口蒸腾水分过多。

图 2-2　折裂的方法

（2）除芽（抹芽）　为了整形和节省养分，生长期抹去树干上多余的萌芽称为除芽。此措施可改善其他留存芽的养分供应状况而增强生长势。其中亦有将主芽除去而使副芽或隐芽萌发，以抑制过强的生长势或延迟发芽期。例如河南鄢陵花农为了延长蜡梅的嫁接时期而常将母本枝条上的主芽除去，使再生新芽后，才采作接穗用。

（3）摘心　在生长期摘去新梢顶端的生长点。达到平衡枝势、控制枝生长的目的，利于花芽分化和结果，促使侧芽萌发抽枝，早日形成树冠，提高抗寒力。摘除部分长 2~5 cm。摘心可抑制新梢生长，使养分转移至芽、果或枝部，有利于花芽的分化、果实的肥大或枝条的充实。但摘心后，新梢上部的芽易萌发成二次梢，可待其生出数叶后再行摘心。

（4）捻梢、折梢　捻梢即生长期将新梢扭转弯曲而未伤折生长过旺的枝条，折梢是指折伤而不断，此法多在新梢生长过长时应用，枝背上的徒长枝常进行扭梢和折梢，促发花枝。用捻梢法所产生的刺激作用较小，不易促发副梢，缺点为扭转处不易愈合，以后尚需再行 1 次剪平。此外，亦有用“折梢”法，即折伤新梢而不断下的方法代替捻梢。

（5）屈枝（弯枝、缚枝、盘扎）　是将枝条或新梢施行屈曲、缚扎或扶立等诱引措施。由于芽、梢的生长有顶端优势，故运用屈枝法可控制该枝梢或其上的芽的萌发作用。当直立诱引时可增强生长势；当水平诱引时则有中等的抑制作用；当向下放屈枝诱引时，则有较强的抑制作用。在一些绿地中，在重点园林配置时用此法将树木盘扎成各种艺术性姿态。

（6）摘心　在生长期摘去新梢顶端的生长点。达到平衡枝势、控制枝生长的目的，利于花芽分化和结果，促使侧芽萌发抽枝，早日形成树冠，提高抗寒力。

（7）摘蕾　在生长期及时摘除过多和过小花蕾，是早期的疏花疏果措施，可调节花果，提高花果质量。为了获得肥硕而美丽的花朵，如牡丹、杂种香水月季等，常可用摘除侧蕾的措施而使主蕾养分充足生长；聚花月季摘除侧蕾或过密的小蕾，使花期集中，花大整齐。对一些观花树木，如月季、紫薇、丁香等花灌木，在花谢后进行摘除残花枯花工作，不但能提高观赏价值，又可避免结实而消耗养分。

（8）摘果　为使枝条生长充实、避免养分过多消耗，常将幼果摘除。例如对月季、紫薇便于连续开花，必须时时剪除果实。至于以采收果实为目的，亦常为使果实肥大、超高品质或避免出现“大、小年”现象而摘除适量果实。

3. 休眠期或生长期均可施行的修剪措施

（1）去蘖　即除去植株基部附近的根蘖和枝条上或砧木上萌蘖的措施，如桂花、月季、榆叶梅的根蘖，紫薇、梅花的茎蘖。此措施有利于整形和节省养分可使养分集中供应植株，改善生长发育状况。

（2）切刻　是在芽或枝的附近施行刻伤的措施，深度以达木质部为度。当在芽或枝的上方行切刻时，由于养分、水分受伤口的阻隔而集中于该芽或枝条，可使生长势加强。当在芽或枝的下方行切刻时，则生长势减弱，但由于有机营养物质的积累，能使枝、芽充实，有利于加粗生长和花芽的形成。在萌芽前，于芽的上方刻伤，促发萌芽发枝。切刻愈深愈宽时，其作用就愈强。

（3）环剥（环状剥皮）　是在干枝或新梢上，用刀或环剥切剥掉一圈皮层组织的播施。其功能同于横伤，但作用要强大得多。环剥的宽度一般为 2~10 mm，视枝干的粗细和树种的愈伤能力、生长速度而定。但均忌过宽，不能超过枝干直径的 1/10，否则长期不能愈合会对树木生长不利。应注意的是对伤流过旺或易流胶的树种，不宜应用此措施。

（4）断根　是将植株的根系在一定范围内全行切断或部分切断的播施。本法有抑制树冠生长过旺的特效。断根后可刺激根部发生新须根，所以有利于移植成活，因此，在珍贵苗木出圃前或进行大树移植前，均常应用断根措施。此外，亦可利用对根系的上部或下部的断根，促使根部分别向土壤深层或浅层发展。

4. 修剪时应注意的事项

（1）剪口芽　在修剪具有永久性各级骨干枝的延长枝时，应特别注意剪口与其下方芽的关系（图 2-3、图 2-4）。

图 2-3　修剪枝条，剪口位置与剪口芽的关系

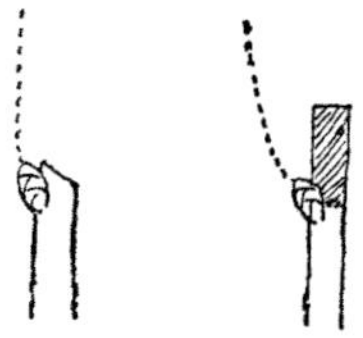

图 2-4　不同剪法的剪口芽的发枝趋向

图 2-3 中 1 是正确的剪法，即斜切面与芽的方向相反，其上端与芽端相齐，下端与芽之腰部相齐。这样剪口面不大，又利于养分、水分对芽的供应，使剪口面不易干枯可很快愈合，芽也会抽梢良好。如图中 2 的剪法，则形成过大的切口，切口下端至于芽基的下方，由于水分蒸腾过烈，会严重影响芽的生长势，甚至可使芽枯死。图中 3 的剪法尚属可行，但技术不熟练者易发生如图中 5 或剪损芽子的弊病。图中 4、5、6 的剪法，留下一小段被梢，常常不易愈合，并引发病虫的侵袭，而且如果遗留的枝梢过长时，在芽萌发后易形成弧形的生长现象（图 2-4）。这对于幼苗的延长主干来讲，会降低苗木的品级。但在华北春季多旱风处亦常行如 4 成 5 的剪法，待度过春季旱风期后再行第二次修剪，剪除芽上

方之多余部分枝段。此外，除了注意剪口芽与剪口的位置关系外，还应注意剪口芽的方向就是将来延长枝的生长方向。因此，须从树冠整形的要求来具体决定究竟应留哪个方向的芽。一般而言，对垂直生长的主干或主枝而言，每年修剪其延长枝时，所选留的剪口芽的位置方向应与上年的剪口芽方向相反，如此才可以保证延长枝生长不会偏离主轴。

（2）修剪的顺序　修剪时最忌漫无次序不假思索地乱剪。这样常会将需要保留的枝条也剪掉了，而且速度也慢。有经验的技术人员除对人工整形树如绿篱等是先由外部修剪成大体轮廓外，均是按照“由基到梢、由内及外”的顺序来剪，即先看好树冠的整体应整成何种形式，然后由主枝的基部自内向外地逐渐向上修剪，这样就会避免差错或漏剪，既能保证修剪质量又可提高速度。

三、整形

整形工作总是结合修剪进行的，所以除特殊情况外，整形的时期与修剪的时期是统一的。园林绿地中的树木有着多种不同的功能，所以整形的形式各有不同，但是概括地可以分为以下 3 类。

1. 自然式整形

在园林绿地中，以本类整形形式最为普遍，施行起来也是最为省工，也最易获得良好的观赏效果。基本方法是利用各种修剪技术，按照树木本身的自然生长特性，对树冠的形状作辅助性的调整和促进，使之早日形成自然树形，对由于各种因子而产生的扰乱生长平衡、扰乱树形的徒长枝、冗枝、内膛枝、并生枝以及枯枝、病虫枝等，均应加以抑制或剪除，注意维护树冠的匀称完整即可。自然式整形是符合树种本身的生长发育特性，因此常有促进树木生长良好、发育健壮的效果，并能充分发挥该树种的树形特点，提高了观赏价值。

2. 人工整形

随着西方规则式园林风格的引入，根据园林绿化中特殊的需要，有时可将树木整剪成各种规则的几何形体或是非规则的各种形体，如鸟、兽、城堡等各种造型，增加观赏性。

（1）几何形体的整形方法　按照几何形体的构成规律作为标准来进行修剪整形，例如正方形树冠应先确定每边的长度；球形树冠应确定半径等，这种整形方式采用的树种必须萌芽力与成枝力均很强，并耐修剪，如大叶黄杨、圆柏、龙柏、金叶女贞、紫叶小檗等。

（2）非几何形体的其他形体整形方法　垣壁式：在欧洲古典园林中经常可以见到此种整形方式。主要是在庭园及建筑附近为了绿化墙面，常见的有“U”形、叉形、肋骨形和扇形。首先要培养一个低矮的主干，在其干上左右两侧呈对称或放射性配列主枝，并使枝头保持在同一平面上。

雕塑式：即根据整形者的意图创造出各种各样的形体。但需要注意树木的形体应与四周园景协调，线条勿过于繁琐，以轮廓鲜明简练为佳。选择枝条茂密、柔软、枝叶细小而且耐修剪的树种，通过用铅丝、绳索等用具蟠扎扭曲等手段，按照一定的物体造型，由其主枝、侧枝构成骨架，然后通过绳索的牵引将小枝紧紧抱合，或者直接按照仿造的物体进行细致的整形修剪，从而整剪成各种雕塑形状。

人工形体或整形与树种本身的生长发育特性相违背，不利于树木的生长发育，而且一旦长期不剪，其形体效果就易破坏，所以在具体应用时应该全面考虑。

3. 自然与人工混合式整形

这是由于园林绿化上的某种要求，对自然树形加以或多或少的人工改造而形成的形式。这种整形方式在花木类中应用最多。修剪者根据树木的生物学特性及对生态条件的要求，将树木整形修剪成与周围环境协调的树形，通常有自然杯状形、自然开心形、多主干形、多主枝形、有主干形等。

（1）自然杯状形　在主干一定高度处留三主枝向四面配列，各主枝与主干的角度约45°，三主枝间的角度约为120°。在各主枝上又留两条次级主枝，在各次级主枝上又应再保留二条更次一级的主枝，依次类推，即形成似假二叉分枝的杯状树冠，即“三股六叉十二枝”。这种整形方法，本是对轴性较弱的树种实施较多的人工控制的方法，也是违反大多数树木的生长习性的。过去杯状形多见于果园中用于桃树的整形，在街道绿化上亦有用于悬铃木的。后者大都是由于当地多大风、地下水高、土层较浅以及空中缆线多等原因，不得不用抑制树冠的方法，但亦常见一些城市虽无上述限制，却也采用本法则属“东施效颦”了。

（2）自然开心形　适用于轴性弱、枝条开展的树种。此种树形是自然形状的改良和发展，留的主枝大多数为3个，个别的植株也有2或4个的。主枝在主干上错落着生（不像杯状形那么严格）。此种整形方式比较容易，又符合树木的自然发育规律，生长势强，骨架牢固，立体开花。目前园林中干性弱、强阳性树种多采用此种整形方式。

（3）多主干形和多主枝形　这两种整形方式基本相同，其区别是具有低矮主干的称为多主枝形；无主干的称为多主干形。留2~4个主干，于其上分层配列侧生主枝，形成均整的树冠。本形适用于生长较旺盛的种类，可造成较优美的树冠，提早开花年龄，延长小枝寿命，最宜于作观花乔木、庭荫树的整形。目前海棠类多采用此种整形方式。

（4）丛球形　此种整形方式颇似多主干形或多主枝形，只是主干极短或无，留枝较多，呈丛生状。该形多用在萌芽力强的灌木类，如黄刺玫、珍珠梅、贴梗海棠、厚皮香、红花继木等。

（5）棚架形　这是藤本植物常用的整形方式。先建各种形式的棚架、廊、亭，种植藤本树木后，按照生长习性进行修剪整形和引诱等工作。常用此形式的植物有紫藤、凌霄、金银花等。

（6）分层形　在主干上分层配列主枝，层与层之间留有一定的层间距，每层的主枝最好是临近，不要邻接。

（7）疏散形　与上面的分层形整形方式不同的是其主枝配列在中干上是随意的。

总体看，在园林绿地中以自然式应用最多，既省人力、物力又易成功。其次为自然与人工混合式整形，这是使花朵硕大、繁密或果实丰多肥美等目的而选用的整形方式，它比较费工，亦需适当配合其他栽培技术措施。关于人工形体式整形，一般言之，由于很费人工，且需有较熟练技术水平的人员，故常只在园林局部或在要求特殊美化处应用。

第四节　特色栽培技术

一、摘叶返季栽培

王海东等（2009）介绍，最佳栽植时节一般在新的扦插繁殖条刚形成新的腋芽为最佳时节。凡具有隐芽习性的花灌木品种均可采用。例如丁香、连翘、水蜡树、白榆、红瑞木、五角枫、插条槭、珍珠绣线菊等多种花灌木均可取得良好的绿化效果。

摘叶后的管理主要是水肥管理。浇水和喷淋水是成活的关键措施，也是植物生长发育重要物质成分。如果栽植前土壤干旱，应将栽植穴或栽植槽先浇 1 次底水，栽植后要立即浇水，做到当天栽植必须当天浇完水。浇水要浇足浇透，浇水后个别苗木倒伏，待水渗下后要及时扶正。每隔 1~2 d 浇 2 遍水或浇 3 遍水视旱情而定，始终保持土壤湿润即可。栽植后如果气温高，空气干热要喷淋花木枝条，以确保枝条不失水。根外追肥的时期和时间可在叶基本全部展出（栽植后 15 d）追施第 1 次 N 肥以加快植物生长。追肥时间在上午露水消失后或 14 时后进行均可。喷洒前要使化肥充分溶解再进行喷洒。喷洒时要求将肥液均匀喷洒在叶面上，叶面上挂满肥液成水珠状态即可。9 月上旬再喷洒 1 次磷酸二氢钾肥液以促进植株木质化提高抗寒能力。

二、无干造型技术

晋苗苗（2019）介绍了无干造型修剪基本原则。要因地制宜，按需修剪；随树做形，因枝修剪；主从分明，均衡树势；树龄不同，方法有别。具体应遵循以下原则。

1. 依树势造型修剪

花灌木幼树生长旺盛，以整形为主，宜轻剪。严格控制直立枝、斜生枝的上位芽，冬剪时应剥掉，防止生长直立枝，病虫枝、干枯枝、人为破坏枝、徒长枝等要疏去；丛生花灌木的直立枝，选生长健壮的摘心，促其早开花；壮年树应充分利用立体空间，促使多开花；休眠期修剪时，在秋梢以下适当部位进行短截，同时逐年选留部分根蘖，并疏掉部分老枝，以保证枝条不断更新，保持丰满株形；老弱树木以更新复壮为主，采用重短截的方法，使营养集中于少数腋芽，萌发壮枝，及时疏去细弱枝、病虫枝、枯死枝。

2. 依时造型修剪

落叶花灌木冬季修剪一般在休眠期进行，夏季修剪在花落后进行，以抑制营养生长，增加全株光照，促进花芽分化，保证翌年开花。夏季修剪宜早不宜迟，这样有利于控制徒长枝的生长。若修剪时间稍晚，直立徒长枝已经形成。如空间条件允许，可用摘心办法使生出二次枝，增加开花枝的数量。

3. 依生长开花习性造型修剪

春季开花、花芽（或混合芽）着生在二年生枝条上的花灌木，如连翘、榆叶梅、碧桃、迎春等，是在上年的夏季高温时进行花芽分化，经过冬季低温阶段于翌年春季开花。因此，应在花残后叶芽开始膨大尚未萌发时进行修剪。修剪的部位依植物种类及纯花芽或混合芽的不同而不同。连翘、榆叶梅、碧桃、迎春等可在开花枝条基部留 2~4 个饱满芽进行短截，牡丹则仅将残花剪除即可。夏秋季开花、花芽（或混合芽）着生在当年生枝条上的花灌木，如紫薇、木槿、珍珠梅等，是在当年萌发枝上形成花芽，因此应在休眠期进行修剪。将 2 年生枝基部留 2~3 个饱满芽或 1 对对生的芽进行重剪，剪后可萌发出茁壮枝条，花枝会少些，但由于营养集中，会产生较大的花朵。

4. 依树形修剪

在观赏园艺中，树形的概念，不只是树冠内枝干骨架结构的轮廓，而且还包括叶幕的形状和整株的造型。园林树木的树形种类极多，千姿百态。目前较普遍采用的树形有：杯状形、开心形、圆球形、拱圆形、灌丛形、树篱形、云状形、牌坊形、圆盘形、棚架形等。黎雪佼（2020）认为园林常用树木造型常见以下几类。

（1）无主干杯形　在花灌木幼苗期就要开始进行分枝杈，通常是从接近地面处开始分成 3 个主干枝，随着主干枝的生长，每个主干枝可以分成 2 个副主干枝，均匀生长后，每一个副主干枝杈又可以分出 2 个枝杈，形成了“三主枝、六副枝、十二枝杈”的造型。

（2）无主干心形　这种造型也是从幼苗开始就要进行分杈，通常是在接近地平面处开始分成 3 个主干，向四周均匀生长。在生长过程中，要及时修剪侧枝，保证每一个主干上留有 2~3 个枝杈朝向斜上方生长，有利于花灌木的枝杈间空气流通，促进开花结果。

（3）无主干球形　球形造型的特点为主干很短，从地平面开始有许多副主枝干，副主枝干又可生成更多的细小侧枝，侧枝均匀地向四周呈放射状生长。再通过修剪，球形无主干造型就做好了。

（4）灌丛形　灌丛形设计的特征是主干不明显或者没有主干，在树木幼苗期就开始从基部催生主枝杈，再进行必要的修剪，最后成丛状，外形呈现较为规则的圆球形或者半圆球形。

第三章　常见灾害及其防治

第一节　病害及其防治

引起树木生病的病原很多，以下主要介绍会引起景观破坏和树木病害、死亡的生物性病原。生物性病原会先感染个体，形成发病中心，然后从被感染树木传染到周围的健康树木，使感染越来越严重。因此，树木病害的防治要贯彻“预防为主”的原则，把“防”放在第一位，“治”则是辅助手段。

1. 锈病

（1）种类和为害　是由真菌中锈菌目的一些种类引起，可发生于树木叶、枝、干、果等部位。主要病症是病部出现锈黄色的粉状物，或内含黄粉的泡状物和毛状物。常见如松疱锈病，由栅锈科的茶藨生柱锈菌 *Cronnartium ribicola* J. G. Fischer 引起，是世界著名的松科危险性病害，为害中幼龄松树的幼枝和干皮部；竹竿锈病，由柄锈科的皮下硬层锈菌 *Stereostratum corticioides*（Berk. & Br.）Magn. 引起，为害竹竿中下部，被害部位发黑、变脆，严重者可能枯死；台湾相思锈病，由 *Poliotelium hyalospora*（Saw.）Mains 引起，大叶合欢锈病由 *Sphaerophragmium acaciae*（Cooke）Magn. 引起，为害叶片，病部出现淡黄色斑点，着生疱状物颜色逐渐加深。

（2）防治方法　清扫落叶，集中烧毁，减少侵染来源；调整树木株行距，适当通风，加强水肥管理；春末、夏初喷 2～3 次 1∶2 000倍波尔多液预防，也可交替喷施 20%粉锈宁可湿性粉剂 1 000倍液或 20%嗪氨灵 1 000倍液防治。

2. 炭疽

（1）种类和为害　炭疽病是由炭疽病菌引起。主要为害叶片，病斑上有时出现粉红色黏液状的病症，严重时造成病叶脱落。常见有山茶炭疽病 *Colletotrichum camelliae* Massee，病斑有不明显同心轮纹，边缘分界明显；含笑炭疽病 *C. magnoliae* Camara 病斑初期呈小斑点，扩大后有轮状斑纹，边缘稍隆起；桂花炭疽病 *C. gloeosporioides* Penz、榕树炭疽病 *C. gloeosporioides* Penz、杉木炭疽病 *C. lomerella cingulata*（Stonem）Schr. et Spauld 等。

（2）防治方法　清除历史病株，及时清理脱落病叶并烧毁，减少感染源；注意树木养分平衡，少施氮肥，多施磷、钾肥，增加树木抗病性；药剂防治可于早春新梢生长后，喷洒 1%波尔多液以防初次感染；发病初期喷洒 50%甲基托布津可湿性粉剂 500~800 倍液和 80%炭疽福美 600 倍液交替防治。

3. 白粉病

（1）种类和为害 白粉病由真菌中的白粉菌引起。属子囊菌纲白粉菌目。多发生于叶片上，也发生于嫩枝和幼果。病斑上出现薄薄的一层白粉。受害病叶常不能展开，扭曲变形甚至黄化脱落。受害病嫩枝影响木质化。常见有朴树白粉病 *Pleochaeta shiraiana*（P. Henn.）Kimbr、紫薇白粉病 *Uncinula australiana* McAIP.、水曲柳白粉病 *Uncinula fraxinii* Miyabe 等。

（2）防治方法 冬季强度修剪病枯枝，做到及时、连续每年清除病枝、落叶；合理施肥，做到 N、P、K 三要素合理搭配，防止枝叶贪青徒长，适当施用 B、Si、Cu、Mn 等微量元素以提高树木抗病性；药剂防治可于发病初期选喷 1%波尔多液或 25%粉锈宁 2 000倍液防治。

4. 斑点病

（1）种类和为害 真菌、细菌和病毒都可引起斑点病。多发生于叶片和果实，是很常见的一类病害。病部通常变褐色，形状近圆形或不规则形，有时还具轮纹，后期病部组织坏死。如白兰黑斑病由真菌 *Alternaria tenuis* Nees 引起，广玉兰斑点病由 *Phyllosticta magnoliae* Sacc. 引起，唐竹黑痣病由 *Phyllachora shiraiana* Syd. 引起，桂花褐斑病由 *Cereospora osmanthicola* P. K. chi et Pai 引起，山茶斑点病由 *Monochoetia karstenii* Sacc. & Syd. 引起等。

（2）防治方法 幼树移栽时喷洒高锰酸钾 1 000倍液消毒；清除病枝落叶，集中销毁；春末、夏初喷洒 1∶1∶200 波尔多液；发病初期喷 50%多菌灵可湿性粉剂 1 000倍液或 75%硫菌灵 1 000倍液隔 10~15 d，连喷 2~3 次防治。

5. 煤污病

（1）种类和为害 引起煤污病的病菌种类较多，有的甚至可以在一种树木上找到两种以上的病菌。常见有煤炱科煤炱属 *Capnodium* spp. 和小煤炱科小煤炱属 *Meliola* spp. 等。煤污病常由蚜虫、介壳虫、粉虱为害后引起。其主要表现在叶和小枝条出现黑色辐射状霉斑，连成片后呈薄绒状黑色霉层，严重时全株黑色，影响观赏和光合作用。煤污病主要为害深山含笑、乐昌含笑等木兰科、天竺桂、樟树、毛黑壳楠等樟科、山茶科以及杜英、山杜英、红豆杉等树种。

（2）防治方法 消灭介壳虫、粉虱、蚜虫，切断传染源，用 10%吡虫灵可湿性粉剂 2 000倍液喷雾杀虫；适度修剪严重感染病、虫的枝叶，以利通风透光、降低湿度，减少病害发生；喷施 1∶1∶50 波尔多液，每天 1 次，连续 5 d；休眠期间用 3~5Bé 的石硫合剂涂抹枝干。

6. 干腐病、基腐病

（1）种类和为害 可使树木根、枝木质部变质解体，病部纤维素和木素被解体。由真菌引起，多为害百年古树。物理机械性能大大降低，病害后期，往往形成巨大的空洞。如相思根腐病由灵芝菌 *Ganoderma lucidum*（Leyss. ex Fr.）Karst. 引起；樟树基干腐病由 *Trameles suaveolens*（L）Fv. 和 *Phellinus igniarius*（L. ex Fr）Que′1. 两种真菌引起；榕树根腐病，由有毒层孔菌 *Phelilliuus noxius* G. H. cunn 引起。此菌还可为害桂花、苦楝、桃花心木、南洋杉、广玉兰、竹柏等树木；杜鹃基腐病由 *Phytophthora cinnamomi* Rands 引起等。

（2）防治方法　树木移栽时选用排水良好的沙质壤土，防止根部积水；避免树干机械损伤，树木整枝时选择晴天，剪（锯）口要平滑，不撕裂树皮，再用凡士林加少许多菌灵涂抹伤口以防止感染；树干内部出现空洞，应将腐烂变色部分彻底清除，用5%硫酸铜溶液表面消毒，然后用砖、石或水泥混凝土填充、加固，防止雨水进入。

第二节　虫害及其防治

园林树木中常见的虫害主要分为4类，其中包括根部害虫、枝梢害虫、蛀干害虫和果实害虫。根部害虫生长在土壤中，以树木的幼苗根茎和种子为主要食物；枝梢害虫属于一种钻蛀害虫，一旦发生，该虫害将会伤害树木的主干和主梢；蛀干害虫一般情况下会生长在风倒木和被压木中，一旦发生该病害将会使大量的树木受损；果实害虫会侵入到果肉中，严重影响种子的产量，降低种子的质量。以下将做重点介绍。

一、根部害虫

根部害虫的种类具有一定的复杂性，此类害虫都栖息于土壤中，防治较为困难。主要取食于树木刚发芽的种子或幼苗，给幼树生长带来很大的为害。多数根部害虫具有较稳定的生态环境，生活周期长、迁移性弱，还具有随地温变化垂直活动的特点。根部害虫的发生与土壤的质地、含水量、未腐熟有机物的含量有关，可采用相应措施改变环境，控制根部害虫的发生。主要包括蝼蛄、地老虎、蛴螬等。

1. 种类

（1）蛴螬　是金龟类幼虫的总称。属鞘翅目金龟科。目前已知有17 000种，为害园林树木较严重的有20余种，其幼虫和成虫均能对树木造成为害。蛴螬主要为害幼树的根部，成虫取食树叶，有的为害针叶和花。主要有东北大黑鳃金龟 *Holotrichia oblita*（Faldermann）、铜绿丽金龟（*Anomala corpulenta* Motschulsky）、黑绒金龟 *Maladera orientalis* Motschulsky、铜色白纹金龟 *Liocala brevitarsis*

Lewis 等。

（2）地老虎 属鳞翅目夜蛾科。主要种类有小地老虎 *Agrotis ypsilon*（Rott）、大地老虎 *A. tokionis* Bulter 等。为害方式以幼虫为害幼苗及植物根部，在距地 1~2 cm 处咬断，拖入土中取食。

（3）蝼蛄 属直翅目蝼蛄科。主要有华北蝼蛄 *Gryllotalpa unispina* Saussur 和非洲蝼蛄 *G. africuma* Palisot et Beavuois。蝼蛄昼伏夜出，21—23 时为取食高峰。

2. 防治方法

应避免施用未腐熟的有机肥，减少成虫产卵；清沟排水降低土壤湿度，或放水灌溉 1~2 d 淹杀；堆放新鲜杂草诱集幼虫后人工捕捉或药剂毒杀；用糖醋液（糖、醋、酒质量比为 6∶3∶1，加等量水）加 1/10 量敌百虫调匀，在成虫发生时诱杀，也可喷 90%敌百虫 500 倍液或 50%马拉硫磷 1 000倍液防治；黑光灯诱杀成虫。

二、枝梢害虫

枝梢害虫主要为害树木的枝梢、幼茎和叶片，其结果会损伤幼芽，影响主梢生长和主干形成，严重时造成叶片失绿、脱落，有的还会引起煤污病，影响树木生长。

1. 种类

（1）松梢螟 *Dioryctria splendidella* Herrich-Scbaffer 属鳞翅目螟蛾科。主要为害松类林木。幼虫钻蛀中央主梢及侧梢，使松梢枯死，侧梢丛生，树冠呈扫帚状。

（2）介壳虫 主要有日本龟蚧 *Ceroplastes japonicus*Grecn（同翅目蚧科）、桑白蚧 *Pseudaulacaspis penlagona*（Targioni-Tozzetti）（同翅目盾蚧科），是园林树木著名的害虫，并诱发煤污病；水木坚蚧 *Parthenolecanlum corhi*（*Bouchex* 同翅目蚧壳虫科），吹绵蚧 *Lcerya purchasj* Maskell（同翅目绵蚧科），为害树种较多，并诱发煤污病。

（3）蚜虫 蚜虫的繁殖和适应力强，种群数目巨大，防治难以取得满意效果。为害园林树木主要有桃赤蚜 *Myzus persicae*（Sulzer）（同翅目蚜虫科）、栎大蚜 *Pterochlorus tropicalis* Vander Goot（同翅目蚜虫科）、苹果绵蚜 *Eriosoma lonigerum* Hausm（同翅目绵蚜科）。以成虫和若虫为害叶片。蚜虫具有适应能力强和繁殖能力强的特点，与其他虫害相比，根治的难度较大，种类繁多。

（4）木虱 木虱属同翅目木虱科，以为害园林树木的叶片为主，一旦园林树木的叶片遭侵害，叶片将会出现变形和扭曲的情况，树叶会坏死和脱落，有的木虱分泌物会堵塞气孔，进而不利于园林树木的健康生长。常见的如榕卵痣木虱

Maorhomotoma spp. 、梧桐木虱 *Thysanoyma limbata* Eaderlein 等。

（5）红蜘蛛　属蛛形纲螨目。繁殖迅速，个体数量巨大，是园林树木的重要害虫之一。常见如长全爪端 *Panoychus elongates* Manson、柑橘全爪螨 *Pe. citri*（Mc Gregor）（螨目叶螨科），为害树木后使叶片和嫩梢失绿、卷曲、落叶，严重时可使幼树死亡。红蜘蛛在高温干旱时为害猖獗，应及时预报和加以防治。

2. 防治方法

首选调整栽培措施和生物防治，即采用调整树种搭配，适当放宽株行距，剪除过密和被害枝条的措施来减轻害虫的发生；用 3～5Bé 石硫合剂喷杀；人工剪除虫、蛹枝，集中深埋；保护瓢虫、寄生蜂、草蛉等天敌，进行生物防治；化学药剂防治，如灭蚜威、吡虫啉、啶虫脒、高效氯氰菊酯、甲氰菊酯、甲基阿维菌素苯甲酸盐、虫螨腈、塞螨嗪、虱螨脲等。化学药剂要交替使用，以免产生抗药性。

用化学农药杀灭时可在药液中兑少量洗衣粉溶液，以助溶解虫体蜡质和增加药液附着力，增强防治效果。

三、食叶害虫

食叶害虫是园林树木的主要害虫，其种类很多，主要分属于昆虫纲的 4 个目，最主要的是鳞翅目，还有膜翅目、鞘翅目和直翅目的部分种类。食叶性害虫主要为害健康的树木，为害后削弱树势或造成树木死亡。为天牛等蛀干性害虫为害创造条件。同时，食叶害虫为害大多都表现一定的间歇性和周期性，种群数量多时容易引起大爆发，造成大面积园林树木为害。另外，鳞翅目害虫大都是幼虫为害，且在 4 龄以后由于食量大增而为害陡然加剧，故应抓住 1～3 龄时期及早防治。

1. 种类

（1）松毛虫（鳞翅目枯叶蛾科）　主要是马尾松毛虫 *Dendrolimus punctatus* Walker、云南松毛虫 *D. latipennis* Walker、赤松毛虫 *D. spectabilis* Butler 等。

（2）尺蠖（鳞翅目尺域科）　主要有国槐尺蠖 *Macaria elongaria* Leech、双肩尺蠖 *Cleora ciicharia* Schiff、油茶尺蛾 *Biston marginata* Matsumura、木橑尺蠖 *Culcula panterinaria* Bremer et Crey 等。

（3）舟蛾（鳞翅目舟蛾科）　舟蛾又叫社天蛾，幼虫静栖时常用腹足固定，头尾举起，形似龙舟。主要种类有杨扇舟蛾 *Clostera anchoreta*（Fabricius）、杨二尾舟蛾 *Gerura menciana* Moore、黄掌舟蛾 *Phaleva fuscescens* Butler、栎褐舟蛾 *Nagaoea albibasis*（Chiang）等。

（4）毒蛾（鳞翅目毒蛾科）　主要有舞毒蛾 *Oeneria dispar* L. 、灰带毒蛾

Orgria postica（Walker）、榕透翅毒蛾 *Perina nuda* Fabricius、乌桕毒蛾 *Eupoctis bipuncatapex* Hampson。毒蛾幼虫食量大，幼虫及蛹身披毒毛，小龄幼虫常会吐丝或有呈泡状扩大的毛（风帆），能随风飘散。

2. 防治方法

加强预报，如年前出现暖冬，春、夏气温高且雨水较少，应特别注意害虫大暴发；加强栽培措施，通过水、肥管理，促进树木健壮生长，园林设计时注意针、阔混交种植，可减少害虫为害；生物防治可招引白头翁、灰喜鹊、灰掠乌等益鸟，赤眼蜂等寄生蜂除治，尤其是白菌喷雾或喷粉，效果较好；推广使用20%灭幼脲2 000~3 000倍液喷雾或森得保等低效无公害农药喷粉杀灭。

四、蛀干害虫

种类繁多，主要包括鞘翅目小蠹科、天牛科、等翅目白蚁科的一些种类。蛀干害虫生活场所隐蔽，初期为害难以发现，等树木出现症状时已经是为害相当严重，树木已接近死亡。蛀干害虫主要为害处于亚健康状态的树木，为害后又为其他病虫害的入侵创造了条件，因此，应注意园林设计时选用抗病树种，优化树种搭配，加强水肥管理，减少蛀干害虫为害。

1. 种类

（1）天牛　主要有合欢双条天牛 *Xystrocera globosa*（Olivier）、星天牛 *Anoplophova chinensis* Forster、云斑天牛 *Batocera horsfieldi* Hope、松墨天牛 *Monochamus alternatus* Hope。松墨天牛是松材线虫病的主要传播者。

（2）白蚁　在中国约100种。为害林木的主要有黑翅土白蚁 *Odontotermes formosanus*（Shiraki）、散白蚁 *Reticulitemes* sp.、家白蚁 *Coptotemes formosaunus* Shiraki等。白蚁是社会性昆虫，常筑巢于土中，取食树木的根基部，并在树木上修筑泥被，啮食树皮，经伤口进入木质部为害，造成树木营养不良，严重者常枯死，寻找泥被是发现白蚁为害的常用办法。

2. 防治方法

选用抗虫树种，加强栽培措施，保持树势生长，减少为害；树干上找到天牛新鲜排粪孔即用杀螟松乳油毒针注入药液，或塞入药液棉球，然后用湿泥将孔封严，幼虫未蛀入树干前用80%杀螟松乳油1 000倍注液喷杀；招引啄木鸟及姬蜂、肿腿蜂等寄生蜂生物防治；挖巢灭蚁。根据泥被、透气等特征，寻找白蚁主巢杀灭或施药防治；根据白蚁爱好清洁、喜吞食同伴尸体的习性，在泥被处开口施放特效药“灭蚁灵”，让其慢性中毒后，咬食同类尸体，逐渐全部感染，整巢死亡；及时清理病、死树，集中销毁。

第三节　自然灾害及其防治

一、冻害

冻害主要指树木因受低温的伤害而使细胞和组织受伤，甚至死亡的现象。

1. 造成冻害的有关因素

能响树木冻害发生的因素很复杂，从内因来说，与树种、品种、树龄、生长势及当年枝条的成熟及休眠与否均有密切关系；从外因来说是与气象、地势、坡向、水体、土壤、栽培管理等因素分不开的。因此，当发生冻害时，应多方面分析，找出主要矛盾，提出解决办法。

（1）冻性与树种、品种的关系　不同的树种或不同的品种，其抗冻能力不一样。如原产长江流域的梅品种比广东的黄梅抗寒。

（2）抗冻性与枝条内酶类变化动态的关系　黄国振（1980）在研究梅花枝条中糖类变化动态与抗寒越冬力的关系时发现：在整个生长季节内，梅花与同属的北方抗寒树种杏及山桃一样，酶类主要以淀粉的形式存在。到生长期结束前，淀粉的积蓄达到最高。11 月上旬末，原产长江流域的梅品种与杏、山桃一样，淀粉粒开始明显溶蚀分解，至 1 月杏及山桃枝条中淀粉粒完全分解，而梅花枝条内始终残存淀粉的痕迹，没有彻底分解。而广州黄梅在入冬后，始终未观察到淀粉分解的现象。可见，越冬时枝条中淀粉转化的速度和程度与树种的抗寒越冬能力密切相关。从淀粉的转化表明，长江流域梅品种的抗寒力虽不及杏、山桃，但具有一定的抗寒生理功能基础；而广州黄梅则完全不具备这种内在条件。同时还观察到梅花枝条皮部的氮素代谢动态与越冬力关系非常密切。越冬力较强的单瓣玉蝶比无越冬能力的广州黄梅有较高的含氮水平，特别是蛋白氮。

（3）与枝条成熟度的关系　枝条愈成熟其抗冻力愈强。枝条充分成熟的标志主要是：木质化的程度高，含水量减少，细胞液浓度增加，积累淀粉多。在降温来临之前，如果还不能停止生长而进行抗寒锻炼的树木，都容易遭受冻害。

（4）与枝条休眠的关系　冻害的发生和树木的休眠和抗寒锻炼有关，一般处在休眠状态的植株抗寒力强，植株休眠愈深，抗寒力愈强。植物抗寒性的获得是在秋季和初冬期间逐渐发展起来的。这个过程称作“抗寒锻炼”，一般的植物通过抗寒锻炼才能获得抗寒性。到了春季，抗冻能力又逐渐趋于丧失，这一丧失过程称为“锻炼解除”。树木的春季解除休眠的早晚与冻害发生有密切关系。解除休眠早的，受早春低温威胁较大；休眠解除较晚的，可以避开早春低温的威胁。因此，冻害的发生一般常常不是在绝对温度最低的休眠期，而常在秋末或春初时发生。所以说，越冬性不仅表现在对于低温的抵抗能力，而且表现在休眠期和解除休眠期后，对于综合环境条件的适应能力。

（5）低温来临的状况与冻害的发生有很大关系　当低温到来的时期又早又突然，植物本身未经抗寒锻炼，而也没有采用防寒措施时，很容易发生冻害；而且日极端最低温愈低，植株受冻害就越大；低温持续的时间越长，植株受冻害愈大；降温速度越快，植株受害越重。此外，树木受低温影响后，如果温度剧烈回升，则比慢回升受害严重。

（6）地势、坡向不同，小气候差异大　如在江、浙一带种在山南面的柑橘比种在同样条件下北坡的柑橘受害重，因为山南面昼夜温度变化较大，山北面日夜温差小。如江苏太湖东山的柑橘，每年山南面的柑橘多少要发生冻害，而山北面的桔子则不发生冻害。在同样的条件下，土层浅的桔园比土层厚的橘园受害严重，因为土层厚，根扎深，根系发达，吸收的养分和水分多，植株健壮。

（7）水体对冻害的发生也有一定的影响　在同一个地区位于水源较近的橘园比离水远的橘园受害轻，因为水的热容量大，白天水体吸收大量热，到晚上周围空气温度比水温低时，水体又向外放出热量，因而使周围空气温度升高。江苏东山北面的柑橘每年不发生冻害的另一个原因是山北面面临太湖。但是在1976年冬天，东山北面的柑橘比山南面的柑橘受害还重，这是因为山北面的太湖已结冰之故。

（8）栽培管理水平与冻害的发生关系密切　同一品种的实生苗比嫁接苗耐寒，因为实生苗根系发达，根深抗寒力强，同时实生苗可塑性强，适应性就强。砧木的耐寒性差异很大，桃树在北方以山桃为砧木，在南方以毛桃为砧木，因为山桃比毛桃抗寒。同一个品种结果多的比结果少的容易发生冻害，因为结果多消耗大量的养分，所以容易受冻。施肥不足的比肥料施得很足的抗寒力差，因为施肥不足，植株长得不充实，营养积累少，抗寒力就低。树木遭受病虫为害时，容易发生冻害，而且病虫为害越严重，冻害也就越严重。

2. 冻害的表现

（1）芽　花芽是抗寒力较弱的器官，花芽冻害多发生在春季回暖时期，腋花芽较顶花芽的抗寒力强。花芽受冻后，内部变褐色，初期从表面上只看到芽鳞松散，不易鉴别，到后期则芽不萌发，干缩枯死。

（2）枝条　枝条的冻害与其成熟度有关。成熟的枝条，在休眠期以形成层最抗寒，皮层次之，而木质部、髓部最不抗寒。所以随受冻程度加重，髓部、木质部先后变色，严重冻害时韧皮部才受伤，如果形成层变色则枝条失去了恢复能力。但在生长期则以形成层抗寒力最差。幼树在秋季因雨水过多贪青徒长，枝条生长不充实，易加重冻害，特别是成熟不良的先端对严寒更为敏感，常常首先发生冻害，轻者髓部变色，较重时枝条脱水干缩，严重时枝条可能冻光。多年生枝条发生冻害，常表现为树皮局部冻伤，受冻部分最初稍变色下陷，不易发现，如果用刀挑开，可发现皮部已变褐，以后逐渐干枯死亡，皮部裂开和脱落，但是如果形成层未受冻则可逐渐恢复。

（3）枝杈和基角　枝杈或主枝基角部分进入休眠较晚，位置比较隐蔽，输导组织发育不良，通过抗寒锻炼较迟，如若遇到低温或昼夜温差变化较大时易引起冻害。枝杈冻害有各种表现：有的受冻后皮层和形成层变褐色，而后干枝凹陷，有的树皮成块冻坏、有的顺主干垂直冻裂。主枝与树干的基角愈小，枝杈基角冻伤也愈严重。这些表现依冻害的程度和树种、品种而有所不同。

（4）主干　主干受冻后有的形成纵裂，一般称为“冻裂”现象，树皮成块状脱离木质部，或沿裂痕向外卷折。一般生长过旺的幼树主干易受冻害，这些伤口极易招致腐烂病。形成冻裂的原因是气温剧降到0℃下，树皮迅速冷却收缩，致主干组织内外受力不均而自外向内开裂，或树皮脱离木质部。树干“冻裂”常发生在夜间，随着变暖冻裂处又可逐渐愈合。

（5）根颈和根系　在一年中根颈停止生长最迟，进入休期最晚，而开始活动和解除休眠最早，因此在温度骤降的情况下根颈未能很好地通过抗寒锻炼，同时近地表处温度变化又剧烈，因而容易引起根颈的冻害。根颈受冻后，树皮先变色，以后干枯，可发生在局部也可能成环状，根颈冻害对植株为害很大。根系无休眠期，所以根系较其地上部分耐寒力差。但根系在越冬时活动力明显减弱，抗寒力较生长期略强。根系受冻后变褐，皮部易与木质部分离。地面的粗壮根由于地温低，较下层根系易受冻，新栽的树或幼树因根系小而浅，易受冻害，而大树则相当抗寒。

3. 冻害的防治

中国气候条件虽然比较优越，但是由于树木种类繁多，分布广，而且常有寒流侵袭，因此，冻害的发生仍较普遍。冻害对树木威胁很大，严重时常将数十年生大树冻死。据记载，1976 年 3 月初，昆明市低温将 30 ~ 40 年生的桉树冻死。树木局部受冻以后，常常引起溃疡性寄生菌寄生的病害，使树势大大衰弱，从而造成这类病害和冻害的恶性循环，例如苹果腐烂病、柿园的柿斑病和角斑病等的发生均与冻害的发生有关。有些树木虽然抗寒的较多，但花期容易受冻害，在公园中影响观赏效果。因此，预防冻害对树木功能的发挥有重要意义，同时，防冻害对于引种，丰富园林树种也有很大意义。

在北京地区有些种类在栽植 1 ~ 3 年内需要采用防寒措施，如竹类、水杉、凌霄、红叶李、日本冷杉、迎春等；少数树种需要每年保护越冬，例如北京园林中的葡萄、牡丹、千头柏、翠柏等。越冬防寒的措施如下。

（1）贯彻适地适树的原则　因地制宜地种植抗寒力强的树种、品种和砧木，在小气候条件比较好的地方种植边缘树种，这样可以大大减少越冬防寒的工作量，同时注意栽植防护林和设置风障，改善小气候条件，预防和减轻冻害。

（2）加强栽培管理，提高抗寒性　加强栽培管理（尤其重视后期管理）有助于树体内营养物质的储备。经验证明，春季加强肥水供应，合理排灌和施肥，可以促进新梢生长和叶片增大，提高光合效能，增加营养物质的积累，保证树体健壮。后期控制灌水，及时排涝，适量施用磷钾肥，勤锄深耕，可促使枝条及早结束生长，有利于组织充实，延长营养物质的积累时间、从而更好地进行抗寒锻炼。此外，夏季适时摘心，促进枝条成熟；冬季修剪减少蒸腾面积，人工落叶均对防冻害有良好效果。同时在整个生长期加强病虫害的防治。

（3）加强树体保护，减少冻害　对树体保护的方法很多，一般树木可采用及时浇“冻水”和灌“返青水”防寒。对于很容易受冻害的种类，采用全株培土如月季、葡萄等，草绳缠绕树干，根颈培土（高 30 cm），涂白，搭风障，北面培月牙形土埂。以上的防治措施应在冬季低温到来之前做好，以免低温来得早，造成冻害，最根本的办法还是加强引种驯化和育种工作。受冻后树木的护理极为重要，因为受冻树木受树脂状物质的淤塞，因而使根的吸收、运输及叶的蒸腾，光合作用以及植株的生长等均遭到破坏。为此，在恢复受冻树木的生长时应尽快地恢复输导系统、治愈伤口、缓和缺水现象，促进休眠芽萌发和叶片迅速增大。受害后恢复生长的树木，一般均表现生长不良，因此，首先要加强管理，保证前期的水肥供应，亦可以早期追肥和根外追肥补给养分。在树体管理上，对受冻害树体要晚剪和轻剪，给予枝条一定的恢复时期；对明显受冻枯死部分可及时剪除，以利伤口愈合。对于一时看不准的受冻部位，不要急于修剪，待春天发芽后再做决定；对受冻造成的伤口要及时治疗，应喷白涂剂预防日烧，并结合作好防治病虫害和保叶工作：对根颈受冻的树木要及时桥接或根寄接：树皮受冻后成块脱离木质部的要用钉子钉住或进行桥接补就。

二、干梢

有的地方称为灼条、烧条、抽条等。幼龄树木因越冬性不强而发生枝条脱水、皱缩、干枯现象，称之为干梢。干梢实际上是受冻及脱水造成的，严重时全部枝条枯死，轻者虽能发枝，但易形成树形紊乱，不能更好地扩大树冠。

1. 干梢的原因

干梢与枝条的成熟度有关，枝条生长充实的抗性强，反之则易干梢。造成干梢的原因有多种说法，但各地试验证明，幼树越冬后干梢是“冻、旱”造成的。即冬季气温低，尤以土温降低持续时间长，直到早春，因土温低致使根系吸水困难，而地上部则因温度较高且干燥多风，蒸腾作用加大，水分供应失调，致使枝条逐渐失水、表皮皱缩，严重时最后干枯，所以，抽条实际上是冬季的生理干旱，是冻害的结果。

2. 防治干梢的措施

主要是通过合理的肥水管理。促进枝条前期生长，防止后期徒长，充实枝条组织，增加其抗性，并注意防治病虫害。秋季新定植的不耐寒树尤其是幼龄树木，为了预防干梢，一般多采用埋土防寒，即把苗木地上部向北卧倒培土防寒，即可保温减少蒸腾又可防止干梢。但若植株大则不易卧创，也可在植株北侧培起60 cm高的半月形的土埂，使南面充分接受阳光，改变微域气候条件，能提高土温。可缩短土壤冻结期，提早化冻，有利根部吸水，及时补充枝条失掉的水分。实践证明用培土埂的办法，可以防止或减轻幼树的干梢。如在树干周围撒马粪，亦可增加土温，提前解冻，或于早春灌水，增加土壤温度和水分，均有利于防止或减轻干梢现象。此外，在秋季对幼树枝干缠草绳，缠塑料膜、喷白等，对防止浮尘子产卵干梢现象的发生具有一定的作用。其缺点是用工多，成本高，应根据当地具体条件灵活运用。

三、霜害

生长季里急剧降温，水气凝结成霜使幼嫩部分受冻称为霜害。由于冬春季寒潮的反复侵袭，中国除台湾与海南岛的部分地区外，均会出现0℃以下的低温。在早秋及晚春寒潮入侵时，常使气温骤降，形成霜害。一般说来，纬度越高，无霜期越短。在同一纬度上，中国西部大陆性气候明显，无霜期较东部短。小地形与无霜期有密切关系，一般坡地较低洼地，南坡较北坡，大水面的较无大水面的地区无霜期长，受霜冻威胁较轻。霜冻严重影响观赏效果。在北方，晚霜较早霜具有更大的为害性。例如从萌芽至开花期，抗寒力越来越弱，甚至极短暂的0℃以下温度也会给幼嫩组织带来致死的伤害。在此期，霜冻来临越晚，则受害越重，春季萌芽越早，霜冻威胁也越大，北方的杏开花早，最易遭受霜害。早春萌芽时受霜冻后，嫩芽和嫩枝变褐色，鳞片松散而枯在枝上。花期受冻，由于雌蕊最不耐寒，轻者将雌蕊和花托冻死，但花朵可照常开放，稍重的霜害可将雄蕊冻死，严重霜冻时，花瓣受冻变枯、脱落。幼果受冻轻时幼胚变褐，果实仍保持绿色，以后逐渐脱落，受冻严重时，则全果变褐色很快脱落。

霜冻的发生与外界条件有密切关系。由于霜冻是冷空气集聚的结果，所以小地形对霜冻的发生有很大影响。在冷空气易于积聚的地方霜冻重，而在空气流通处则霜冻轻。在不透风林带之间易聚积冷空气，形成霜穴，使霜冻加重，由于霜害发生时的气温逆转现象，越近地面气温越低，所以树木下部受害较上部重。湿度对霜冻有一定的影响，湿度大可缓和温度变化，故靠近大水面的地方或霜前灌水的树木都可减轻为害。因此，防霜的措施应从以下几方面考虑：增加或保持树木周围的热量，促使上下层空气对流；避免冷空气积聚，推迟树木的物候期，增加对霜冻的抗力。

1. 推迟萌动期，避免霜害

利用药剂和激素或其他方法使树木萌动推迟（延长植株的休眠期），因为萌动和开花较晚，可以躲避早春倒回寒的霜冻。例如 B9、乙烯利、青鲜素、萘乙酸钾盐（250~500 mg/kg 水）或顺丁烯二酰肼（MH 0.1%~0.2%）溶液在萌芽前或秋末喷洒树上，可以抑制萌动，或在早春多次灌返浆水，以降低地温，即在萌芽后至开花前灌水 2~3 次，一般可延迟开花 2~3 d。或树干刷白使早春树体减少对太阳热能的吸收，使温度升高较慢，据试验此法也可延迟发芽开花 2~3 d，能防止树体遭受早霜的危害。涂白剂的配制成分各地不一，一般常用的配方是：水 10 份，生石灰 3 份，石硫合剂原液 0.5 份，食盐 0.5 份，油脂（动植物油均可）少许。配制时先化开石灰，把油脂倒入后充分搅拌，再加水拌成石灰乳，最后放入石硫合剂及盐水，也可加黏着剂，能延长涂白的期限。涂白的树木不但可以延缓物候期，还可防治病虫害，防止日灼。

2. 改变小气候条件以防霜冻

根据气象台的霜冻预报及时采取防霜措施，对保护树木具有重要作用，具体方法如下。

（1）喷水法　利用人工降雨和喷雾设备在将发生霜冻的黎明，向树冠上喷水，因为水比树周围的气温高，水遇冷凝结时放出潜热；同时也能提高近地表层的空气湿度，减少地面辐射热的损失，因而起到了提高气温防止霜冻的效果。此法的缺点主要是要求设备条件较高，但随着喷灌的推广应用，仍是可行的。

（2）熏烟法　中国早在 1 400年前所发明的熏烟防霜法，因简单易行而有效，至今仍在国内外各地广为应用。事先在园内每隔一定距离设置发烟堆（用稻草、麦秸秆、草类或锯末等）。可根据当地气象预报，于凌晨及时点火发烟，形成烟幕。熏烟能减少土壤热量的辐射散发，同时烟粒吸收湿气，使水汽凝结液体放出热量提高温度，保护树木。但在多风或降温到-3℃以下时，则效果不佳。多年前北方一些地区配制防霜烟雾剂防霜效果很好。例如黑龙江省宾西果树场烟雾剂配方为硝酸铵 20%、锯末 70%、废柴油 10%。配制方法是将硝酸铵研碎，锯末烘干过筛，锯末越碎，发烟越浓，持续时间越长。平时将原料分开放，在霜来临时，按比例混合，放入铁桶中，根据风向放药剂，待降霜前点燃，可提高温度 1~1.5℃，烟幕可维持 1 h 左右。

（3）吹风法　上面介绍了霜害是在空气静止情况下发生的，因此可以在霜冻前利用大型吹风机增强空气流通，将冷气吹散，也可以起到防霜效果。

（4）加热法　加热防霜是现代防霜先进而有效的方法，美国、俄罗斯等利用加热器提高果园温度。在果园内每隔一定距离放置加热器，在霜降来临时点火加温。下层空气变暖而上升，而上层原来温度较高的空气下降，在果园周围形成一个暖气层，可以保护果树。

（5）根外追肥　根外追肥能增加细胞浓度，效果更好。

做好霜后的管理工作：霜冻过后往往忽视善后，放弃了霜冻后管理，这是错误的。特别是对花灌木和果树，为克服灾害造成的损失，夺取产量，应采取积极措施，如进行叶面喷肥以恢复树势等。

四、风害

在多风地区，树木常发生风害，出现偏冠和偏心现象。偏冠会给树木整形修剪带来困难，影响树木功能作用的发挥；偏心的树易遭受冻害和日灼，影响树木正常发育。北方冬季和早春的大风，易使树木干梢干枯死亡。春季的旱风，常将新梢叶吹焦，缩短花期，不利授粉受精。夏、秋季沿海地区的树木又常遭台风危害，常使枝叶折损，大枝折断，全树吹倒，尤以阵发性大风，对高大的树木破坏性更大。

1. 树种的生物学特性与风害的关系

（1）树种特性　浅根、高干、冠大、叶密的树种如刺槐、加杨等抗风力弱；相反，根深、矮干、枝叶稀疏坚韧的树种如垂柳、乌桕等则抗风性较强。

（2）树枝结构　一般髓心大，机械组织不发达，生长又很迅速而枝叶茂密的树种，风害较重。一些易受虫害的树种主干最易风折，健康的树木一般是不易遭受风折的。

2. 环境条件与风害的关系

行道树如果风向与街道平行，风力汇集成为风口，风压增加、风害随之加大；局部绿地因地势低凹，排水不畅，雨后造成土壤松软，粉还会显著增加；风害也受绿地土壤质地的影响，如土壤偏沙或为煤渣土、石砾土等，因结构差，土层薄，抗风性就差，如为壤土或偏黏性土则抗风性就强。

3. 人为因素与风害的关系

（1）苗本质量　苗木移栽时，特别是移植大树，如果根盘起的土团小，则因树身大，易遭受风害。所以大树移栽时一定要立支柱。因此必须按规定起挖，起的根盘不可小于规定尺寸。

（2）栽植方式　凡是栽植株行距适度，根系能自由扩展的，抗风强。如树本株行距过密根系发育不好，再加上防护跟不上则风害显著增加。

（3）栽植技术　在多风地区栽植坑应适当加大，如果小坑栽植，树会因根系不舒展，发育不好，重心不稳，易受风害。

4. 预防措施

首先，在种植设计时要注意在风口、风道等易遭受风害的地方选抗风树种和品种，适当密植，采用低干矮冠整形。此外，还要根据当地特点，设置防护林和护园林，都可降低风速，免受损失。

在管理措施上应根据当地实际情况采取相应防风措施。如排除积水、改良栽植地点的土壤质地；培育壮根壮苗，采取大穴换土；适当深植，合理修枝，控制树形；定植后及时立支柱；对幼树、名贵树木设置风障。

对于遭受大风危害，导致折枝、伤害或被刮倒的树木，要根据受害情况，及时维护。首先要对风倒树及时顺势扶正，培土成馒头型，修去部分或大部分枝条，并立支柱。对裂枝到顶起或吊枝，捆紧基部创面，或涂抹激素药膏促其愈合；并加强肥水管理，促进树势的恢复，对难以补救者淘汰，秋后补种。

五、雪害和雨凇（冰挂）

积雪一般对树木无害，但常常因为树冠积雪过多而压裂或压断大枝，例如1976年3月初昆明市大雪将直径为10 cm左右的油橄榄的主枝压断，将竹子压倒。同时因融雪期的时融时冻交替变化，冷却不均易引起冻害。在多雪地区，应在雪前对树木设立支柱，枝条过密的还应进行适当修剪，在雪后及时将被雪压倒的枝条提起扶正、震落积雪或采取其他有效措施防止雪害。

雨凇对树木也有一定的影响，1957年3月、1964年2月在杭州、武汉、长沙等地均发生过雨凇，在树上结冰，对早春开花的梅花、蜡梅、山茶、迎春和初结果的枇杷、油茶等花果均有一定的损失，还造成部分毛竹、樟树等常绿树折枝、裂干和死亡。对于雨凇，可用竹竿打击枝叶上的冰。

第四章　种质资源和引种驯化

第一节　种质资源

一、中国花灌木资源的特点

1. 种类众多

中国被西方人士称为“世界园林之母”，花灌木资源极为丰富，种类繁多。各国园林界、植物学界对中国评价极高，视为世界园林植物重要发祥地之一。

花灌木泛指灌木花卉，或是指具有一定观赏价值的灌木，包括小乔木、大灌木、部分木质藤本等。花灌木通常具有灌木的生物学特性，分为常绿、落叶、半常绿花灌木；根据适应性、抗逆性分为耐干旱、耐盐碱、耐贫瘠；根据生长习性分为速生性、慢生性等。根据其观赏部位和不同器官可分为观花类、观果类和观枝叶类等 3 种类型（竺利波等，2007）。从植物分类角度看，众多科属中皆有分布。依据被子植物分类的恩格勒系统科序排列，花灌木所属的科依次有小檗科、木兰科、蜡梅科、虎耳草科、海桐花科、金缕梅科、蔷薇科、豆科、芸香科、黄杨科、省沽油科、茶茱萸科、锦葵科、山茶科、红木科、秋海棠科、瑞香科、胡颓子科、千屈菜科、石榴科、五加科、山茱萸科、杜鹃花科、山榄科、木樨科、马钱科、夹竹桃科、马鞭草科、茄科、紫葳科、茜草科、忍冬科、桔梗科。此外尚有绣球花科。对这 34 个科中的花灌木已做了具体阐述。

2. 分布集中

很多著名观赏树木的科属是以中国为其世界分布中心，在相对较小地区内，集中原产着众多的种类。现以 20 属园林树木为例，从中国产的种类占世界总种数的百分比证明中国确是多种著名树种的世界分布中心（表 4-1）。

表 4-1　20 属国产树种占世界总种数的百分比　（单位：%）

种类	中国	世界	国产占世界比例	备注
金粟兰	15	15	100	
山茶	195	220	89	西南、华南为分布中心
猕猴桃	53	60	88	

（续表）

种类	中国	世界	国产占世界比例	备注
丁香	25	30	83	主产东北至西南
石楠	45	55	82	
油杉	9	11	82	主产华东、华南、西南，西南为分布中心
溲疏	40	50	80	
毛竹（刚竹）	40	50	80	主产黄河以南
蚊母树	12	15	80	主产华东、华南、西南，西南为分布中心
杜鹃花	500 余	800	75	
槭	150	205	73	
花楸	60	85	71	
蜡瓣花	21	30	70	
含笑	35	50	70	主产长江以南
椴树	35	50	70	主产西南至华东
海棠	22	35	63	主产东北至华南
木樨	25	40	63	主产长江以南，西南为分布中心
栒子	60	95	62	
绣线菊	65	105	62	
南蛇藤	30	50	60	

3. 丰富多彩

中国地域广阔、环境变化多，所以经过长期的影响形成许多变异种类。仅以常绿杜鹃亚属而论，植株习性、形态特点、生态要求和地理分布等差别极大。变幅幅度甚广。小型的平卧杜鹃高 5～10 cm，巨型的如大树杜鹃高可达 25 m，径围 2.6 m 左右。常绿杜鹃的花序、花形、花色、花香等差异很大，或单花或数朵或排成多花的伞形花序；花朵形状有钟形、漏斗形、筒形等；花色有粉红、朱红、紫红、丁香紫、玫瑰红、金黄、淡黄，雪白、斑点、条纹及变色等；在花香方面，则有不香、淡香、幽香、烈香等种种变化。

4. 特点突出

在中国有许多植物是世界他处所无而仅产于中国的特产科、属、种，确实是举世无双的。例如银杏科的银杏属，松科的金钱松属，杉科的台湾杉、水杉属、水松属，柏科的建柏属，红豆杉科的白豆杉属、穗花杉，榆科的青檀属，蔷薇科的牛筋条属、棣棠属，木兰科的宿轴木属，瑞香科的结香属，槭树科的金钱属，蜡梅科的蜡梅属，蓝果树科（珙桐科）的珙桐属、旱莲木属，杜仲科的杜仲属，大风子科的山桐子属，忍冬科的猬实属、双盾木属，棕榈科的琼棕属，以及梅花、桂花、牡丹、黄牡丹、月季花、香水月季、大花香水月季、木香、栀子花、南天竹、鹅掌楸等。

此外，中国尚有在长期栽培中培育出独具特色的品种及类型，如黄香梅、龙游梅、红花檵木、红花含笑、重瓣杏花等等，这些都是杂交育种工作中的珍贵种质资源。尚应强调提出的是中国若干园林树木资源中具备特殊的抗逆性和抗病能力，过去米丘林曾广泛应用海棠果于苹果的抗寒育种（抗-35℃低温）而美国曾于1904年后大量用中国的板栗与北美板栗杂交才解决了大面积栗疫病的灾难。近年来美国榆树大量罹病死亡，几至榆树全部灭绝，后通过用中国的榆树与美国榆树杂交才培育出抗病的新榆树，避免了灭绝的灾难。

花灌木是丰富城市园林植物多样性、美化城市园林的基础。花灌木在现代城市园林中应用极广。从城市园林绿地到居住区绿化，从室内观赏到室外造景，从平面绿化到立体（垂直、屋顶）绿化等。花灌木是城市美化建设的重要材料，在城市绿化美化中具有重要意义和作用，具有广阔的发展前景。乔木、灌木、地被植物有机配合，可形成多层次的园林景观。观花灌木可以为昆虫、鸟类和微生物提供栖息场所，这样有利于形成鸟语花香、蝶舞花间的生态境界，有利于形成稳定的生物圈。此外，种植花灌木有利于保护生态环境，对生态恢复、水土保持、消除噪音、调节气温、吸收有害气体、减少粉尘及净化空气等都具有重大的现实意义。观花灌木作为一种园林设计手法被大量应用于园林绿地，它体现不仅是植物的自然美、个体美，而且通过人工修剪造型的办法，体现植物的修剪美、群体美（贾乃仟等，2015）。

同时，花灌木是育种、科研、创造有价值栽培作物新类型的重要源泉。种质资源是发展生产的命根子，一旦断种，可能永不再现。国际花卉界最流行的一句话是："谁掌握了种质资源。谁就掌握了未来！"为此。国际上高度重视花卉种质资源的研究开发与创新。中国花卉业最大的问题之一是缺少自主知识产权的品种和技术。中国花卉业在国际上影响力不高。很难占领较大的国际市场份额。因此，中国重视花卉种质资源研究开发和科学利用迫在眉睫（黄三秀等，2011）。

中国幅员辽阔，地跨寒、温、热三带，山岭逶迤、江川纵横，地理、气候和自然生态环境条件复杂多样，具有极为丰富的野生花灌木种质资源。但是，中国开发利用的野生观赏植物种类相对少（黄三秀等，2011），对野生观赏植物的研究明显落后于欧美发达国家，且每个地区对其野生观赏植物资源调查及开发利用程度差异较大。20世纪70—80年代，中国对野生观赏植物资源进行了一次全国性的普查。之后，各地园林科研部门、大中专院校、植物园及其他一些单位开始做野生观赏植物的引种驯化工作，主要集中在专类观赏植物的引种，对所引种植物的生物学特性、生态习性、繁殖栽培技术等进行了研究。中国科学院植物研究所、各地植物园及有关科研单位也先后在所在地相似的较大地理范围内，开展了野生观赏植物的种类、分布、生境及观赏特性的调查研究（龙韬，2011）。虽然收集整理取得了一定的成就，但是仍有大量优良观赏植物资源没有进行编目（邢福武，2009），特别是各地的野生观赏植物资源未能收集到国家观赏植物资源库中。

经过长期的调查研究发现，中国大部分地区具有比较丰富的观赏植物资源，在科属结构、观赏特性、生长类型等方面具有明显的多样性。由于气候、地形等差异和调查程度不一，全国各地区野生观赏植物分布格局不均匀，但经过几十年的大量研究，对资源现状有了比较全面和清晰的了解。辽宁、云南、浙江、山西、河北、内蒙古、新疆等省（区）对野生观赏植物的调查研究较早，调查面较广的为东南部地区，大部分地区均以国家级自然保护区为重点调查区域，对野生观赏植物资源的种类、分布、生境、观赏特性等方面做了调查研究（肖楠等，2015）。

徐兴友等（2003）介绍，燕山东段地处华北植物区系与东北植物区系的接壤地带，优越的地理位置蕴藏着比较丰富的野生花灌木资源。笔者对燕山东段野生花灌木资源及其在园林中的应用进行了研究。据调查统计，燕山东段有种子植物 822 种，隶属 105 科 390 属，而野生花灌木资源有 140 种，隶属 37 科 77 属，分别占总种数的 17%，总科数的 35.2%，总属数的 19.7%，在这些花灌木当中，种类最多的前 5 个科的排序是：蔷薇科>豆科>忍冬科>虎耳草科>鼠李科。

汉梅兰等（2008）介绍了兰州市的花灌木种植情况。兰州地区由于特殊的地理位置和气候条件，城市园林绿化树种资源相对匮乏。目前兰州市园林绿地中普遍使用的树种不足 30 余种，其中乔木类主要有刺柏、国槐、云杉、刺槐、白蜡、垂柳、雪松、杨树等 10 余种。花灌木主要有丁香、连翘、榆叶梅、黄刺玫、珍珠梅、大花月季、大叶黄杨等 10 余种。具体介绍了欧洲雪球、蓝叶忍冬、金叶接骨木、金叶红瑞木、醉鱼草、紫叶矮樱的栽培技术。

田朝阳等（2008 年）对河南野生木本紫花观赏植物资源调查分析，河南栽培木本紫花观赏植物共计 8 科、11 属、16 种，河南野生木本紫花观赏植物资源共计 15 科、26 属、56 种。从中筛选出了芫花、胡枝子、华紫珠、华北忍冬等具有较高观赏价值和市场应用前景的优良植物资源 7 科、12 属、32 种。

魏薇等（2009）曾通过对浑善达克沙地野生花灌木资源调查，筛选出野生花灌木 44 种，隶属于 10 科，17 属。其中蔷薇科有 22 种占总数的 48.9%；忍冬科 5 种占 11.1%；鼠李科 4 种占 8.9%；豆科和虎耳草科各 3 种占 6.7%；卫矛科和小檗科各 2 种占 4.4%，唇形科、山茱萸科和大戟科各 1 种占 22%。花灌木的观赏类型按植物观赏部位的不同将筛选出的观赏灌木分为观花类植物、花果共赏植物、观果类植物、观枝叶类植物。

段晓明（2007）对青海野生观赏花灌木资源进行了调查。青海灌木丛种类按生态地理可区分为：高寒灌丛，分布于森林线以上，该灌丛主要作用是维护高山生态环境的稳定，其灌丛中的植物难以进行引种驯化；温性灌丛，分布于森林地带，该灌丛约有 46 属百余种，可以作为原始材料进行引种驯化；耐旱灌丛，分布于森林线以下的河谷两侧、低山、干旱或半干旱山地，灌丛约有 21 属 40 余种，有的植物已经驯化和栽培；旱生灌丛，分布于年降水量不足 100 mm 的沙漠、荒漠地区，叶大多退化或特化，构成“稀树”景观，约有 24 属 49 种。

魏育钢等（2015）基于对内蒙古贺兰山地区的野外实地调查和文献查阅，对贺兰山 45 种可供开发利用的野生花灌木进行了评价，隶属于 10 科 16 属，其中，物种数量由多到少依次为蔷薇科（30 种）、忍冬科（5 种）、虎耳草科和毛茛科（2 种）、柏科、桦木科、藜科、蒺藜科、小檗科和豆科（1 种），分别占评价总物种数的 66.7%、11.1%、4.4%、2.2%。通过调查、筛选对贺兰山 45 种可开发利用的野生花灌木进行了评价，划分为 4 个开发利用等级。其中，达到Ⅰ级标准的 8 种花灌木，开发利用价值高，可作为优先开发利用的对象；其中蔷薇科 6 种、忍冬科 2 种，分别为全缘栒子、黑果栒子、毛樱桃、葱皮忍冬、蓝靛果忍冬、绣球绣线、西北水栒子、毛叶水栒子；在观赏价值、开发潜力、生态特征 3 个方面都具有较高的评分，也是周边城镇可以引种选择的乡土植物种类；在观赏价值方面，这 8 种花灌木均为花果颜色鲜艳亮丽、花径（果径）大、花果叶形具有较高的辨识度且观赏周期较长，例如黑果栒子的果实具有季相变化，毛樱桃花先于叶开放，果实鲜红且玲珑剔透，栒子属的植物花果序大，气味芳香宜人。达到Ⅱ级标准的 31 种花灌木，可优先开发利用，分别为山桃、黄蔷薇、刺蔷薇、单瓣黄刺玫等；达到Ⅲ级标准的有 6 种植物，可次要开发利用，分别为耧斗叶绣线菊、松叶猪毛菜、灌木铁线莲、长梗扁桃、霸王、虎榛子等 6 种植物。

毕忠虹（2018）通过对天竺山自然保护区灌木植被资源进行实地调查，统计了保护区灌木类植被资源分布、种类特征、分类、特性及生存现状；根据调查数据和查阅相关文件资料，分析其在园林造景中的应用和栽培修剪技术；依据“优先开发顺序评价指标体系”确定优先开发的灌木品种，为后期保护区植被保护和开发利用提供有利的科学依据。天竺山野生观赏灌木资源有豆科、唇形科、蔷薇科、玄参科、虎耳草科、葫芦科、茄科、罂粟科、忍冬科、槭树科、卫矛科、五加科、海桐科等共 64 科，它们在保护区的植物区系中占据着较为重要的地位。这些植物资源各自具备生物学特性，在园林应用中有广泛的发展前景。从观赏价值、利用程度、生态习性、蕴藏量和抗性 5 个指标赋值计算得出优先开发值，将天竺山自然保护区筛选出的 10 个野生灌木品种分为两类进行优先开发：第一类优先开发的野生灌木为水荀子、苦糖果、美丽胡枝子、披针叶胡颓子、照山白；第二类优先开发野生灌木为小叶柳、峨眉蔷薇、粉背黄栌、大果冬青、栓翅卫矛。

蒲凌奎等（2019）对北京八达岭林场野生观花植物资源调查，野生观花植物有 36 科 78 属 109 种，主要集中在菊科、毛茛科、蔷薇科、豆科、唇形科。按生活型分类，草本和灌木占绝大多数，其中草本植物 65 种，占野生观花植物总数的 59.6%；灌木 18 种，占野生观花植物总数的 16.5%。林场野生观花植物白色系 24 种，红色系 8 种，黄色系 24 种，蓝紫色系 53 种。花期主要集中在 5—9 月，绝大多数花期在 1 个月以上。初步筛选出开发利用价值较高的植物 39 种，根据调查结果提出管理建议。

于庆等（2019）介绍了长白山区野生花灌木适合观赏的木本植物资源约 200 种，其中观花灌木类包括忍冬科、杜鹃花科及蔷薇科共约 60 种。重点物种有蔷薇科、杜鹃花科、忍冬科、木樨科、卫矛科、虎耳草科、木兰科。

王超等（2019）对马陵山优良花灌木调查与研究，通过随机选取调查路线，沿线向周边辐射，经统计，筛选出重点花灌木，按观赏类型对其综合评价，为花灌木在马陵山风景区园林景观中的应用提供参考。据调查，马陵山生物资源丰富，其中植物有 107 科 316 属 521 种，从常见花灌木中筛选出 27 种 11 科，其中卫矛科、豆科各 2 种，占总数的 15%；蔷薇科 7 种，占总数的 26%；忍冬科 5 种，占总数的 19%；木樨科 4 种，占总数的 15%；小檗科、杨柳科、榆科、蜡梅科、锦葵科、千屈菜科各 1 种，占总数的 22%；杜鹃花科 1 种，占总数的 3%。

高更良等（1994）对吉林省四平郊区野生花卉资源调查，介绍了适合四平市区环境绿化的野生花灌木、草本花卉以及简便易行的引种栽培方法，其中野生花灌木 11 种，分别属于蔷薇科 5 种、虎耳草科 4 种、小檗科 1 种、忍冬科 1 种。

二、花灌木资源的分类

目前，花灌木资源的分类，大多是根据表现型来进行划分。徐兴友等（2003）对燕山东段野生花灌木进行了调查，据观赏部位和不同器官分为观花类、观果类和观枝叶类 3 种类型。

1. 观花类

花是人们观赏的主要部分，有各种不同的颜色、不同的形状、特殊的芳香气味。有的春季开放，有的夏季绽放，有的秋季吐放，花时群芳竞秀、繁花似锦。

（1）白色　此类植物有蔷薇科绣线菊属的土庄绣线菊、三裂绣线菊、华北绣线菊，李属的稠李，花楸属的水榆花楸、北京花楸、花楸树，苹果属的山荆子，虎耳草科溲疏属的大花溲疏、小花溲疏、钩齿溲疏，山梅花属的太平花，八仙花属的东陵八仙花，杜鹃花科杜鹃属的照山白，无患子科文冠果属的文冠果，忍冬科荚蒾属的鸡树条荚迷。

（2）黄色　此类植物有忍冬科忍冬属的金花忍冬、刚毛忍冬，豆科槐属的苦参。

（3）粉红色　此类植物有忍冬科忍冬属的北京忍冬，杜鹃花科杜鹃属的兴安杜鹃；蔷薇科悬钩子属的茅莓。

（4）红色　如蔷薇科蔷薇属的刺玫蔷薇、山刺玫，豆科木蓝属的花木蓝。

（5）紫红色　有豆科胡枝子属的胡枝子、多花胡枝子，唇形科香薷属的木香薷。

（6）玫瑰红　此类植物有杜鹃花科杜鹃属的迎红杜鹃，忍冬科锦带花属的锦带花。

（7）紫色　有豆科杭子梢属的杭子梢，毛茛科铁线莲属的褐紫铁线莲、短尾铁线莲，忍冬科忍冬属的华北忍冬。

（8）白色微带红色　有蔷薇科李属的毛樱桃、欧李。

（9）先黄后红　有豆科锦鸡儿属的红花锦鸡儿、锦鸡儿。

2. 观果类

主要观其果实的颜色与形状。正当夏秋之际，硕果累累缀满枝头，或红或黄或紫，不同类型的暖色果实点缀在浓绿及黄绿的冷色枝头，为自然界增放异彩，使人赏心悦目。此类植物有忍冬科荚蒾属的鸡树条荚迷，接骨木属的接骨木，忍冬属的金花忍冬、刚毛忍冬、华北忍冬，小檗科小檗属的细叶小檗、直穗小檗、大叶小檗，蔷薇科李属的毛樱桃、欧李，悬钩子属的牛迭肚，花楸属的水榆花楸、北京花楸、花楸树，虎儿草科茶藨子属的东北茶藨子，葡萄科蛇葡萄属的叶蛇葡萄，马鞭草科紫珠属的白棠子树。

3. 观枝叶类

此类植物的枝叶各异，树皮有条状丝裂者，有的枝干具纵沟或成菱形，或具扁条状木栓翅或刺，叶子更是变化多样，或单叶、或复叶、或对生、或互生、或色泽鲜艳、或随四季而变化色调，使园景变得更加丰富多彩。此类植物有忍冬科六道木属的六道木，卫矛科卫矛属的卫矛，鼠李科鼠李属的小叶鼠李、鼠李、锐齿鼠李、东北鼠李、乌苏里鼠李，大戟科雀儿舌属的雀儿舌，叶底珠属的叶底珠，芸香科花椒属的崖椒，马鞭草科紫珠属的白棠子树，漆树科漆树属的盐肤木等。

4. 用途类

王毅承（2018）根据花灌木在城市美化建设中的用途及美化现状，对城市花灌木分为以下 5 类。

（1）花篱类　花灌木组成的较精美的墙垣称花篱，适宜作花篱的品种有金叶女贞、紫叶小檗、丰花月季、小叶黄杨、棣棠、蔷薇、黄刺玫、贴梗海棠、火棘、珍珠梅、玫瑰、金缕梅等。

（2）垂直美化类　此类用于攀缘棚架、花门、假山、墙垣等，包括紫藤、攀缘月季、凌霄、金银花等。

（3）专类园类　名贵、优美的花灌木可根据其五彩缤纷的花色、花期的长短、参差的株形栽为“专类花园”，诸如杂种香水月季、玫瑰、牡丹、丁香、锦带、连翘、南天竹等。

（4）孤植类　开花繁茂、色彩艳丽或具芳香可作孤植，突出其个体观赏效果。如紫薇、石榴、珍珠梅、贴梗海棠、木绣球、锦带等。

（5）荒山美化类　不少野生品种可用于荒山的美化，如野蔷薇、沙棘等。

赵晓波（2016）通过对太原花灌木调查，提出除根据花的颜色可分为红色类（桃、梅、杏等）、黄色类（迎春、连翘、棣棠等）、紫色类（紫丁香、紫玉兰等）、白色类（白丁香、珍珠梅、白刺玫等）外，对花灌木进行划分，还可以从花期长短的角度进行分类：一般而言，杜鹃花、榆叶梅等树种，属于早春时期开花的植物，而丁香则属于在仲春时期开花的树种；到了夏季，紫薇、玫瑰、珍珠梅等树种也陆续开花；而秋季最为常见的树种包括金老梅与银老梅；根据花灌木的不同生长周期，也可以将花灌木进行种类划分：比如展叶相对较早的树种是丁香，而相对较晚的则是连翘、榆叶梅等。

竺利波等（2007）在花灌木种质资源及其遗传多样性研究中，综述了国内外关于花灌木种质资源在形态学、细胞学、酶、DNA 等水平的多样性研究，探讨了目前花灌木种质资源遗传多样性研究中存在的一些问题和建议。近年来，多种新技术、新方法被引入花卉种质资源研究领域，特别是分子生物学方法的引入将种质资源的研究推进了一个新的发展时期。遗传多样性的测定和评价是种质资源保存技术的核心研究内容。通过对种质材料观测、记录和统计来评价不同层次种质的遗传变异大小、时空分布以及与环境的互作关系，结合遗传标记技术对种质作出合理的估价，确定相应的保存价值、利用潜力以及验证样本策略，建立花灌木的种质资源库，推动和指导花灌木种质保存与利用事业的发展。他在研究中指出花灌木种质资源存在表型多样性、细胞学水平多样性、酶水平多样性和 DNA 水平的多样性。他还介绍说，近年来，分子标记被广泛地应用于园艺植物、农作物品种鉴定、种质资源和遗传多样性研究中，但对于花灌木的遗传多样性分析仍以形态学、细胞学等手段为主，分子标记分析只见于一些常见的种类中，如桂花、梅花、牡丹等。另外，对于某些有价值的种类，如紫荆、紫穗槐、海棠等，其遗传多样性方面的研究大多处于空白状态，使得这些种的遗传育种和品质改良等研究都受到了限制，所以今后对花灌木遗传多样性的研究有必要从深度和广度两方面进一步深化。

三、花灌木发展中存在问题

中国野生花灌木资源极为丰富，但大量可供观赏的种类仍然处于野生状态，而未被开发利用，造成了植物种类贫乏，园艺栽培品种不足及退化。同时，虽然中国虽然植物自然资源得天独厚，种类丰富，但忽略了保护，致使种自然资源遭到破坏。造成种质资源遭到破坏的原因，黄三秀（2011）介绍主要有以下 5 点。

第一，盲目引种。中国缺乏对野生植物资源开发利用的深入研究。各地开发利用缺乏技术支撑，很多个体经营者直接从山上挖掘野生植物，特别是由于一些不法分子坐地大量收购，老百姓便漫山遍野采挖野生资源，他们认为这是无本买卖，只花些人工就能得到较高的报酬。这种掠夺式的采挖对自然资源的破坏将是毁灭性的；一些政府职能部门缺乏长远的眼光或追求短期的政绩效应，盲目引种大树，曾一度大树进城成风，如大樟树、大桂花、大紫薇、大罗汉松等，造成资源的极大浪费和破坏，无异于杀鸡取卵。

第二，人工采挖破坏。许多观赏植物在具有观赏价值的同时还具有较高的药用价值，因此人工采挖破坏现象严重，导致其分布范围缩小，种群数量不断下降，面临濒危的境地。如：矮牡丹作为宝贵的观赏植物资源和中药材资源，其产物丹皮药用价值高，因此在 20 世纪 50—60 年代矮牡丹被大肆采挖，导致其分布范围和种群数量下降。紫斑牡丹也同样遭到滥采滥挖。

第三，采矿、修路、修水库等建设性破坏。人类在不断发展经济的同时，其活动对观赏植物生长的环境产生了消极的影响，导致生境片段化，生长繁育速度衰减。如采矿、修路、修水库、乱砍滥伐、垦荒、过度放牧、旅游开发、火灾等人为活动，破坏力都比较强。如干旱地区固沙和绿化观赏植物沙冬青受人为过度挖掘及砍伐的影响，生境破坏非常严重，其分布和数量都呈下降的趋势。特别在中国实施改革开放后。经济发展迅猛，国家对基础设施建设力度加大，高速公路、高速铁路推进速度加快，由于基础设施建设导致山林被毁，表土流失，山体裸露，生境破碎等建设性破坏不可小视。宁夏贺兰山国家一级保护植物观赏落叶小灌木四合木，在其他地方已见不到，仅在石嘴山市的落石滩尚有 82 hm^2；但近年该地区不断修建公路，大部分被砍伐后用作燃料。加之牲畜采食，数量已不多。正如党的十七大报告中指出的：经济增长的资源环境代价过大。这其中也自然包括观赏植物的种质资源。

第四，频繁的地震、滑坡、泥石流及火灾等自然灾害影响。一些发生突然、危害性强、不可预防的自然灾害也是造成观赏植物资源锐减的主要原因，如地震、滑坡、泥石流及火灾等。常加剧观赏植物资源的流失。如 1988 年发现的木兰科新种——落叶木莲。在 1961 年就遭受了一次浩劫，其生境地江西省宜春市洪江乡玉京山发生了一场森林大火，使这一优良木本植物烧毁严重。种群数量急剧减少。又如四川省金川县的裂叶沙参受频繁地震、滑坡、泥石流等地质灾害的破坏。其种群数量已逐渐减少。

第五，野生观赏植物资源生境的破坏。一些人为活动及自然灾害严重破坏了观赏植物生态环境。使大量观赏植物因此成为濒危物种。纵观观赏植物濒危的个案．可以总结出栖息地破坏、污染、生境退化和生物资源的过度利用是造成这一现象的主要因素。中国特有属秤锤树属，形态奇特，极具观赏价值，在湖北省黄梅县下新镇钱林村分布的野生种群约有 3 333 m^2，现有数量为 22 株，林下尚有幼树逾 200 株，其中部分秤锤树因管理不善，受白蚁为害主干已全部死亡。这部分死亡树的树龄约 30 年、胸径 14~16 cm、树高 10 m 左右；该树种在江苏省和湖南省已接近灭绝，数量极少；在河南省已经绝迹。近 30 年来，内蒙古阿拉善荒漠地区特有植物沙冬青的生长环境被严重破坏。主要是人们为了丰富的地下煤源，受经济利益驱使到处建造小煤窑、炼焦厂、白灰窑，乱挖植被，使得沙冬青面临濒危状态。物种生长繁衍的环境被破坏后，对其自然更新也会产生影响，使其自然更新更加有难度。20 世纪 50 年代初西双版纳进行毁林开荒，低丘坝区的原生林全部变成了人工林，使原始天然林面积缩小了 50%，这一人为活动对西双版纳广泛分布的热带干性季节性雨林产生了极大的影响，使这一植被类型几乎消失。

第二节　种质资源的配置

随着中国经济的发展，人们对园林绿化要求的提高，花灌木在图林绿化中被广泛应用。花灌木在园林绿化中起着非常重要的作用。

花灌木通常是指具有美丽芳香的花朵、色彩丰富的叶片或诱人可爱的果实等观赏形状的灌木和观花小乔木。花灌木在园林中的运用随着时代的发展有了很大的发展，其在园林中的运用拥有着举足轻重的地位，花灌木在园林植物群落中属于中间层，起着乔木与地面、建筑物与地面之间的连贯和过渡作用。由于其中有很多具有丰富的色彩和美丽的形状，极易形成视觉焦点，在园林景观营造中具有极其重要的作用。花灌木种类繁多，观赏效果显著，在园林绿地中应用广泛。花灌木以观花为主，造型多样，生机盎然，能创造出五彩缤纷的景色，是园林景观的重要组成部分。花灌木的平均高度与人平视的高度相一致，容易创造出优美的景观，形成视觉焦点，吸引人的眼球。花灌木使用量大、种类繁多，因此要求精细养护，花前花后要勤施肥、多浇水，才能花繁叶茂。它们可以用于高大乔木与地面之间的过渡，可以用于建筑与建筑之间的衔接，还可以在草坪或湖池周围构成引人入胜的边饰。有许多种类还可以装饰成专类园。

优良花灌木虽然其种类很多，但也有着很多共同的特点、同样他们也有些很多的不同点。由于北方地区有着四季分明，冬季最长，夏季次之，春、秋短促的气候特点。所以生活在北方的植物都有着较耐寒的特点。由于北方春、秋季多风。所以，这些植物大部分还有着耐旱的特点。北方优良花灌木的观赏时间以春季居多，例如樱花、桃花、海棠花、榆叶梅、迎春、棣棠等均为春季开花。虽然花灌木颜色鲜艳，但花灌木多为落叶植物。所以，其在冬天便华丽外表全无，不像松柏常青，梅花傲骨。除以上提及这些优良花灌木的共同点外，其不同点不胜枚举，每一种植物都与其他植物有着很多的不同。他们的种类不再局限于灌木，小乔木也属于花灌木。他们的高度从不足一米的月季，到高达四米的碧桃都属花灌木。开花的时间从大量春季开花的碧桃、海棠、樱花到花开三季的月季，随时可见花灌木的身影。

一、应用配置原则

从古至今，花灌木在园林景观构成中均起着重要的作用。它可以充分表现园林的季相美，构成各种壮观的模纹图案和壮丽的群体景观，可形成令人赏心悦目的画面。

一是坚持适地适树的原则，尽量选择和开发乡土花灌木，避免盲目引种和引种时间不长，就大量应用，以避免因不能完全适应当地的气候条件而造成经济损失。

二是种植花灌木时，生境要符合花灌木的生物学和生态学特性，以达到预期的园林效果。

三是不同的花灌木与其周围的植物要合理搭配，才能获得最佳观赏效果。例如蜡梅花开在寒月早春，黄花如蜡，清香四溢，为冬季观赏佳品，是中国特有的珍贵观赏木。一般以孤植、对植、丛植、群植配置于园林与建筑物的入口处两侧和前厅、亭周、窗前屋后、隅及草坪、水畔、路旁等处，作为盆花桩景和瓶花亦具特色。中国传统上喜欢配植南天竹，冬天时红果、黄花、绿叶交相辉映，可谓色、香、形三者相得益彰。更具中国园林的特色。

四是在确定好树种之后，还应注意它们与周围环境之间的协调。在建筑物前或立交桥下，为了与环境相适应，经常在平面上采用圆形、曲线形等几何图案，在立面上采用直线形、拱线形或波浪形。在大草坪上，可进行大面积的色块或较大量的孤植。

五是植成曲线或图案的花灌木需要经常修剪，促进植株枝叶生长紧密整齐，并保持较多的顶梢新叶。

花灌木的应用方式灵活多变，但如果应用时不注意花灌木的生物学特性和生态习性，就会适得其反，失去应有的观赏效果。富于变化彩叶植物必须与各种花草树木共同运用，合理搭配层次，才能获得最佳观赏效果。对相近层次的色调，应用叶色对比或色度相差大的植物品种，并以其色彩较稳定时期来考虑。一般从前到后，由低到高，逐层配置。相邻层次要有一定高度差，前几层差异小，后几层差异大，使各层色彩明显。因此，除了要符合其生态习性的原则，还应遵循彩叶树种的应用配置，要符合美学原则，做到科学性与艺术性两方面的高度统一，通过艺术构图原理体现出植物个体及群体的形式与意境美。

二、野生花灌木的园林应用

1. 野生观花灌木资源的特点

（1）道地性　野生观花灌木有较强的适应性，完全适合本地气候、土壤等条件。

（2）多年生　这些物种均为多年生植物，一次投资，可多年受益。

（3）容易管理　野生灌木的日常管理、繁殖、栽培等均较为简单，可以嫩枝扦插、压条和分株、播种等。灌木具有很强的更新复壮和自然修复能力，适合修剪整形。可以当作绿篱，起到遮盖不良视点、隔离防护、防尘防噪、分隔空间等作用。

（4）景观独特　灌木花卉株形特殊、花朵艳丽，能在森林景观中起到丰富空间层次性、补充其他景观的作用。

（5）促进生态建设　灌木多生在林下或不适合乔木生长的地方，对提高林地利用率、增加森林覆盖率、固沙防风、保持水土等方面有着重要的作用。

（6）兼具其他价值　部分观花灌木的花、果、叶、根及茎具有药用保健价值，多数观花灌木又是较好的蜜源植物。比如暴马丁香的花可加工成茶叶、枕头；杜鹃的花可食用和药用；蓝靛果忍冬和玫瑰的果实可食用，是加工果酱、果酒、饮料及食品强化剂的上等原料；瘤枝卫矛树枝是较好的雕刻材料。

2. 野生观花灌木资源的开发

中国野生花灌木植物种类丰富，但是往往因大量引进国内外种类，而忽略了本土的丰富野生花灌木观赏资源。目前多地园林科研部门、大专院校越来越重视本土野生植物的观赏性价值，关于野生观赏植物资源在园林开发利用的研究也越来越多。各地方的包括花灌木在内的园林植物的开发驯化引种技术也日趋成熟，野生观赏植物在城市园林应用也越来越广泛，例如屋顶绿化、野生植物专类园、人工湿地景观营造、景点边坡绿化等的广泛应用。近些年来用于特殊形式的医疗花园也在蓬勃发展，尤其在国外得到了人们的广泛关注。不过，野生植物开发与园林实际应用还存在着很多问题。

开发引种之后，很多具有观赏价值的野生花灌木，却没有在具体的城市园林应用上得以充分体现。主要的原因是；一方面，与种植草坪相比，种植花灌木造价成本高是其中的一个原因；另一方面，与观赏草花相比，观花灌木的色彩比较少，与草花的自然形态与颜色相比颇为逊色。

在野生植物开发利用方面的调查与研究不够深入。其原因是多种多样的，有些是因为各地区具体研究人员调查做得不够全面深入，有的是各地具体的开发利用缺乏技术支撑，个别的经营者更是从山上挖掘野生植物后没有经过繁殖驯化过程，直接应用到实际案例中。

具体到野生花灌木植物引种栽培方面，需要大量的时间进行试验，短时间无法充分体现经济前景，这也导致了部分研究人员的研究进展缓慢。

针对这些问题，笔者提出了以下建议。

第一，因地制宜，灵活运用。根据各个地方的实际情况，把已经成功引种驯化栽培的部分野生观赏植物应用在城市的园林景观中，尤其是药用的观赏植物，不仅可以美化城市，还可以体现其生态功能价值。在园林形式上不单单体现在专属的药用植物园中，也体现在其他的园林应用上，如花境、花坛等。

第二，注重资源保护，严禁随意开发。开发野生植物的同时也要注重对珍稀物种的保护，尤其是对一些珍贵的品种进行开采开发和驯化时要特别注意。

第三，注重环境保护，不能造成自然环境的破坏。野生植物都具有防风固沙、防止水土流失、调节气候的生态功能，不要因为经济利益的驱使，随意乱挖，造成生态环境的破坏，最终是得不偿失的。

第三节　异地种植和引种驯化

花灌木是指具有美丽的花朵或花序，其花形、花色或芳香气味有观赏价值的灌木。亦可称作观花树或花木。本类型的园林植物在园林中应用广泛，具有多种用途。有些可作园景树兼庭荫树，有些可作行道树，有些可作花篱或地被植物用。在配植应用的方式上亦是多种多样的，可以孤植、对植、丛植、列植，或修剪整形应用于园林中。花灌木在园林中不但能独立成景，而且可为各种地形及设施物相配合而产生烘托、对比、陪衬等作用，例如植于路旁、坡面、道路转角、坐椅周旁、岩石旁，或与建筑相配作基础种植用，或配植湖边、岛边形成水中倒影。花木又可依其特色布置成各种专类花园，亦可依花色的不同配植成具有各种色调的景区，亦可依开花季节的异同配植成各季花园，又可集各种香花于一堂布置成各种芳香园。总之，将观花树种称为园林树木中之宠儿并不为过。在栽培养护上，主要应根据不同种类的习性本着能充分发挥其观赏效果满足设计意图的要求为原则来进行水、肥管理和修剪整形，以及更新复壮、防治病虫害等工作。

观花类树木的茎木质化，较坚硬，根据其形态又可分为乔木、灌木两类：

观花类乔木的树形高大，主干明显，直立。按其常绿或落叶的生长习性，又可分为常绿乔木花木和落叶乔木花木。前者如广玉兰 *Magnolia grandiflora*、桂花 *Osmanthus fragrans*、木莲 *Manglietia fordiana* 等；后者如梅花、杏花、白玉兰 *Magnolia denudata* 等。

观花类灌木树形低矮，无明显主干，常从根际分蘖而呈丛生状。其中又分为常绿灌木花木，如栀子花 *Gardenia jasminoide*、茉莉花 *Jasminum sambac*、米兰 *Agalia odorata*；落叶灌木花木，如蜡梅 *Chimonanthus praecox*、月季 *Rosa chinensis*、迎春 *Jasminum mesnyi*、绣线菊 *Spiraea salicifolia* 等。

植物引种，指的是从外地或外国引入本地区所没有的植物，使它在新地区生长发育，以增加本地区的植物资源，这种人工的植物迁移过程叫"引种"。广义讲，植物引种包括野生植物家化栽培，如农业、林业生产中从各地广泛征集的各类农作物、经济特产、速生林木等种质资源。植物引种是有目的的人类生产活动，而自然界中依靠自然风力、水流、鸟兽等途径传播而扩散的植物分布，则不属于植物引种。植物引入新地区后，会出现两种情况：一种是原分布地与引种地自然环境差异较小，或者植物本身的适应范围较广泛，不需要特殊处理及选育过程，只要通过一定的栽培措施就能正常地生长发育，开花结实，繁衍后代，即不改变植物原来的遗传性，就能适应新环境，这叫"简单引种"，亦称"归化"；另一种是分布区与引种地区之间自然环境差异较大，或植物适应范围较窄，需要通过各种技术处理、选择、培育，改变它的遗传性，使之适应于新环境，叫"驯化引种"，或叫"驯化"，包括"风土驯化""气候驯化"等。驯化引种强调以气候、土壤、生物等生态因子及人为对植物本性的改造作用使植物获得对新环境的适应能力。因此，引种是初级阶段，驯化是在引种基础上的深化和改造阶段，两者统一在一个过程之中。世界著名科学家，如英国的达尔文、苏联的瓦维洛夫及茹考夫斯基等人的大量著作为植物引种学提出了全面的理论基础。

花灌木引种驯化是研究如何将外地（或国外）和野生植物变为本地栽培植物，将低产、劣质的植物变为高产、优质植物，探讨引种植物在新生存条件下的生长发育及其变异的规律，以及如何提高产量、品质和抗性的理论和方法的科学。它的主要任务是开发利用和保护植物资源，丰富栽培植物种类，为发展农林、园艺、轻工、医药和环境保护等生产实践服务。

南美在果树植物的驯化具有重要地位，除了人们熟知的凤梨科的菠萝 *Ananas comosus*（L.）Merr.、棕榈科的桃果榈 *Bactris gasipaes* Kunth 和梧桐科的大花可可树 *Theobroma grandiflorum*（Willd. ex Spreng.）K. Schum. 等南美热带地区驯化的水果类型外，南美广大地区还驯化栽培了许多茄科水果类植物，如番茄属的番茄 *Lycopersicon esculentum* Mill.，树番茄属的树番茄 *Cyphomandra betacea*

(Cav.) Sendtn.，茄属的人参果 *Solanum muricatum* Aiton、刺茄 *S. quitoense* Lam.、无梗茄 *S. sessiliflorum* Dunal，酸浆属的灯笼果 *Physalis peruviana* L. 等。同时，南美也是兴奋剂植物原始中心，如古柯 *Erythroxylon coca* Lam. 和烟草 *Nicotiana tabacum* L.。综上所述，世界栽培作物的驯化是个多区域、多物种、多性状、多气候、多环境、多文明的复杂遗传选择进化过程。但大多均经历了数千年甚至万年人类长期不断的选择和栽培实践。然而，从遗传驯化的速率看虽然不同的物种、不同的性状、不同的栽培环境均有所不同，但都经历了 1 000~2 000年的长期驯化过程，甚至更长，而且通常异花授粉植物比自花授粉植物驯化更缓慢。果树和块茎等无性繁殖植物甚至会长期滞留在半驯化状态并被人类广泛栽培利用。客观、历史地认识植物的驯化有利于未来对野生植物的发掘利用。

西晋嵇含的《南方草木状》描述了中国 81 种南方热带、亚热带植物。东晋陶渊明的诗集中有“九华菊”品种的出现，还有芍药开始栽培的记录。南北朝贾思勰的《齐民要术》记载了园林植物的一些栽培原理和技术，如嫁接技术的原理、方法、砧木接穗选择；催芽技术中浸种和荷的种皮刻伤；酸枣、榔榆；榆等作绿篱的方法。壁画、书画中有佛前供花的记载。唐代花卉园艺相当繁荣，花卉种类和栽培技术有很大发展。奇花异草等珍品也从宫苑走向私家园林和寺庙园林及公共游览地。

唐代中期民间种植和经营花木者已兴起，主要花卉著作有王芳庆的《园庭草木疏》、李德裕的《平泉山居草木记》。

宋代花卉栽培有了长足的发展，有关花卉的著述盛极一时。《临安志》和《武林旧事》中记载宋代在汴京、临安（杭州）已有花果市场，有大批花农“种花如种粟”。这个时期开始有草本花卉的专著，如王观的《扬州芍药谱》、王贵学的《兰谱》、刘蒙的《菊谱》、范成大的《范村梅谱》、陈思的《海棠谱》、欧阳修的《洛阳牡丹记》、陆游的《天彭牡丹谱》、张峋的《洛阳花谱》、苏颂的《本草图经》、周必大的《唐昌玉蕊辨证》，陈景沂的《全芳备祖》是中国古代的花卉百科全书，收录花果草木 267 种。

元代花灌木文化低落。明代花灌木栽培及选种、育种技术有所发展，花灌木种类和品种有显著增加，有大量花灌木综合性著作出现。袁宏道的《瓶史》是中国第一部插花专著，还有王象晋的《群芳谱》、张应文的《兰谱》、杨端的《琼花谱》，史正志、黄省曾的《史老圃菊谱》，陈继儒的《月季新谱》；还有一般栽培著作，王路的《花史佐编》、巢鸣盛的《老圃良言》、周文华的《汝南圃史》、文震亨的《长物志》、张谦德的《瓶花谱》等。明代后期，开始了花卉商业化生产栽培，以种花为生的人渐多，如北京的丰台十八村。

清代建造的园林数量和规模超过历史上任何朝代，园林植物应用种类和方式多样。专著有陆廷灿的《艺菊志》、李奎的《菊谱》、赵学敏的《凤仙谱》、杨钟宝的《瓦荷谱》；综合著作有陈淏子的《花镜》、徐寿全的《品芳录》和《花佣月令》、百花主人的《花尘》、汪灏的《广群芳谱》、吴其濬的《植物名实图考》。清代后期，中国南方各地花卉生产兴旺，出现花店。这一时期，在中国花卉资源严重外流的同时，为满足外国定居者的生活需要，引入了大量草花和国外一些栽培技术，有杂交育种、病虫害防治技术等。民国时期花卉园艺只是在少数城市有过短期、局部的零星发展。抗战胜利后，上海有园艺场进行花卉生产。有一些花卉著作出版，如陈植的《观赏树木学》、童玉民的《花卉园艺学》、章君瑜的《花卉园艺学》、李驹的《苗圃学》、周宗璜的《木本花卉栽培法》、陈俊愉、汪菊渊的《艺园概要》等。

中华人民共和国成立后花灌木迅速发展。1976 以后，观赏植物的重要性重新被认识，开始逐渐恢复。特别是 1978 年实行改革开放政策以后，园林事业受到重视，恢复或成立了更多的园林机构，大专院校建立相关专业，专业书籍和期刊出版，成立各种专业委员会，广泛开展园林植物的种质资源整理和调查、引种和栽培技术。20 世纪 80 年代初，在园林系统和大型厂矿企业的花圃、苗圃以及各类植园进行观赏栽培和研究栽培，个别城市有少量商业生产栽培。1984 年，中国花卉协会成立，国内开始举办花卉苗木博览会、市花展览、专业花展等，促进了花灌木的栽培和应用。1985 年商业生产栽培面积不断扩大，主要进行切花生产，但主要使用传统品种和传统栽培技术。20 世纪 90 年代初，花灌木栽培规模不断扩大，花灌木进入快速发展阶段。国内外交流频繁，大量引入花灌木栽培品种和技术，各项工作全面展开，生产快速发展，产品结构丰富。荷兰和以色列在中国分别建立示范农场和培训中心，不少国家的企业纷纷在中国设立办事处，这些外国公司的进驻，极大地带动了中国花灌木的发展。因此中国花灌木发展面临着一个前所未有的良好机遇。

花灌木等植物的引种、传播、再驯化和持续改良对全球农业革命产生了重要影响。特别是后哥伦布时期的跨大陆之间的引种传播和驯化改良，改变原有的农业生产和经济社会格局，深刻影响了国家和地区的兴衰。政治经济和历史社会学者通常将 18 世纪以来的“工业革命”归结为人类现代社会的起点。然而，18 世纪“工业革命”并非随着新技术发明陡然发生的，而是经历了之前几个世纪由农业革命带动的社会生产力提高和粮食供给充裕奠定的基础，并引发商业革命、政治革命、科技革命等一系列社会变革的推动所致。欧洲在中世纪至工业革命前的 16 世纪的农业生产效率曾远远落后于中国。始于 16 世纪初由荷兰和英国始发的欧洲农业革命彻底改变了欧洲农业生产、商业贸易和经济社会格局，甚至改变了欧洲人的膳食结构和文化，为 18 世纪的欧洲工业革命奠定了坚实的粮食保障和社会物质基础。

一、同种花灌木的异地种植

随着现代城市绿化建设的快速发展，城市绿化也越来越重要，花灌木的种植是城市园林绿化的重要组成部分，而此时花灌木的种植技术就显得尤为重要。有的花灌木种类生态适应性强，同一科、属的同一物种可以在异地种植或栽植，为各地城市和园林绿化美化增色。花灌木一般是比较喜欢阳光照射的，其适应性比较强，它抗污染抗病虫害的能力特别强大。花灌木在种植时应该注意栽植的深度，这些深度是要根据花灌木的种类，还有土壤的质地和地形，从而决定花灌木的种植深度。一般是发根能力强的花灌木，可以适当进行深栽，而对于一些发根能力不强的，土壤比较黏重的，可以进行适当的浅栽。

同种花灌木的异地种植一般常关注 4 个方面，分别是自然地理条件差异、锻炼与保护相结合、引种植物的适生土壤条件和植物的生物特性。第一是自然地理条件差异。任何植物都是在一定自然条件下生存和发展的，在引种之前，应先了解清楚自然地理条件，对比一下有多少异同，如果有差距能否采取措施弥补。一旦生长停滞，不但好花不能常开，而且会出现夏眠。如果相似处多，又有办法弥补差距，引种成功的可能性就会增大。第二是植物的异地种植有其本土化过程。一般异地种植的植物至少要到当地有 3 年的异地种植试验。除了考察抗逆性，观赏性以外，还要观察物候期是否跟异地种植的地区一致。异地种植的植物在种植过程中总有些不适应，尤其是夏、冬两季。为了促进其逐步适应，可适当降温和遮阴、喷水和埋土，搭设风障等，减低温度对苗木的侵害，使其能达到基本生存能力并且逐步被同化，等到苗木长大之后，抵抗不良环境因子的能力也就会增强，易于习惯当地的生长条件，异地种植成功的概率也就会得到大大的提高。第三是土壤的适生条件主要指土壤的酸碱度，例如樟科植物、杜鹃花科植物及竹柏类等比较适应在酸性土壤中生长，在南方是很好的常绿树种，引进北方以后很多都会出现黄化病，这主要是因为土壤碱性不适。第四是植物都有自己的生物特性，它们的生长发育有一定的节律，这种节律是对各种气象因子的反应。植物种类多，在一个地区长期生存，当地的各种自然条件就被它同化，久而久之形成了遗传性，这种遗产性是相对保守的，如果异地种植后得不到基本的满足，很容易就会失败。

（一）蔷薇科

蔷薇科分为绣线菊亚科、苹果亚科、蔷薇亚科、李亚科等 4 个正科。蔷薇科植物为木本或草本，常有刺。单叶或复叶，托叶附生于叶柄。花两性，辐射对称，单生或各式花序；花萼 5 裂，花瓣与花萼同数；雄蕊多数 5~10，花丝分离；子房上位或下位；蓇葖果、瘦果、梨果或核果。四个亚科不仅有着不同的果实种类，而且它们在园林中的价值也各有特色。

1. 金山绣线菊

金山绣线菊属于被子植物门双子叶植物纲蔷薇科的绣线菊属。金山绣线菊的分布区域在北美和中国，中国的长江以北地区都多有分布。金山绣线菊具有耐寒、抗旱、抗病、抗虫、抗盐、抗碱、适应性强、容易繁殖、栽培成本低、见效快等优点。金山绣线菊开花期长，株型小巧，形状整齐。因此它可以用作观赏花，可以用作花坛植物。金山绣线菊是一种具有优良叶片的新型灌木，冠状整齐，具有很高的观赏价值，具有良好的发展前景，是理想的园林绿化和植物绿化植物。1999 年，北京植物园引入了金山绣线菊，经过 6 年的引种和栽培试验，对金山绣线菊的植物特性、生物学特性、生长节律和育种技术等方面有了全面而且系统的研究和可靠的结论。金山绣线菊的繁殖方法可以采用种子繁殖和扦插繁殖。以扦插繁殖的方法较为常用，这种方法繁殖系数高，且方法简单，成活率高。种子繁殖易发生变异所以不常用于生产。通常根据生产经营条件选择适宜的繁殖方法对金山绣线菊角斑病、叶斑病及金山绣线菊蚜虫叶蜂的虫害要进行综合防治。金山绣线菊很容易因播种而发生突变，因此最好使用插条繁殖。由于植物的根部比较发达，根部交错，因此不易折断。金山绣线菊可以通过切成薄片的方式进行扦插繁殖，可以用作一般的繁殖方法。金山绣线菊嫩枝扦插繁殖是使用一株长势较好的金山绣线菊作为母树植株，将树枝剪切成 6~8 cm 的小枝，每个小枝可以包括 4~6 片叶子。小枝的上端部分要包含 2~3 片叶子，将上端部分的叶片减去 1/3，然后放入盛有干净的水的容器中。最后将小枝进行移插。为了促进生长并确保良好的装饰效果，在对金山绣线菊的维护过程中应注意以下几点：首先，在种苗之前，将完全分解的有机肥料用作基础肥料。在开花前后涂上复合肥料，有助于金山绣线菊发出茂密的树枝。其次，防止水分在土壤中的积聚，种植时要注意地形，雨后要排水。对于有病虫害的植株，每周一次对金山绣线菊进行药物喷洒。在秋天落叶或春季发芽之前，将幼苗的基部再切 5 cm。对金山绣线菊的多次修剪后，可以促进长出数个分支，树枝长得整齐又浓密，花朵艳丽。金山绣线菊种子繁殖应在春季发芽之前或秋天落叶后进行。金山绣线菊种子繁殖采用事先准备晾晒好的种子对其进行繁殖，应该对生长发育强壮、没有病虫害的金山绣线菊植株进行采集果实，果实进行晾晒。在培养皿中对金山绣线菊进行种子发芽试验，种子繁殖具有很高的发芽率。将经过过滤的腐殖质，木炭和细沙以一定的比例均匀混合，放入培养容器中，轻轻倒入水，把种子均匀撒在土壤表面，再撒上 1~2 mm 的细土壤，然后盖上玻璃盖。1 周后，幼苗从树皮中脱出，并在 2~3 d 全部移出，除去玻璃盖后，经常对其浇水以保持土壤湿润。一个月后就能将其移到地面，在苗床上种植，适当遮阴，不断浇水施肥。金山绣线菊具有较高的装饰价值，发展前景广阔，是美化环境的理想树种。就金山绣线菊的引种及繁殖技术进行深入的理论分析，并在此理论基础上研究提出围绕吉林的金山绣线菊引种及繁殖技术的相关指导建议，以供相关人员参考。

2. 玫瑰

玫瑰原产中国，栽培历史悠久。在植物分类学上是一种蔷薇科蔷薇属灌木，在日常生活中是蔷薇属一系列花大艳丽的栽培品种的统称，这些栽培品种亦可称做月季或蔷薇。玫瑰果实可食，无糖，富含维他命 C，常用于香草茶、果酱、果冻和果汁等，亦有瑞典汤、蜂蜜酒。玫瑰长久以来就象征着美丽和爱情。古希腊和古罗马民族用玫瑰象征着他们的爱神阿芙罗狄蒂、维纳斯。玫瑰在希腊神话中是宙斯所创造的杰作，用来向诸神炫耀自己的能力。

紫枝玫瑰是经济价值较高的多年生木本花卉，通过对紫枝玫瑰在乌鲁木齐进行引种栽培，并对其进行 3 年的持续观测，记录其物候期、生长情况、引种表现等，探究紫枝玫瑰的栽培技术。结果表明，紫枝玫瑰在乌鲁木齐生长旺盛，喜光，适应性强，抗病虫害、耐寒、耐干旱，管理粗放，花期长，花色鲜艳，一年可多次开花，具有较强的观赏性，是一种优良的观赏兼具食用功能的花灌木，可以在乌鲁木齐大面积栽培推广。

3. 月季

月季 *Rosa chinensis* Jacq. 被称为花中皇后，又称“月月红”，是常绿、半常绿低矮灌木，四季开花，一般为红色，或粉色、偶有白色和黄色，可作为观赏植物，也可作为药用植物，亦称月季。有 3 个自然变种，现代月季花型多样，有单瓣和重瓣，还有高心卷边等优美花型；其色彩艳丽、丰富，不仅有红、粉黄、白等单色，还有混色、银边等品种；多数品种有芳香。月季的品种繁多，世界上已有近万种，中国也有千种以上。

自然花期 8 月到翌年 4 月，花成大型，由内向外，呈发散型，有浓郁香气，可广泛用于园艺栽培和切花。月季的适应性强，耐寒、耐寒，不论地栽、盆栽均可，适用于美化庭院、装点园林、布置花坛、配植花篱、花架，月季栽培容易，可作切花，用于做花束和各种花篮，月季花朵可提取香精，并可入药。也有较好的抗真菌及协同抗耐药真菌活性。红色切花更成为情人间必送的礼物之一，并成为爱情诗歌的主题。

（二）杜鹃花科

杜鹃花是世界四大著名花卉之一，也是中国十大名花和三大野生园艺植物的来源之一。杜鹃属是杜鹃花科中最大的属，全世界约有 1 000余种，广泛分布于欧洲、亚洲、北美洲，主产东亚和东南亚，2 种分布至北极地区，1 种产于大洋洲，非洲和南美洲不产。中国约有杜鹃花 542 种，占世界杜鹃花种类的 1/2 以上，主要分布在长江以南，长江以北种类很少。杜鹃属植物除锦绣杜鹃、西洋杜鹃和一些栽培品种常见于园林栽培外，其他种类几乎没有，开发保存利用该属植物资源已迫在眉睫。杜鹃属植物均为木本植物，常绿或落叶灌木，少数为乔木；

花大而艳丽，花色丰富，花型多变，花期长；观赏价值极高，是世界上最著名的园林观赏植物，常应用于园林绿地，也广泛用于盆栽、盆景等。据调查统计，湖南约有杜鹃属植物 53 种，1 亚种，1 变种。湖南产的杜鹃属植物中，除毛锦杜鹃、杜鹃花 2 种在国外有分布外，其余均为中国特有植物。据调查，国内某些植物园所引种栽培的杜鹃属植物仅是从种类的角度进行引种保存，而系统完整地种质资源引种保存几乎为空白，许多珍贵品种，至今仍埋没山野，任其自生自灭，殊为可惜。湖南省森林植物园是国家级森林公园区面积约 3 hm^2，由于多数杜鹃适合于海拔较高的凉爽地带，所以将该区设于植物园北部山丘靠近水池地带。种质资源收集区的目的是重点收集和保护杜鹃属植物中价值大、观赏性强、开发利用价值高的珍稀种类、种源和居群，确保种质资源保存库成为中国杜鹃属植物类型丰富、材料众多、资料齐全、鉴定准确、具有国内领先水平的种质收集保存示范基地。杜鹃花是我国十大名花之一，在中国，杜鹃花的品种多达 570 多种，而高山杜鹃是众多杜鹃资源中一类重要的杜鹃品种。高山杜鹃叶片为革质，有着较大花序，花色十分鲜艳，且花枝优美、株型漂亮、观赏价值较高。同时其根须弯曲、粗壮而坚韧、表面较光滑、木质致密，经过雕琢之后可制作成一件件艺术品。高山杜鹃的适应性较强，在城市绿化美化方面应用较为普遍。

张万玉（2021）介绍了高山杜鹃属于浅根性的树种类型，其生长习性较为特殊，喜欢湿润冷凉环境，其根系较为发达，耐严寒，但不耐高温，对水、土、光、热等条件有着较高的要求。高山杜鹃在土质疏松、腐殖质含量高、土壤肥沃、pH 值为 5.5~6.5、偏酸性砂质团粒结构较好的土壤条件下生长良好。对高山杜鹃进行引种驯化栽培种植，通过人工手段或自然选择筛选出适宜当地生态环境、生长良好、具有较好观赏效果的优良品种，不仅对美化环境起到重要作用，还有利于丰富植物品种多样。利用甘肃地区培育的 700 株高山杜鹃幼苗进行引种驯化，栽种于试验苗圃当中，并实施常态化管理，通过一个雨季与半年培育，观察自然条件下高山杜鹃适应情况，考虑高山杜鹃的生长习性及对于环境方面的要求，充分结合田间栽培管理措施，努力为高山杜鹃创造适宜生长的环境条件，最大限度地确保高山杜鹃获得健康生长。由于高山杜鹃属于浅根性的植物，须根较多，所以耕作过程中勿对植株周围的土壤进行耕作，以免对其根系造成损伤，可用永久性覆盖物对高山杜鹃的根部进行保护，确保根系周围具有良好的温湿度条件，也可通过覆盖一些有机物质增加高山杜鹃根系部位的湿度和减少杂草生长来代替土壤耕作，覆盖物应远离主干，保证植株健康生长。在高山杜鹃栽培过程中，肥土、红松叶片、粗沙根据相应比例配制成营养土用以种植高山杜鹃，也可在纯净的泥炭藓中种植高山杜鹃。还可根据 1：1：1 的比例将粗沙、泥炭土及珍珠岩等均匀混合在一起种植高山杜鹃，若土壤偏碱性，则可将铁硫酸盐或者硫磺粉添加在其中来增加土壤酸度。处于开花期的高山杜鹃可进行移植，然而这时移植会使高山杜鹃抗性增加，如果冬季天气温暖，又不会对植物根系造成损伤，那么在春秋季移栽均可。在有霜冻或者解冻周期长的地方，秋季移栽高山杜鹃易发生冻害，因此最好在春季移。合理开发定植坑，适当扩大坑的大小与深度，为高山杜鹃创造良好的生长环境，保留原来表土，移栽时铺到坑底，再将适量的腐殖土添加进其中，也可将表土（30%）、泥炭土（30%）或腐殖土（30%）及沙土（10%）充分拌匀之后，填入土球四周，为避免沉落，可适当增加高度，然后在地表覆盖碎叶片或者木屑，厚度为5 cm，完成移栽后轻轻踏实。

二、野生花灌木的引种驯化

1. 引种驯化理论基础

引种驯化有着十分悠久的历史，是一个复杂的理论和实践问题，涉及多种学科和理论体系。其中植物引种驯化与人类的生活方式的进步、高层次的精神追求以及经济社会的发展都息息相关。人类最早的植物引种驯化活动可以追溯到距今约7 000年前的新石器时代。然而作为植物学的一门分支学科，植物引种驯化的研究至今仍然不够客观和系统，判断植物引种驯化成功的标准尚不明确，对于植物引种驯化的理解也不够深刻和全面。本书仅对引种驯化的有关理论作初步梳理，仅供读者参考。

引种驯化的主要目的是人们为了扩大栽培植物的种类和发掘那些尚未利用的植物资源。视为引种成功的标准一般有以下几个：与原产地比较，不需特殊保护而能露地越冬、度夏，正常生长、开花、结实；保持原有的产量和品质等经济性状；能用适当的繁殖方式进行正常的繁殖。如果是以营养器官为目标产品的植物，只要在新区能保持其产量和品质，生产上可以从外地引进种子或幼苗进行栽培，能否正常开花结籽可以不作为引种成功的标准。

成功进行引种驯化有以下6个意义：一是增加新的资源种类，例如砂仁、金鸡纳、毛地黄等植物的引种驯化成功已能满足国内市场的需要，改变了过去这些药材依赖进口的局面。二是以良种代替劣种。中国的马尾松因遭受松毛虫为害严重，生长缓慢，不能达到速生、产脂等栽培目标。近50~60年来，引进抗松毛虫能力强、生产快、产脂量高的湿地松和火炬松，在中国亚热带低山丘陵地区推广种植，生长良好。三是扩大栽培范围，发展商品生产及保护珍稀濒危植物。例如分布于南方的白花泡桐已经成功地引种到陕西、山东；而分布于北方的兰考泡桐也在南方生长良好。四是丰富园林植物种类。引种驯化是迅速而有效地丰富城市园林绿化植物种类的一种有效方法。例如海南成功引种了大叶团花、尖果苏木、八宝树、红花天料木等，西双版纳发掘利用了望天树等。五是发挥植物的优良特性，通过引种可以使某些种或品种在新的地区得到比原产地更好的发展，表现更为突出。如橡胶树原产巴西，引种到马来西亚和印度尼西亚后，现在该地区的产胶量占全世界的90%，而巴西不及1%；砀山酥梨引种到陕西渭北和新疆南部及山西晋中等地栽培，比原产地果实皮更薄、更美观、糖分更高、风味更浓、更耐贮藏；呼伦贝尔草原的樟子松，引种后成为三北防护林的主要树种之一，另外还有梭梭、花棒、沙拐枣、柽柳等成为防风固沙的主要树种。六是美化环境，提高环境质量，丰富人们生活。不同种类园林植物组合不仅有利于保护视力，还具有调节温度、湿度、防风固沙、保持水土、杀菌、吸滞尘土，吸收有毒气体，降噪，净化污染水等功能。可以给城市带来活跃的气氛，打破环境的沉闷感。

方岩（2019）等指出，花灌木在园林上的应用有以下5个方面：一是公园绿地中的应用。将花灌木以点植、丛植、片植、篱植等形式与常绿乔灌木、落叶乔木、地被植物搭配，可形成空间层次分明、季相变化显著的多样性生物群落，发挥良好的生态作用。花灌木是公园绿地中观赏植物的重要组成部分，具有不可替代的作用。二是道路绿化。花灌木在分车带与小乔木配置，可构成一街一景的特色景观；在路侧绿带可与大中乔木配置形成层次分明的绿色景观，集观赏性、生态防护于一体。水栒子、猬实等花灌木的应用，充分体现了太原道路绿化的地域特色，可与行道树一起构成景观路、主干道路。三是专类园中的应用。迎泽公园、双塔寺公园、晋祠公园建有大小不一的牡丹园、月季园。花灌木是建设专类园的良好素材，在今后的园林中可建设丁香园、忍冬园等，以丰富园林的观赏性与科普功能。四是防护绿地。紫穗槐、柠条等主要应用于路面护坡，具有节水耐旱、保护水土的功能，与景天等地被植物搭配，生态效果十分显著。五是社会绿化。在居住区、企事业单位广泛种植各类花灌木，可改善人类居住环境和生态环境，丰富人们精神世界。

张日清等（2001）植物引种是指把植物从原来的自然分布区引入到其自然分布区以外的地区进行栽植培育的方法。植物引种到新的区域以后，如果原产地与引种地的自然环境条件基本相似，或者由于所引种植物的适应范围较广，以致植物并不需要改变它的遗传性，或只需采取简单的技术措施就能适应新的环境，引种植物就能够正常进行生长和发育，这种情况一般称之为简单引种。相反，假如植物原分布区和引种地区的自然条件差别较大，或引种植物的适应范围相对较窄，只有通过采取人工的技术措施改变所要引种植物的遗传学特性，才能适应新的引种环境，这种情况下的引种，称之为驯化。植物引种驯化是人类社会的一项技术经济活动，其历史已超过万年。引种驯化理论的研究大约始于2 500年前，可分为古代、近代和现代3个时期。中国是最早开展这项工作的国家之一。近代的引种驯化理论研究则始于达尔文的生物进化学说，研究中心在欧洲。从20世纪开始，现代引种驯化理论的研究进入了一个空前活跃的阶段，苏联和中国是这一时期的重要代表。

朱慧芬等（2003）介绍，植物引种驯化是植物学的一个分支学科。该学科与植物的迁地保护和当地的经济建设紧密相关，属于应用基础研究的范畴。但有关理论和方法的研究至今仍显得比较零碎，不够系统。判断植物引种驯化成功的标准尚不够明确。他们就植物引种驯化的概念和意义、主要理论和方法、影响其成败的因子、途径和程序、判断植物引种驯化成功的标准等进行了综述和探讨。

植物引种驯化以进化论、遗传学和生态学的某些基本概念为理论基础，其他学科如植物学、植物区系学、植物地理学、植物生理学、进化学说、古气候学、植物栽培学、遗传学、育种学等多个学科的发展对植物引种驯化的理论研究起着推动作用。

陈俊愉等（2007）在2007年中国园艺学会观赏园艺专业委员会年会论文集中论述，引种驯化对园林建设极为重要，是不断丰富园林植物种类和品种的源泉。他们经过多年对南梅北移和棕榈引种驯化的研究、实践，初步总结了现在对园林植物引种驯化存在的认识偏差及中外引种驯化中国野生园林树木的成功经验等。例如在引种驯化中人们对科学程序认识不足，而较多考虑短期即获成功，而对保证成功的可能性与科学根据注意太少；引种急于求成，多未做到有计划、有步骤地引种驯化等。并提出园林植物引种驯化既是科学也是艺术，而在实施过程中应以主导生态因子为重要指标。

安兴林等（2009）认为新疆地区生境脆弱，生态条件差，长期以来绿化材料单一，引种驯化野生花卉能够有效地丰富城市绿化材料。从2004年开始在新疆维吾尔自治区广泛调查收集有观赏价值、绿化价值的野生花卉品种，开发利用野生花卉资源，并引种、驯化、繁育新疆境内有潜力的野生花卉，通过大苗移植栽培驯化繁育等多种形式，以新的植物类型和品种，充实和丰富城乡园林绿化植物。已引种驯化多种花灌木、宿根及一年生草花，并应用于伊宁市的街道庭院绿化，取得良好效果。引种成功并总结了3种具有代表性且观赏价值较高的野生花灌木红果小檗、鞑靼忍冬、铃铛刺的引种驯化繁育技术；红果小檗、鞑靼忍冬、铃铛刺3种野生花灌木，在大苗移植驯化时，采取裸根采挖栽培成活率低。铃铛刺在移植大苗管理时，若同其他花灌木一样管理则成活率低。在大苗移植运输途中，车箱上必须覆盖遮阳网与湿麻袋，并经常喷水，以保持植株不缺水。野生花卉资源引种驯化应做到充分保护资源和保证资源可持续利用的前提下进行，有组织、有步骤地进行开发利用，绝不能乱采乱挖，在挖取后将坑回填，保持土壤平整。驯化成功的品种以花坛、花境等形式应用于城乡园林绿化，使资源可持续利用。

植物引种是指把植物从原来的自然分布区引入到其自然分布区以外的地区进行栽植培育的方法（沈金元等，2012）。植物引种到新的区域后，如果原产地与引种地的自然环境条件基本相似，或者由于所引种植物的适应范围较广，以致植物并不需要改变它的遗传性，或只需采取简单的技术措施就能适应新的环境，引种植物就能够正常地进行生长和发育，这种情况一般称之为简单引种。相反，假如植物原分布区和引种地区的自然条件差别较大，或引种植物的适应范围相对较窄，只有通过采取人工的技术措施改变所要引种植物的遗传学特性，才能适应新的引种环境，这种情况下的引种，称之为驯化。

黄宏文等（2015）论述，近500年来，植物引种驯化及其广泛栽培深刻改变了世界农业生产的格局，对促进人类社会文明进步产生了深远的影响。无论在西方殖民地发展史还是在中国明清发展史中，每一种重要栽培植物的成功引种和驯化，都对历史进程产生了不可估量的作用。活植物收集是植物园的核心和“灵魂”，传承了现代植物园几个世纪科学研究的脉络和成就。活植物收集是植物园科学研究的基础和支撑平台，也是当前和未来发展的根本。基于活植物收集的植物园研究工作具有多学科综合的特征，既对基础生物学研究具有重要意义，也与经济繁荣、社会发展和人类日常生活密切相关。

孙珊珊等（2015）认为植物引种驯化既是植物学的一个重要分支学科，更是园林绿化的一种重要手段。随着人们物质生活水平的不断提高和精神文明的不断进步，现有的城市绿化品种已经越来越难以满足人们日益增长的物质文化需求。为进一步满足这一需求，达到人与城市、人与环境的和谐相处，必须进一步加强植物引种驯化的研究与实践工作。不同研究学者对“植物引种驯化”这一概念有着不同的解读，植物的引种驯化是人们为满足某种需求，人工将外地的优良植物品种引入新的地区，从而有效地扩大植物品种的种植范围。而从引种驯化的过程上来讲，按照字面意思，大致可以分为“引种”和“驯化”两个阶段，其中引种是植物物种驯化的前提和基础，驯化是引种的目的和结果，二者相继相连，缺一不可，影响因素包括温度、光照、土壤、生物因子、病虫害等。因此，在植物引种驯化的过程中，必须采取有效的措施，加强引种前的检验检疫和推广之前的栽培试验，以提高引种驯化的成功率。

关于植物引种与驯化的概念，学术界并没有形成一个统一的定义，然而大多数学者都基本认同植物引种与驯化是通过人工干预，使野生植物发展为栽培植物，将其引入到新的环境下生产繁殖。对于园林植物引种与驯化，就是将外地的优良园林植物品种引入本地，从而增加本地优良园林植物品种数量。在进行园林植物引种与驯化时，要根据城市绿化发展的要求，同时，结合气候相似性理论来进行，尽量引入相似气候带或气候条件地区的园林植物，引种方法主要包括近缘引种、种子引种、分不同年龄阶段引种、“南树分阶段北引逐步过渡”等。驯化的方法主要有：直接引入种子进行栽培驯化法、嫁接法、逐步锻炼法、延长在圃培育年限以及采用引入地已引种过渡的植株做母株繁育新株体等（巴奎，2016）。

张宝鑫等（2017）在对北京植物资源情况进行分析的基础上，对引种栽植于北京地区的园林植物进行考证和分析，梳理出北京地区常见园林植物的引种栽植历史和园林应用情况，北京地区的植物区系绝大部分属于中国—日本植物亚区，地带性的自然植被类型为暖温带落叶阔叶林。西部和北部山区的植被以次生林为主，具有明显的垂直分布特征：海拔 800 m 以下的低山代表性植被类别是栓皮栎林、槲栎林、油松林和侧柏林；海拔 800 m 以上的中山以辽东栎林为主，海拔 1 000~1 800 m 的山中桦树增多；海拔 1 800 m 以上的山顶为山地草甸；平原地区则为农田林网、绿地人工栽植植物（包括绿化隔离带地区）。据《北京植物志》（1984）记载，北京地区的维管束植物 2 056 种，171 变种、亚种及变型，其中栽培植物约占 1/5；相比 1960 年的植物志版本，增加了植物 437 种；到 1992 年，《北京植物志》记录的植物有 2 088 种。例如银杏和牡丹等大量优秀的园林植物并不是北京地区原产的植物，从早期引入到北京地区后，经过长时间在园林中栽植，逐渐适应了北京地区的气候条件，成为北京地区重要的传统园林植物。而一些原产南方的观赏植物，引入到北京后经过长时间的栽植，逐渐融入到北京地区的园林植物文化中，例如芭蕉、梅花、翠竹、玉兰（紫玉兰）、蜡梅和桂花等著名观赏植物，也都是在不同历史时期由外地引种栽植的花木，经过漫长的岁月已成为北京地区传统园林中的重要植物种类。

阿丽香（2020）对乌兰浩特市园林植物引种驯化情况进行了全面的调查，调查内容包括植物种类、数量、来源、生长势及成活率，并结合文献资料了解不同园林植物种类的科属、生活类型、生态习性、观赏特性和园林用途，调查发现乌兰浩特市属于温带大陆性半干旱气候，气温的日较差和年较差都较大，在植物的生态习性上大多数选择了喜光、耐干旱、耐寒的种类。园林植物种类主要以菊科、百合科、杨柳科的落叶乔木和宿根花卉为主，常绿乔木、落叶灌木、落叶藤本、球根花卉等不同生活类型的植物种类较少，有待进一步丰富植物种类和种质资源。引种植物来源优先选择了长春市和鞍山市等周边城市，与当地生态环境差异较小，引种后园林植物适应性更强，成活率更高。此外，还选择了新疆杨、蓝叶忍冬、兴安杜鹃、金鸡菊等生长势良好、成活率较高的园林植物种类。园林观赏植物主要以观花、观果、观叶、观形为主，比较符合园林植物观赏要求，园林绿化建设中科学合理搭配不同观赏特性的乔木、灌木、藤本和花卉，从而达到最佳景观效果，美化景观环境。

黄宏文等（2021）认为，纵观千百年来人类驯化成功的作物，不论是驯化栽培历史较为久远的如小麦、玉米、水稻、苹果、李、葡萄等，还是驯化栽培史较近的如猕猴桃、蓝莓、草莓等，均经历了人类长期不断的选择和栽培实践。他们概要梳理并分析了植物驯化改良的历程，并重点以 20 世纪百年的果树驯化案例，探讨了本世纪野生果树植物驯化的思考和路径。世界栽培作物的驯化是个多区域、多物种、多性状、多气候、多环境、多文明的复杂遗传选择进化过程。但大多均经历了数千年甚至万年人类长期不断的选择和栽培实践。然而，从遗传驯化的速率看虽然不同的物种、不同的性状、不同的栽培环境均有所不同，但都经历了1 000~2 000年的长期驯化过程，甚至更长，而且通常异花授粉植物比自花授粉植物驯化更缓慢。果树和块茎等无性繁殖植物甚至会长期滞留在半驯化状态并被人类广泛栽培利用。客观、历史地认识植物的驯化有利于未来对野生植物的发掘利用。

张凡等（2021）在固原地区引进驯化培育彩叶观赏特色精品苗木，针对固原地区特定的气候，筛选出适合本地种植的彩叶观赏树种，进一步调整固原地区苗木供需结构，为固原地区城乡园林绿化美化、植被恢复提供优良树种，丰富当地物种，解决绿化色彩单一问题。通过栽培管理和适应性试验，适合固原地区气候、土壤等环境条件，成活率在90%以上的彩叶树种是密枝红叶李、红叶榆、红宝石海棠、金叶复叶槭、绚丽海棠、紫叶稠李、金叶国槐7种。以上彩叶树种的抗寒性、抗旱性、抗风性及年平均生长量都较好，其生长量与原产地生长无明显差异，能够在项目区正常生长，可以在固原地区与项目区条件相似区域进行推广种植。成活率在85%以上的珍珠海棠、黄栌、金叶红瑞木、蓝叶忍冬、红叶榆叶梅、紫叶风箱果6个树种，能越冬，但生长缓慢、原有性状退化或表现不突出，可以在进一步观察的基础上适当发展。金叶连翘、金叶水蜡、紫叶水蜡3个树种不能正常越冬，大部分死亡，故不作推广种植。

许红霞等（2022）研究了从湖北省襄阳市南漳县太平镇野黄桂天然林实生苗中筛选的一株优良单株‘绿翡翠’野黄桂品种在江汉平原的引种驯化，从树高、地径、冠形、冠幅、叶色、叶片大小、成活率等性状进行调查，试验结果表明，该品种相对于其他野黄桂品种性状较稳定，抗逆性强，移栽成活率高，生长状况较好。与现有行道树种樟树相比，该品种换叶、落果时间短、数量少，对环境污染小，可以作为新型生态绿化树种在城市园林绿化、绿色通道建设和生态城市建设等方面推广应用。需要注意一点，‘绿翡翠’在生长季节不耐涝，遇长期积水之地生长不良。

引种驯化是现代园林绿化中增加植物丰富度方向的重要手段。中国地大物博，植物种类繁多，引种资源十分丰富，自古以来素有“园林之母”的美誉。但目前中国园林植物品种保有量相对平稳，多年来一直都需要不断从国外引进新品种和新物种，来增加中国园林植物的丰富度。其实，在城市园林绿化建设中存在的绝大部分问题都可以通过引种驯化轻松解决，所以人们需找到适宜的试验植物新品种，在引种驯化的过程中，不仅要将试验植物品种向所要引种的地理位置和特定生长环境气候中定向迁移，还要通过相应的人工干预措施，使引种后的试验植物品种能在相应特定气候环境中表达出理想的园林性状。促进引入的新物种适应新的生活环境条件，并表现出优良的生活习性。因此，引种驯化增加城市区域生态环境以及美化城市园林景观，提升植物丰富度和艺术美感的层面上具有重要实践意义。

研究引种驯化的理论涉及达尔文学说、气候相似论、米丘林学说、栽培植物起源中心学说等。方法上有专属引种法、生态历史分析法、优势种引种法、区系发生法、生态相似法等。

（1）气候相似论　在引种驯化过程中，气候相似论影响较大。德国著名林学家、慕尼黑大学教授迈尔（Mayr H.）在1906年和1909年发表的《欧洲外地园林树木》和《自然历史基础上的林木培育》两部著作的基础上提出了气候相似论。该理论认为树木引进时，引进地和原产地的气候必须相似，引进的树木才能正常生长、发育。他强调植物与环境关系密切，应当以自然科学为基础，遵循自然界的客观规律，从引种地区气候相近的自然分布区去选择对象，从而获得植物引种的最大成功。他把北半球划分为6个“引种带”，认为在这些“引种带”之间的引种应该是没有什么困难的。这一理论明确了气候对树木引种驯化的制约作用，对树木引种驯化的实践有一定的指导意义，为现代树木引种驯化理论的一个重要组成部分。

中国学者朱彦丞提出生态相似法也属于气候相似论的范畴。朱彦丞认为植物引种驯化应从整个植物生态环境出发来分析，在生态条件相似时所选择的植物材料引种就容易成功，生态条件相差悬殊的植物材料引种不易成功。

袁淑荣等（2006）采用气候相似理论与方法，为引种提供严格的科学理论指导，确保引种区域的同一生态类型，保证农业生产用种的安全。在采用该理论方法进行引种时，应区别对待，在相似距等级应用上，对气候条件要求严格的作物，从严掌握；对气候条件不十分敏感的作物除考虑引种一级相似区域外，适当放宽。

郑川等（2011）介绍了贵州省修文县花椒引种的农业气候相似诊断分析。根据欧氏距离的相似距离系数方法，利用温度、降水和日照资料，从年内热量、降水等几方面计算了修文县和贞丰花椒区的相似程度，确定相似等级，并通过对引种源地与目标地的花椒生态气候状况的对比分析，找出了修文花椒生态气候和品质比较优势以及存在的问题。结果表明，花椒在县境内海拔1 300 m以上地区虽可种植，但受冬末春初低温天气影响较大，产量不稳定；海拔在1 300 m以下地区为境内花椒稳产区。花椒产量和品质的形成受气候、土壤、栽培管理措施等诸多因素的影响。

李丽纯等（2013）认为作物引种气候诊断遵循的是农业气候相似原理，新引进地区与原产地气候条件是否相类似是决定引种成败的关键。他们采用模糊相似优先比法对闽台两地7个气候因子和果树气候相似性进行相似性分析，他们选取台湾主要果树种植区高雄作为引种源地，选择年平均气温、最冷月（1 月）平均最低气温、历年极端最低气温、年降水量、年日照时数、年平均风速、年平均相对湿度 7 个因子作为比较因子，并划分相似性优先等级，制作相似性空间分布图。并对传统的模糊相似优先比法进行了两点改进，研究结果更加客观可靠。首先，对相似性因子的序号值进行标准化处理。传统的模糊相似优先比法是在对比较因子排序的基础上对序号值进行简单相加，得到总分值，然后进行排序，结果即引种地与引种源地的相似性顺序。本研究考虑到引种地 I、j 与引种源地的气候相似性可能相同，导致不同的比较因子 X_k 的序号值的区间会有所不同，如未对序号值进行标准化处理，则研究结果将受影响。通过对序号值的处理，弥补了该方法可能存在的缺陷。其次，对比较因子赋权重。不同的比较因子对果树产量和品质形成的贡献量不同，因此权重也应有所不同，就中国台湾地区热带果树而言，影响其果实品质和产量的主导气象因子是热量条件，因此，年平均气温、历年极端最低气温、最冷月（1 月）平均最低气温等温度要素的权重应该比较大。采用层次分析法的 1∶9 比例标度法对相似性因子赋权重，科学实用。研究指标为 7 个，采用层次分析法的 1∶9 比例标度法赋权重，标度工作量适当，标度结果也比较客观。同时，该方法通过对比进行标度，增加了判断的客观性，并把定性判断与定量推断结合，增强了科学性和实用性。然而，层次分析法是基于专家打分的基础上进行的权重，评价结果受主观意识影响较明显，因此，在今后的研究中可考虑与熵技术结合起来，可以一定程度上提高层次分析法的评价质量。综合本文分析结果，可得出以下结论：漳州市沿海大部、厦门市同安区与台湾省高雄市果树气候相似程度较高，莆田市区、泉州市大部、漳州市西部相似性中等，闽中大山带（鹫峰山-戴云山-博平岭）以西的大部分县市相似性差或不相似，为不适宜引种区；其余县市农业气候相似性程度较差。年平均气温、历年极端最低气温、最冷月（1 月）平均最低气温的相似性的空间分布与果树气候相似性的空间分布整体上是一致的，中南部沿海与台湾省高雄市相似性较好，内陆大部较差。对于用于本研究相似性分析的 7 个气候因子，中南部沿海尤其南部沿海地区与台湾省高雄市的果树气候相似性比较高（年降水量除外）。福建省与台湾省高雄市果树气候相似性较高中等的区域与实际调查的结果基本一致，说明了本研究方法的客观性和科学性。研究结果可为地方政府或其他相关部门开展果树优化布局提供决策依据。

杨利霞等（2015）认为汉中茶区作为中国最北缘的巴蜀茶区，具有得天独厚的自然地理气候条件，产茶历史悠久，出产的茶叶品质优良。近年来，汉中市把茶叶种植作为重点绿色、特色产业来抓，通过引进优良茶树品种、改进低产茶园、扩建优质茶园等方式大力发展茶树种植面积和茶叶经济，努力打造国内外名牌绿茶。他们运用农业气候相似原理和方法，分析汉中茶区与国内名茶产区的气候相似性，为汉中调整种植结构、引种发展茶产业提出科学依据。结果表明：汉中茶区气候资源优越，整体表现为温暖湿润，热量充足，直射光照较少，多云雾和散射光，适宜优质茶叶生长，但亦存在极端高温及低温风险灾害。汉中茶区与国内名茶区信阳毛尖、都匀毛尖、六安瓜片、杭州龙井茶区气候相似度最高达 1 级，可直接引种，汉中与黄山毛峰茶区相似度较高为 2 级，适宜引种，可重点参考。充分利用气候资源，适当扩建或改良优质茶园，可引种信阳、都匀、六安茶区优质茶品种发展壮大汉中茶产业。积极适应气候变化，采取人工策略和技术措施，应对气候变暖背景下农业气象灾害，提高茶叶品质和经济效益。

吴丹等（2015）将贵州省水城县红阳猕猴桃种植区与原产地四川省苍溪县红阳猕猴桃种植区的气候条件进行相似性分析，主要从以下几个方面进行分析研究，水城县海拔高差大，立体气候明显，基本能够满足猕猴桃生长发育需要。但选择在低热河谷、山谷、有水源保障、土层深厚、土壤肥沃、不易发生洪涝灾害的地区更加适宜猕猴桃生长。水城县果实生长期较苍溪县长，相对来说，比较有利于果实的品质形成。从冬季后期过渡到春季时，水城县升温较快；春季升温苍溪县比水城县高；夏季水城县温度较苍溪县低，降水多，苍溪县温度较高，但降水较少；相对来说水城县的雨热配合比苍溪县好。苍溪县适宜猕猴桃生长的时间比水城县的长，但夏季的高温时段比水城县多。果实成熟期温度日较差，水城县要高于苍溪县，对于果实糖分形成比较有利。水城容易出现春旱、冰雹等灾害，而苍溪县主要有旱、涝、雹等灾害，以旱灾为主。因此，要因地制宜合理安排种植，加强科学管理，防治病虫害，提高猕猴桃品质。通过以上分析得出以下结论：水城县猕猴桃的果实生长期要比苍溪县长；从冬季过渡到春季时，水城县升温较快，春季升温苍溪县比水城县高，夏季水城县温度较苍溪县低，降水多，苍溪县温度较高，但降水较少，相对来说水城县的雨热配合比苍溪县好；苍溪县适宜猕猴桃生长的时间比水城县长，但夏季的高温时段比水城县多；果实成熟期温度日较差，水城县要高于苍溪县，对于糖分形成比较有利。

吴雅文等（2016）为探明雪椿引种到郑州的可行性，根据“气候相似性”原理，调查和分析雪椿的种源地和引种地 4 个城市的气温、降水量和相对湿度等气候因素。发现郑州和雪椿种源地的温度和湿度不存在显著性差异，仅降水量差异显著。因此被引种到郑州的雪椿，需要采取必要的控水管理，才能效使雪椿逐渐适应当地的气候条件，使其在郑州的室外正常生长，从而达到在引种地长期生存的目。

李蒙蒙等（2016）发现樟子松在中国部分地区出现衰退现象，引起学者和公众的广泛关注。为了确定樟子松在中国北方引种的适宜区，基于气候相似理论，通过主成分分析法，确定影响樟子松引种的主要气候因子。以呼伦贝尔沙地红花尔基樟子松国家森林公园为固定样本区，采用熵权法确定各气候因子熵权，并计算加权气候相似距，再综合考虑加权气候相似距和土地资源环境因子，划分引种区类型。结果表明，温度是影响樟子松引种的主导气候因子，其次是湿度、光照与海拔，风速对樟子松引种的影响相对较小。樟子松引种的适宜区主要位于内蒙古东北部和黑龙江大部。樟子松引种的较适宜区主要分布在华北北部、吉林大部以及辽宁部分地区。新疆阿勒泰、塔城等地也是樟子松引种的较适宜区，樟子松已经成为当地城市绿化、固沙造林和用材造林的主要树种。较不适宜区主要位于华北中部以及新疆塔克拉玛干沙漠周边。华北中部较不适宜的主要原因是温度过高，而塔克拉玛干沙漠周边较不适宜引种的原因是当地降水较少且蒸发强烈，导致水分不足。沙漠（沙地）由于环境恶劣不适宜引种。文中还指出，与传统的“试种—摸索规律—积累经验—推广”的引种模式相比，基于气候相似理论，应用 GIS 进行樟子松引种适宜性研究，操作简单、速度快、成本低，能较为客观地反映适宜引种的适宜性程度，研究结果对樟子松引种具有一定的参考和借鉴意义。

张燕燕等（2017）为研究三门峡市优质烤烟的种植区域问题，利用三门峡市国家级和区域气象站数据，运用多变量聚类分析法对三门峡烟区进行分类，并将不同烟区与国外烟区进行气候相似性分析。重点研究了气候、降水条件对三门峡烟草生长影响。结果表明，经过总体分析，三门峡光、温、水资源丰富，具备了生产优质烤烟的气候条件，但不同区域气候指标表现出较大的差异性。利用区域气象站资料进行聚类分析，可将三门峡烟区分为 2 类烟区，第 1 类烟区多分布于海拔为 400 ~ 600 m 区域，第 2 类烟区多分布于海拔为 600 ~ 1 100 m 的区域，第 2 类烟区更具有优越的气候条件。三门峡海拔落差大，区域气象站数据代表性明显，更能真实反映出各烟区的烤烟气候指标。聚类分析出的 2 类烟区中，卢氏、灵宝烟区与国外优质烟区气候相似性相比，与津巴布韦最为相似，与巴西为高级相似，与美国为较高级相似，表现出生产优质烤烟的气候条件。在烟草种植规模不断减少的趋势下，三门峡市烤烟种植可优先考虑第 2 类烟区。

张冬梅等（2020）认为气候因素是影响城市绿化树种生长发育的重要因素，尤其是极端气象因子。通过对上海近 30 年的气象因子汇总分析，结合对上海世博公园主要绿化树种生长状况调查和年度生物量计算，通过典型相关性分析发现，极端低温、暴雨、强风、极端高温和极低空气湿度 5 个影响树种生长的气候障碍因子及其阈值，甚至有些气象因子严重阻碍了树木的正常生长，成为障碍因子。经过 10 年的绿化实践验证，上海世博公园对骨干树种的选择，以乡土树种为主，群落结构较为稳定，且气候障碍因子对乡土树种的影响较小。在引种外来树种时，从致力于构建城市绿化树种选择方法学的角度出发，采用气候相似植物区系法，结合植物耐寒、耐热带图，明确上海的适生引种区域，把种源地划分为 2 个气候带和 3 个植物区系，并确定了最南引种线，成功引种了红花槭等 20 种观花色叶乔木树种。

华烨等（2021）采用欧氏距离系数农业气候相似距方法，揭示了北疆和兰州之间气候相似程度，为百合引种提供了定量依据。依据影响百合种植的主要农业气候影响因子，探讨北疆地区膜下滴灌引种兰州百合的农业气候适应性。结果发现，北疆有80%的地区与兰州百合原产地农业气候相似，可采用膜下滴灌种植模式直接引种兰州百合，最接近原产地农业气候条件的地区有新源、伊犁、伊宁、霍城、察布查尔和巩留，是北疆地区引种兰州百合的最适区；有20%的地区需驯化观察后才能确定能否引种兰州百合，包括鄯善、托克逊、巴里坤、伊吾、温泉、昭苏、和布克赛尔、青河及吉木乃等地区证明了北疆地区光照资源丰富，在满足水分供应前提下绝大多数地区可引进兰州百合种植，少数地区需经驯化观察后引种。

（2）风土驯化论　风土驯化是指动植物在引种过程中，在新的生活条件下改变遗传性，逐渐适应不同于原产地自然条件，能在新的环境内生存、繁殖的复杂过程，必须用遗传性最易动摇的幼年个体为材料，并逐步迁移。风土驯化的具体做法包括以下几个方面：改变栽培管理条件。每一特定品种都有其适宜的生态条件和栽培管理水平，对引入新品种的风土驯化，首先要人为创造适宜的生态环境和栽培管理措施，使得新品种生长发育不受太大的影响，实现新品种的平稳过渡。之后再逐步改变或者恢复当地生态条件和栽培管理措施，并加强适应性锻炼，使引入新品种逐渐适应当地的环境条件，这一方法虽然驯化时间长，但效果较好。加强对引入品种的适应性锻炼，使引入个体能直接适应新的环境条件。当引入的新品种对新的环境条件基本适应时，可以从引入个体直接适应环境开始，经过适应性筛选，使得新品种在生长发育过程中对新环境条件直接适应，从而达到风土驯化的目的。加强选育、定向改变引进品种的遗传性状。当引入地区环境条件与原产地环境条件差异过大时，引进的品种往往不能适应新环境，此时在改变环境条件的同时，通过自交、杂交等的作用淘汰不适应的个体，留下适应性较强的个体，从而逐渐地改变群体中的基因型，使引入品种在基本保持原有特性的前提下，遗传基础发生改变。风土驯化和适应性锻炼，是引种与保种的基本措施，但是并不是所有引入品种经风土驯化都能正常生产，主要原因是环境变化巨大，已远远超过引入品种对环境的最大适应范围，从而造成了引种的失败和经济财产的损失。所以引种一定要因地制宜，慎重行事。

达尔文学说论述了动植物变异、遗传、杂交的原因和规律。认为植物在自然条件下有适应风土的能力，在植物自然迁移时，往往抑制它和其他有机体的竞争，而首先适应新的环境条件。驯化则是在长期的进化中进行的。在自然栽培条件下通过自然选择和保持的变种能使植物驯化。因此，无论在自然和栽培条件下都能发生植物的驯化。有机体的遗传性不管如何巨大，都能够在改变了的条件下产生变异，不断出现新的性状。当植物的个体在不同生存条件下发育时，再用选择手段就能获得新类型的植物。驯化是植物本身适应新环境条件和改变生存要求的过程。选择是人类驯化过程的基础。

米丘林风土驯化学说继承并发扬了拉马克和达尔文等生物学家的理论，并在达尔文学说基础上提出了引种驯化理论。他从有机体与其生活条件相统一的原理出发，提出关于遗传性、定向培育、远缘杂交、无性杂交、气候驯化改变植物遗传性的原则和方法，发展成为米丘林学说，在世界生物学史上产生重要影响。米丘林学说的基本思想认为生物体与其生活条件是统一的，生物体的遗传性是其祖先所同化的全部生活条件的总和。如果生活条件能满足其遗传性的要求时，遗传性保持不变；如果被迫同化非其遗传性所要求的生活条件时，则导致遗传性发生变异，由此获得的性状与其生活条件相适应，并在相应的生活条件中遗传下去。这个学说中关于无性杂交、辅导法和媒介法、杂交亲本组的选择、春化法、改造秋播作物为春播作物、气候驯化法、阶段发育理论等，对提高农业生产和获得植物新品种具有实际意义。他经反复实践，探索，他提出了风土驯化的两条原则：从引种材料看，利用遗传不稳定、易动摇的幼龄植物实生苗作为风土驯化材料，使其在新的环境影响下，逐渐改变原来性状，适应新的环境条件，达到驯化效果，尤其在个体发育的最幼龄阶段（种子阶段），可塑性最大，也具有最大的可能性产生新的变异以适应新的环境；从引种步骤看，采用逐步迁移播种的方法。实生苗对新环境有较大的适应性，但有一定限度，当原产地与引种地条件相差太大而超越了幼苗的适应范围，驯化难以成功，这是需要采用逐步迁移的方法，使它逐渐移向与引种地相接近的地区，并接近于适应预定的栽培条件。

中国早在汉武帝元鼎 6 年（公元前 111 年），就提出了因地制宜、因时制宜的引种原则。北魏的贾思勰在《齐民要术》中总结出“顺天时，量地利”和“人力之至，亦或可以回天”的引种驯化原理，指出了植物是可以驯化的，这一观点后来被称作“风土论”。

张日清等（2001）认为植物引种驯化是人类社会的一项技术经济活动，引种驯化理论的研究大约始于2 500年前，而中国是最早开展这项工作的国家之一。植物的引种驯化是人类为了满足自身发展的某种需求，从外地引进本地没有的植物物种或品种，经过驯化培育，使其成为本地的栽培物种或品种的过程。中国古代对植物引种驯化理论的研究是从春秋时代（公元前 770 至公元前 476 年）开始的。《诗经》的《雅篇》中就有多处提到作物的立地选择问题，如“相其阴阳、观其源泉，其军三单、度其隰原、彻田为粮”等，便是指不同作物要求不同地块的意思。这些适地适植物（作物、树木、花卉等）的思想后来被称为作物栽培和引种驯化的“土宜论”。中国农业重视天时、地利和人力三者对农业生产的决定性作用，对于有利于作物生长的时令、土壤和施肥等环节研究颇多。春秋战国时期，随着农业的发展和栽培技术的进步，土宜论观点得到了进一步发展，在《周礼》《尚书禹贡篇》等著作中出现了关于土壤分析、土壤性状及其与作物生长关系的记载。数百年后，西汉的《管子地员篇》可以认为是土宜论发展的高峰，篇中论述问题广泛，讨论作物栽培措施时已由单个种类进入到群体阶段。

(3) 其他理论性研究　王印政等（1992）曾以植物区系学的种系分布区理论为依据，阐述了植物种系自然分布区的适应意义、系统演化及其与引种驯化的关系。通过分析不同类型的种系分布区貌与引种驯化的关系，探讨引种驯化可行性的分布区貌分析途径，提出引种驯化的区系学原则，包括分布区地带性分析及地带一致性原则、布区界域小气候分析及界域引种原则、历史分布区分析及地史参照原则。总体分析，依据区系学原理，可以预先评价引种植物的可行性及引种范围，准确地制定出引种驯化的基本原则及布局，从而使引种驯化在较短的时间内，以尽可能少的投入，获得尽可能大的经济效益、生态效益和社会效益。

霍应强（2016）运用“比较植物生态地理学”阐述了植物引种栽培 4 个过程。首先，通过运用相似分析法则，判定物种的原产地区与引种地区的生态环境是否相似；其次，运用类比推断法则在引种地区找出与计划引种在植物分类学上亲缘关系相近的参照物种，用以判断计划引种物种是否为引种地区的潜在物种；再次，对推定的潜在物种进行实际栽培试验；最后，通过驯化—适应过程，用以判断是否进行正式引种栽培推广。

梁洁（2018）运用比较植物生态地理学介绍了植物引种驯化过程。每种植物都有其生长的环境和气候需求，在高纬度地区生长的植物不一定能够在低纬度地区生长，同样低纬度地区的植物也不一定能够在高纬度地区生长，这种气候和区域的不一致性使得每个区域的植物种类具有不同的特色。在气候和地理环境类似的区域进行相似物种的栽培，即某原生地区的物种是否能够栽培到与其地理环境一致的区域，并且能够很好地生长，实践证明绝大部分植物是可以的，但是需要一个驯化的过程，包括运用相似分析法则判定生态环境相似地区，运用类比推断法则判定计划引种地区的潜在物种，还需要引种和参照物种的选定以及驯化、推广过程。

2. 引种驯化的实例及其分析

盛诚桂（1994）等总结了中华人民共和国成立以后，中国植物引种驯化许多成功的案例。文中论述，中华人民共和国成立以后，加上现代植物科学迅速发展，国内不同省份间的植物引种驯化工作也不断推进，此前先后建立的南京中山植物园和江西庐山植物园，相继开展了多种经济植物的引种工作。全国各地也加速建立植物园、树木园、植物研究所、树木研究所、实验站等机构。全国各地全面开展引种工作，并成功引进了大量的野生经济和观赏植物。其中，引种成功的是国内特有古老树种水杉，从北京到江南各省大面积引种推广，使得水杉在木材生产和园林建设上发挥无比重要的作用。泡桐的引种工作也开始较早，中国不同省份的泡桐引种的品种差异较大。在华北地区适宜种植的有毛泡桐、兰考泡桐、楸叶泡桐等，适宜南方种植的有川泡桐及白花泡桐等。华东和华南地区，引种成功的乡土树种有华东黄杉、南方红豆杉、鹅掌楸、莽草、天目木兰、庐山厚朴、杜仲、狭叶木莲、深山含笑、香桂、浙江紫葳、留春树等，在中国热带地区还发掘和推广了不少速生材用树种，如大叶团花、尖果苏木、八宝树、苦梓、母生、海南榄仁和西双版纳特有的望天树等。一些南方的乡土树种如擦木、花梨木、福建柏、绿楠、麻楝也在林业生产上得到广泛应用。木本油料植物中，华东地区引种推广了红花油茶和梨花茶、云南省葫芦科野生植物油渣果也进行了引种。药用植物引种成功的种类有丹参、桔梗、天麻、刺五加、马兜铃、黄连、浙贝母、薯蓣、荜拨、萝芙木、美登木、龙血树、罗汉果等，这些药用植物有些还进行了化学药理、临床和制药的研究，为全国人民的医疗事业起了很大作用。新中国成立以来，全国有关单位通过多种渠道，从国外引种了多种经济植物。在用材树种方面，适宜在华北、西北地区种植的有北美乔松、刚松、西黄松、红栎、沼泽栎、大果栎。适宜华东、华南种植的有萌芽松、湿地松、长叶松、火炬松等，这几个品种的松树有速生、直干等显著优点。此外，美国的池柏、落羽松已成功引种，并在长江下游湿地上大面积种植，美国红杉已在杭州等地广泛栽培并推广应用。南欧的海岸松耐潮湿和盐碱土，在上海等地生长表现良好。适宜在华东地区种植的针叶树种还有辐射松、加勒比松、美国崖柏、葡萄牙柏木、日本花柏、日本冷杉和虎尾云杉等。在热带地区引种成功的阔叶树种有非洲的塞楝，美洲的大叶桃花心木，印度、缅甸的毛榄仁树、紫檀。澳大利亚的桉树中国先后已引进百余个品种，其中在生产上已起重要作用的有蓝桉、隆缘桉、细叶桉、柠檬桉、大叶桉、直杆桉等。澳大利亚的白千层、大叶南洋杉、银桦、白相思树、木麻黄等在中国也生长很好，多做庭园树或行道树，木麻黄在南方海滨沙滩和公路两侧营造的人工林，发挥了很好的防风固沙作用。

董德军等（2005）介绍，野生树种引种最基本的方式为种子繁殖。种子有易采收、易保管的特点，且实生苗适应性强，可塑性大，根系发育良好，便于定向培育，但周期长、费时费工。也可直接采用插穗、实生苗、组培苗等引种方法。在引种的选材上首先应选择适应性强，生长茂盛，寿命长，冠大荫浓，姿态优美；其次是耐修剪、抗逆性强、无环境污染。苗源广泛，易栽活的野生乡土树种；选择观赏价值高、季相变化明显、彩色期长的优良树种。例如观干有白桦，观叶有紫椴、糠椴，观花有东北山梅花、金银忍冬，观果有花楸、卫矛，观季相变化有拧筋槭、紫花槭。董德军等（2005）提出应加强野生树种开发利用的研究工作。对野生树种资源进行调查、筛选出观赏价值高、适应性强、引种成功可能性大的种类进行引种试验。引种时既要重视引进种子，也要重视直接引入插穗、实生苗、组培苗的引种方法。由引入种子培育实生苗变异性大，适应性强，而由引进的插穗、组培苗、实生苗培育的苗木，不仅可以保持母体的优良性状，同时还可以缩短培育时间。最后是加大野生树种驯化工作力度，为城市绿化提供更多优良树种。广泛收集、保存适于城市生存的园林绿化树种资源，对引种成功树种，扩大种源试验，筛选出最佳种源。同时应加强栽培管理技术的研究并迅速扩繁，以便更好地推广应用。

张学适（2000）介绍，香花崖豆藤是豆科崖豆藤属植物。其形态特征为常绿攀援灌木老枝皮色灰白，一年生枝条绿色；叶为奇数羽状复叶，互生，有小叶5枚，顶端1片小叶较大，小叶片长椭圆形，全缘，背脉突出而具短毛；圆锥花序顶生，长可达15 cm，密生黄褐色绒毛，花单生于序轴的节上；花萼钟状，密生流出血红色的浆汁，所以又名“山鸡血藤”。香花崖豆藤自然分布于浙江、江西、福建、湖北、湖南、广东、广西、四川、贵州、云南等省区，常常生长于低山区较荫蔽的岩边、石堆石缝处，也攀援于它树之上生长。从分布和环境来看，香花崖豆藤耐干旱，耐瘠薄，也稍耐寒，适生于中性或中性偏酸的土壤中。对香花崖豆藤采集的枝条，首先剪取其2年生无病虫枝条，去掉叶片后将10余根成束地绑好，再在外面裹上湿毛巾放于荫凉处，再将其剪成12 cm左右长的一根根插条，每根插条上保证有3个以上的节。扦插时分为两组，组扦插于疏松平整的壤土苗床中，一组扦插于沙床中。插好后用竹秆搭一个50 cm高的平架，架上放些带叶树枝以遮去插床上的部分光照，平常注意洒水保湿，1个月左右时间插条。在萌芽后，插于沙床中的小苗在插后1个半月移栽，插于壤土苗床中的翌年春天萌芽前移栽，结果是插于壤土苗床中的后期长势较好。这可能是因为插于沙床中的在生长期裸根移栽时受到了伤害的缘故。这批扦插苗中长得最好的几株在秋季初次开了花。从山野挖掘的香花崖豆藤有小株和大苗之分，小株一般藤长1 m左右，挖时尽量多带些土。挖出后立即用塑料布把根部捆扎好，将叶片去掉大半或全部去掉，枝条则圈成小圆圈后扎好。大苗一般是多年生大植株，挖掘时会伤很多根，挖出后应立即将粗根剪短，然后将根部带些泥土或包上鲜活苔藓后用塑料布捆扎好，将藤条用绳索捆好，让其裸露或用湿毛巾，塑料布包扎一下。但在存放或运输途中应遮阴并洒水保湿。这样处理后的野生植株，如果从挖出到栽下间隔时间不长，如35 d，则都会成活。这是在香花崖豆藤生长旺季引种时的操作法。如在冬春半休眠，从经验看，用营养繁殖的办法和直接移栽野生植株的办法来引种香花崖豆藤是容易成功的。

陈淑英等（2006）结合新疆实际介绍了红果小檗和鞑靼忍冬的引种驯化。大苗移植驯化在春季开花之前移植为宜。展叶前移植树液未流动，移植成活率高，不用保护措施栽培。移植时，根部带土球，尽量少伤根。采挖后，用麻袋片或塑料袋包裹土球，可长途运输，保持根部完好。定植后浇透水。若植株高大，在不破坏基本冠形情况下，可以强修剪，以提高移栽成活率。为了延长采挖作业期，在展叶后开花前均可移植驯化。在采挖前应强修剪，保留基本冠形。根部带土球，保持根部完好，定植后浇透水，并采取遮阳网搭架遮阳以提高成活率。也可播种繁育。种子完全成熟后采集，洗净晾干放置通风处；播种时间在封冻前进行秋播。

余治家等（2008）结合宁夏六盘山区实际，介绍了野生花灌木金花忍冬的繁育技术。金花忍冬虽然种子繁育容易，育苗量大，但周期长；硬枝扦插育苗量虽然不大，但周期短，生长非常迅速，能尽快满足生产与园林绿化的需要。生产中，应根据生产目的与需要，适当决定繁育方式。

祁如雄（2008）结合青海南部牧区实际，玉树地区的金露梅和小叶金露梅分布较为广泛，而银露梅分布相对较少。从引种的情况看，3 种野生花灌木的生长状况都比较理想，耐寒抗性强，野性特征较为明显。其引种方法一是引种野生或分株繁殖。于每年春末夏初．在海拔 3 000 m 以上阴坡或半阴坡地全部解冻、草原返青 1~2 周后，即可引种野生植株，尽量多带原地土，或拌以 1/3 针叶林下森林土，培植，于翌年或第 3 年起分株繁殖，即利用根蘖分株方法，将 1 株分为 2 株或几株，但不可分太小（以免损伤根系，影响成活率），进行分株培植即可。二是播种繁殖，将采集的种子经晾晒等处理，翌年播种时深翻撒播籽粒，水干后籽粒入土，覆盖 1 层细沙，上面再覆盖 1 层草垫或塑料，以保持土温。约 1 个月后出苗，第 2 年即可移栽。

刘平秀等（2009）经过两年的培育和观测，筛选了黄荆条、孩儿拳、多花胡枝子等几种既有观赏价值又可大规模发展的野生树种进行引种驯化试验。经过两年的引种和驯化。6 种野生园林观赏植物具有观赏性，在花、叶、果方面不比市内常见园林植物差；具有一定抗逆性，抗旱、耐轻度盐碱，具有在天津市大部分地区栽植的可能性；耐修剪，具有一定可塑性。

安兴林等（2009）结合新疆实际，介绍了红果小檗、鞑靼忍冬等野生花灌木引种驯化繁育技术。以红果小檗为例：红果小檗分布于海拔 780~1 300 m 的河谷次生林、河谷平原、山地草甸、山地草原上。属落叶灌木，高达 2~2.5 m；花期 4—6 月。盛花时满树黄花，有浓郁的芳香气味，绚丽灿烂。浆果鲜红色，矩圆形，长约 9 mm，直径约 4.5 mm，果熟期 9—11 月，果熟时，红果密集，挂满枝头，吸引游人，观赏价值极高。大苗移植驯化在春季 3—5 月底（开花之前）移植为宜。展叶前树液未流动时移植成活率高，不用保护措施栽培。移植时，根部带土球，尽量少伤根。采挖后，用麻袋片或塑料袋包裹土球，可长途运输，保持根部完好，定植后浇透水。若植株高大，在不破坏基本冠形的情况下，可以强修剪，以提高移栽成活率。为了延长采挖作业期，在展叶后开花前均可移植驯化。在采挖前应加强修剪，保留基本冠形。根部带土球，保持根部完好，定植后浇透水，并采取遮阳网搭架遮阴，以提高成活率。遮阴架于当年 9 月中旬去除。也可播种繁育。在 10 月底种子完全成熟后采集种子，洗净晾干放置于通风处。播种时间在 11 月中旬至 12 月初封冻前均可进行秋播。种子处理红果小檗常规播种不出苗，种子必须处理，用温度为 60℃ 温汤浸种 24 h，控水待播。播种地耕平后，用 100 mg/kg 敌克松药液进行土壤消毒处理，翌日可播种。

红果小檗为中粒种子，开沟深 3~4 cm，行距 40 cm，播种量为 4~5 kg/亩，播种后用细土覆盖，厚度为 2 cm，压实。在入冬前投放鼠药以防鼠破坏。

出苗管理：翌年 3 月 20 日至 4 月 20 日期间小苗基本出齐，此时除草松土，并拔除株间杂草，后用细水慢灌，保持土壤潮湿。

红果小檗、鞑靼忍冬、铃铛刺三种野生花灌木，在大苗移植驯化时，采取裸根采挖栽培成活率低。铃铛刺在移植大苗管理时，若同其他花灌木一样管理则成活率低。在大苗移植运输途中，车箱上必须覆盖遮阳网与湿麻袋，并经常喷水，以保持植株不缺水。野生花卉资源引种驯化应做到充分保护资源和保证资源可持续利用的前提下进行，有组织、有步骤地进行开发利用，绝不能乱采乱挖。在挖取后将坑回填，保持土壤平整。驯化成功的品种以花坛、花境等形式应用于城乡园林绿化，使资源可持续利用。

查振道等（2009）在对秦岭植物引种的科研与实践中筛选出 20 个新优植物，即亮叶忍冬、紫珠、鸢尾、陕西卫矛、平枝子、绣球绣线菊、木香薷、红柄白鹃梅、流苏、通脱木、水子、毛叶木瓜、水曲柳、猬实、鸡麻、珊瑚朴、大叶醉鱼草、红豆杉、栓翅卫矛、披针叶白蜡。经多年试验，玉兰的幼苗嫁接与幼树高接均获成功。砧木选用白玉兰、望春玉兰的 2 年生实生苗，地径 2~4 cm，高度 40~120 cm，嫁接时间 8 月中旬至 9 月上旬，接穗以长花玉兰、玉灯玉兰、红玉玉兰、漠藏玉兰等观赏价值高的品种为主。嫁接方法为常用的嵌芽接（又称带木质芽接），接穗要随采随接，翌年春季 3 月下旬或 4 月初解绑、剪砧。经统计，嫁接试验成活率为 90%以上，并且嫁接苗翌年生长可达 80~120 cm，且少量可开花。此外春季还进行了广玉兰、深山含笑、醉香含笑的切腹接。幼树高接：对 4~6 年生幼树，可进行高接，嫁接部位高度 50~80 cm，高接具有嫁接方法简单、成活率高、成形快、开花早的优点，且在 1 株树上可嫁接 2~3 个品种（俗称什样锦）提高观赏效果。嫁接时间和方法与幼苗嫁接相同。嫁接后第 1 年萌发新主枝长 70~90 cm，且大多数已生有副枝与侧枝，可形成 70 cm 以上的冠幅，高接后各品种开花率平均可达 26%，可以直接作为商品苗销售玉兰的移植以春季发芽后至展叶期为宜，除 1~2 年小苗可裸根移植外，其余应带土球移植。

周媛等（2010）通过武汉地区乡土植物资源的调查研究，对 10 种观赏价值高的木本野生植物进行了引种驯化与栽培试验，并对其观赏特性、物候期进行了观察。对不同种类植物进行了耐阴性试验与叶绿素含量检测。观赏特性观察结果表明，紫珠 *Callicarpa bodinieri* Purplepearl、野鸦椿 *Euscaphis japonica* (Thunb.) Dippel 等为观果型；川鄂连蕊茶 *Camellia rosthomiana* Hand. Mazz.、芫花 *Daphne genkwa* Sieb. et Zucc. 等为观花型；茶条槭 *Acer ginnata* Maxim.、乌药 *Lindera aggregata* (Sims) Kosterm 等是现叶型；荚蒾 *Viburnum dilatatum* Thunb.、桦叶荚蒾 *Vibitrrtut betulifolium* Betal. 的花叶果皆具观赏性。耐阴性检测结果表明，紫珠、芫花与茶条槭的耐阴性较弱，而乌药的耐阴性最强。

安永鹏等（2014）曾在宁夏泾源县引种六盘山野生植物珍珠梅引种驯化，结果表明珍珠梅的成活率均在国家造林标准 85% 以上，其高生长量、地径生长量、成活率、保存率均比当地主要造林树种华北落叶松大，抗病虫鼠害能力强。

温静怡等（2021）在对陕西省杨凌农业高新技术产业示范区内植物前期调查的基础上，筛选出 23 种观赏价值较高的蔷薇科野生植物进行引种栽培，对其观赏特性、抗逆性、生境及园林应用方式进行研究。结果表明，23 种植物均有较高的观赏价值、耐热性和耐寒性，大部分种类耐旱、耐贫瘠能力强，病虫害少，栽培管理简单，能在杨凌地区的园林中进行应用。除白鹃梅的适应性较差外，其余 22 种植物的园林应用方式多样且应用效果较好，色泽稳定，可在杨凌地区大力推广。风箱果、平枝栒子、缫丝花、水栒子、鸡麻、火棘、绣线菊等在杨凌地区生长较好，能够适用杨凌地区的半湿润半干旱，春暖多风、夏热多雨、秋热凉爽多连阴雨、冬寒干燥等明显的大陆性季风气候特征。这些植物在初夏气温较高时，仍然能够正常生长发育繁衍且其花期和结实率没有受到影响。多数蔷薇科植物具有良好花色与果实，植物生长病虫害较少，有较高观赏性，能够适应杨凌地区较大气候差异、适应性强，在杨凌地区的园林绿地中生长较好，适合引进杨凌地区种植。此外，上述植物的特征也与植物所处的环境密切相关。以风箱果举例，其叶片颜色与光照强度有较大联系，在较强光照下风箱果的叶片颜色呈金黄色，而在弱光及荫蔽环境中则呈现出绿色，风箱果的花期在 5 月中下旬，伞状花序、花为白色，具有较高的观赏性。其果实在 7—8 月发育，果实膨大卵状、呈红色，具有极高的观赏价值。此外，如绣线菊的花期则处于 6—8 月，开粉红色花，果实期处于 8—9 月，相较于风箱果具有较大的差异。在引进不同植物时须结合该植物的生理特性及实地调研结果调整种植环境。上述植物在杨凌地区的引进中表现出较强的适应性、观赏性及抗逆性，能够较快适应杨凌地区的气候条件，其独特的生理特性具有较强观赏价值，在杨凌地区适合引进种植。

祁如雄（2008）介绍为选育适合高原气候生长的园林绿化树种，介绍了对野生金露梅、银露梅、小叶金露梅的引种驯化。金露梅为蔷薇科委陵菜属落叶灌木，高 60~100 cm，丛生，分枝多，枝黄褐色，2 年生枝条红褐色，新枝黄绿色，具白色丝状柔毛，羽状复叶，互生，有柄，小叶 5~7 枚，长圆形或卵状披针形，长 0.6~1.2 cm，叶面深绿色，背面浅绿色，花单生或数朵顶生。花梗长 1.5~2.5 cm；花萼 2 层，副萼 5 片，裂状披针形，绿色，内层裂片卵形，黄绿色，具白色柔毛，花瓣 5 个，近圆形花丝黄色，花药金黄色，花期 6—8 月。产于青海各地，生于海拔 2 500~4 000 m 的山地阴坡、半阴坡灌丛中和河滩上，抗寒抗旱，耐盐碱，适应各种土壤。银露梅与金露梅比较，其节间较长，植株高大。花白色，直径达 3~5 cm，花期 6—9 月。小叶金露梅植株较小，叶 5~9 片，枝雪片状脱裂，托叶鞘状，花较小，直径 1~2 cm，黄色。就玉树地区而言，金露梅和小叶金露梅的分布较为广泛，而银露梅分布相对较少。从引种的情况看，2 种野生花灌木的生长状况都比较理想，耐寒抗性强，野性特征较为明显。其引种方法：一是引种野生或分株繁殖。于每年春末夏初，在海拔 3 000 m 以上阴坡或半阴坡地全部解冻、草原返青 1~2 周即可引种野生植株，尽量多带原地土，或拌以 1/3 针叶林下森林土，培植，于翌年或第 3 年起分株繁殖，即利用根蘖分株方法，将 1 株分为 2 株或几株（注意不可分太小，以免损伤根系，影响成活率）进行分株培植即可。二是播种繁殖，将采集的种子经晾晒等处理，翌年播种时深翻撒播籽粒，水干后籽粒入土，覆盖 1 层细沙，上面再覆盖 1 层草垫或塑料，以保持土温。约一个月后出苗，第二年即可移栽。由于青南高原光照强烈，昼夜温差大，水温条件又较差，因而培植一些乡土花卉树种最适合园林绿化、美化环境的需要。从引种的经验看，一是受光辐射影响，金露梅和小叶金露梅的引种栽植成活率或播种繁育的出苗率均高于银露梅 4~7 个百分点，分析认为黄花能吸收长波，而白花吸收长波较弱；二是金露梅野生引种进行种子繁育，对水肥条件要求较高，达不到条件将影响其长势和发育，而幼苗更是如此。因此，对幼苗的培植要选择好立地条件、水肥条件等。移植后 2 种植株体型可以进行人工塑造，除布置花坛等庭院种植外，可制作盆景，也可作藏式建筑的墙体材料，这是一个相对较新的领域，有待进一步探索。

姜传明（1999）介绍了黑龙江省野生花滩木东北山梅花、柳叶绣线菊、珍珠梅、刺玫的引种栽培。东北山梅花是自然生长在针阔混交林下或阔叶林内及灌丛中，分布于黑龙江省的小兴安岭、完达山、张广才岭及老爷岭山区和吉林、辽宁。喜阳稍耐阴、喜肥沃土壤，不耐积水。在-3℃条件下可安全过冬，在哈尔滨地区 4 月上旬幼芽开始萌动，5 月上旬新枝已长到 3~5 cm，叶开始逐渐展开。5 月中旬至下旬新枝长到 10~20 cm。新枝现蕾，6 月上旬始花，花冠白色，花期 15~20 d；8 月下旬果熟、果实花柱、萼宿存，种子黄褐色，三角形扁平，具有白色种毛。珍珠梅自然生长在山坡疏林、河岸、草甸和路旁等地，在中国分布于黑龙江各林区、吉林、辽宁和内蒙古。喜光照、可耐-35℃低温，对土壤和水的要求不严格。珍珠梅的生长节律是根的萌蘖力强、当年萌发的枝即能开花结实、

3 月下旬幼枝开始萌动、动芽膨大、4 月上旬小叶开始向外伸展、小叶初期紫色、4 月下旬至 5 月上旬根蘖苗已出现，7 月中旬始花，花序长 23～27 cm。在花序下，2～6 节的叶腋内又形成花序、7 月下旬为花盛期，花期为 40～45 d。果穗呈红色，似高粱釉，9 月下旬果实成熟，果穗逐渐变成浅红色。柳叶绣线菊自然生于河岸、湿草地、河谷、林缘、沼泽地，常形成密集的灌木。在中国分布于黑龙江省的大小兴安岭，完达山脉、张广才岭。辽宁、内蒙古及河北亦有分布。柳叶绣线菊喜光，稍耐庇荫，耐寒性强，耐瘠薄。柳叶绣线菊 4 月上旬幼芽萌动、芽鳞脱落、4 月中旬、幼芽转为绿色，幼叶紧靠在一起，4 月下旬幼枝已达 2 cm。每个幼枝上有叶片 6 枚、5 月上旬进入旺盛生长期，6 月下旬现蕾，7 月上旬始花、花序长 10～15 cm，具有分枝，7 月中旬盛花期、花期 45～50 d。刺玫蔷薇自然生长在山坡、灌丛及杂木林中。在中国分布在黑龙江省大小兴安岭、老爷岭、张广才岭和完达山脉，辽宁、河北、内蒙古亦有分布。刺玫蔷薇喜阳光、可在 −35℃下越冬。耐干旱、瘠薄，4 月下旬幼芽露绿展叶，6 月上旬新梢可达 21 cm，6 月中旬始花。花期 20～25 d，果期 8—9 月。其中这 4 种野生花灌木均可用种子繁殖，其方法基本相同。可在 3 月中旬播种，草炭土、细沙和田园土的比例为4：2：4,并加入腐熟的有机肥料，混拌均匀。整平作苗床、播种前烧透底水、然后撒播、覆土 0. 5～1 cm，上蒙塑料膜，15～30 d 发芽出土。也可采用条播法，如珍珠梅，行距 30 cm，覆细土 15～20 d 可发芽，苗期抚育要严、抓好间苗、拔草、浇水、施肥等工作，翌年春天移栽 1 次。4 种野生花卉萌蘖力强，故均可用分株繁殖、可选取生长 5 年以上的株丛，在早春芽前、将母株四周的土创开、然后把周围的根蘖逐渐切断，离开母体并挖出来、如根太长，适当切去一些、然后栽在地里，栽时挖好坑，上足基肥、栽后浇足水。经过几年的扦插试验，除刺玫蔷薇扦插成活率很低外。其他 3 种均可进行扦插。扦插一般在春季进行。选取 1 年以上粗壮的休眠枝，剪取 10～12 cm，插入土中 2/3，踩实，充分灌水，5 月搭棚遮阴、成活率可在 80%以上。

毛亦杨（2020）介绍了野生土坛树的引种驯化。野生土坛树是中国野生珍稀树种之一，隶属八角枫科八角枫属，它喜光、耐湿、耐高温、耐瘠薄、耐盐碱、抗风能力强、适应性强，且长期生长在热带低海拔地区，适合生长在滨海区。此外，土坛树的叶片具有较强的抗病虫害能力，一定程度上减少了防病虫农药的使用；树形、枝干、花果先天长势较美，适合作为观赏树种。作为多用途树种之一的土坛树，不仅食用、经济和药用价值能造福社会，其观赏价值、生态防护价值更加有益于生态环境的改善，值得发掘并进行合理利用，使之能被引种驯化成为林业树种资源之一。考虑野生土坛树本身的适应性引种，是指将一种植物从一个地区移栽到一个新地区，是一种定向迁移。而驯化是指通过人工栽培等措施使引入的植物适应新环境的生活条件，是一个由人类对引种植物本身的特性进行主动改造的过程。当一种引种植物在新的生境中能适应当地生态因子而存活下来，便是引种驯化成功的结果。引种和驯化不可分割，驯化是引种成功的关键。所有植物在自然环境下，都存在适应水土的能力。但是植物的适应能力不是一致的，不同的植物种类，其适应能力也不一样。而适应性较强的植物，比较容易适应新的生态环境条件，易于存活，容易引种驯化成功。野生土坛树天生的适应性便很强，根据野生土坛树本身的性质特征以及所在生存环境，若将其运用在南方滨海绿化当中，是遵循了气候相似性理论，即在相似的气候带或两地气候条件相似的情况下，将植物直接迁入与原产地环境相似的地区。因此，对其进行在南方滨海绿化中的引种驯化，会比较易于适应新环境的生态条件，更省时、省力，更容易见效。从苗期开始做起，首先根据野生土坛树的物候期，在适宜的季节进行合理修剪，培养主干，将弱的枝条剪除，集中营养供主干生长。野生土坛树枝繁叶茂，是良好的观赏性树种之一。但是在引种驯化过程中需要“培优去劣”，则需要考虑合理修剪枝干，保证主干有充分的营养，以防止野生土坛树在引入地不能很好地吸收营养，妨碍正常生长。其次是配方施肥：首先在土坛树原生地取土检测，检测其土壤中的氮（N）、磷（P）、钾（K）及微量元素和有机质含量及比例；其次，在拟种土坛树的土地取土壤检测其氮（N）、磷（P）、钾（K）及微量元素和有机质的含量及其比例。通过原产地和拟种地区土地的氮（N）、磷（P）、钾（K）及微量元素和有机质的含量进行比对，然后参照原产地的元素含量及有机质含量及其比例等进行配方施肥。从而去实现拟种地区土坛树生长所需的各种元素和有机质。最后，检测土壤的 pH 值。土壤为植物的生长提供必需的养分，是其顺利生长发育的基础，土壤的酸碱度等性状关系到植物的生长。土坛树对土壤要求并不严格，一般以肥沃、排水良好的沙质土为佳。但是根据南方滨海地区的绿化需要，土坛树需要在盐碱度较高的土壤环境适应，则在引种驯化过程中考虑并驯化其对土壤的适应能力。不同植物对生长的土壤 pH 值要求会有所不同。有些植物适宜在偏酸的土壤环境生长，有些则适宜偏碱的土壤环境。所以必须对野生土坛树原生地及引入地两地的土壤进行抽样检测 pH 值，再进行比对。使其能被驯化成为适应滨海地区生长的树种，甚至在此基础上培育出更能耐盐碱、耐湿的新优品种。引种驯化过程中可能存在的问题和解决方案在对野生土坛树进行引种驯化的过程中，除了需要着力于丰富树种数量，还需要看重优化品种质量。野生土坛树在原产地生长时，耐湿、耐盐碱、耐瘠薄、适应力强、抗病虫害能力比较强、抗风能力强，但是植物在原产地生长时，和当地土壤会形成一定的共生关系，对一些存在于土壤里的微生物产生或多或少的依赖，有些不易控制的病虫害也可能影响植物的引种。南方滨海城市经济发展速度快，继而引发的生态环境问题也越来越突出。诸如湛江一带的滨海城市，受台风等灾害性天气的影响非常大。从树木的倒伏、折枝、叶破损等情况可见，目前南方滨海大部分的绿化树种已经不足以抗风需求。因此，引种新的绿化树种已是一个不可回避的问题，并且在驯化过程中，需要在原有的抗风特性中，努力研发栽培技巧，以期能驯化出抗风能力更强的树种。所以当引种到南方滨海地区时，还需观察其先天特性是否适应新地环境，在其先天优势的基础上，针对滨海地区的气候、降水、土壤等生态因子，对野生土坛树进行合理的驯化，使其从野生进化成为优秀的南方滨海绿化新树种。

崔凯峰（2013）介绍了长白山野生百合的资源调查和引种驯化，发现百合的病害较多，大多数品种喜肥并需遮阴；可进行有性繁殖和无性繁殖，卷丹可利用腋球繁殖，有性繁殖种子须进行暖温处理。无性繁殖种球形成时间短，退化现象少于有性繁殖。培育基质为沙壤土。百合属野生品种全球共有约 100 种，中国有 20 种，园艺品种在园林界占有很大比例，开发较快，而百合通过杂交较易培育出新品种，特别是国外（主要是荷兰）每年推出 3~5 个新品种，国内在该领域出新相对较慢。百合园艺新品种多数由原始种（野生种）逐渐驯化、筛选、杂交而形成，将野生种源进行调查、引种、驯化是开发园艺新品种的重要途径。首先是有性繁殖，有性繁殖获取的种苗量大，是培育新品种的主要方式。因播种生长慢且常有品种变劣的缺点，生长繁殖时只有山丹、垂花百合等因鳞茎较小且获取量较少的品种时采取播种法以获取大量的种苗。大多数的百合品种都能获取成熟的种子，卷丹的种球，生长于腋间可以随采随播。百合的种子须进行暖温处理，各种百合播种后的开花期也不同。山丹和卷丹翌年即可开花，但是本着培养种苗的原则，一般在现蕾后即摘掉，以便集中养分培育鳞茎，以获得较高质量的观赏效果，其他百合均在第三年开花。播种时间一般都翌年春季，播种时可作畦育苗，选用沙壤土土壤，用多菌灵按说明消毒，卷丹、毛百合、大花卷丹的苗床不用遮阴，东北百合、山丹、垂花百合、有斑百合、大花百合的苗床遮阴 50%时生长质量要好于不遮阴苗床。一般生长 3 年培养便可长成种球。其次是无性繁殖，该方法也是百合的主要繁殖手段，秋季待地上部分枯萎后，起出 3 年生种球，选取成熟的大鳞茎，将 2~4 层鳞片用利刃割下，用 0.2%高锰酸钾溶液消毒 20 min 后用清水浸泡 20 min，斜插于预先做好的畦面上（作畦方法与播种法相同），注意使鳞片内侧面微朝上，深 5 cm，第二年春节即可出苗。至秋季即可移栽，在种苗生长期间，东北百合、山丹、垂花百合、有斑百合、大花百合与有性繁殖同样，也需进行 60%的遮阴。最后是长白山野生百合的田间管理，整地作畦，即于头一年秋季深翻土壤，结合整地，每公顷施入有机肥 2 000~3 000 kg，并用敌克松或多菌灵按说明进行土壤消毒，翌年早春作畦，春季作畦前每公顷施入过磷酸钙 25 kg，复合肥 10 kg（质量比 N∶P∶K=1∶1∶1），作畦长 10 m，宽 1~1.5 m，高 20 cm。作业道以 60 cm 为宜，作业道过窄病害传播迅速，过宽浪费土地。另外是种球栽培，种球栽培时宜深栽，卷丹、大花卷丹、毛百合等大鳞茎品种，以 20~25 cm 为好，其他品种以 15~20 cm 为宜。株行距 20 cm×20 cm，春苗长齐后，进行第一次中耕除苗，结合除草每公顷追施 10 kg 复合肥，过磷酸钙 10 kg，开沟施入即可。夏季高温时停止追肥，在蕾期可通过喷施磷酸二氢钾进行催花，10 d 1 次，连续 3 次。对于不同百合品种田间管理要点也不同。百合因种类的不同田间管理差别较大。毛百合、卷丹及大花卷丹 2 年生以上种球喜光、喜肥、喜土层深厚、排水良好的微酸性土壤，在现蕾后喷施磷酸二氢钾+0.2%尿素，可以取得最佳的花色及花径；东北百合喜肥，生长期喜散射光，有条件遮阴 50%，生长效果明显优于露天栽培，喜排水良好的微酸性土壤；大花百合 2 年生以上种球，喜光、喜湿润的微酸性土壤，对肥料的要求较其他百合较少。有斑百合、山丹、垂花百合在生长 2 年以后生长期间喜光、喜肥、喜排水良好的微酸性土壤。通过对长白山野生百合的引种栽培驯化试验，可以证明长白山野生百合可以进行人工栽培，且在观花、赏叶、鳞茎的生长上都明显优于野生自然生长，特别是种群混合栽培时可以延长赏花时间，提高观赏效果，为园林搭配提供优质种源。引种栽培后的主要困难首先是病害较多，通过精细的管理可以防治；其次东北百合在栽培过程中遮阴栽培要明显优于露天栽培，这也较符合原生境生长习性，在栽培时需注意。试验证明，长白山野生百合的引种驯化采用合理的轮作和严谨的管理可以进行开发利用。

范崇霞（1994）介绍了牡丹作为中国十大传统名花之一，但其引种驯化工作并非很容易就能成功，除了引种前严密考察环境因子、生态因子、生态类型与生态历史外，栽培管理也要过好几关科学栽植关、合理修剪关、安全度夏关、正确浇水关。对于引进的牡丹怎样安全度夏这一问题，首先要保证引进的植株是健康的植株，只有健康的植株才能抵御炎夏的酷热和病害的侵袭。此外可采取如下措施，苗期多施氮肥和追肥，以便延迟其封顶时间，提高越夏能力设立微喷装置，太阳曝晒时喷雾，每天 1 次，以提高空气湿度和降低地温夏季适当遮阴预防根腐病牡丹为深根性肉质根，种植土壤必须选择深厚肥沃、排水良好的沙质壤土，最忌黏土及积水之地，种植前进行土壤消毒，撒施多菌灵粉剂或用神农丹拌土栽植不能过深或过浅，尤其不能过深埋住根颈部在高温高湿季节到来之前喷波尔多液一次进行预防发现病株立即隔离，尽量销毁，以免感染健康植株。科学浇水。牡丹的另一个特点是耐干忌湿，因为它是肉质根，浇水稍有不慎或夏多雨积水，极易造成烂根。如发现叶片下垂无精打采，多因排水不良造成积水引起烂根所致。适时适量浇水是牡丹旺盛生长的关键。在洛阳，一般每年浇水 8~10 次。花前浇 4 次，即 1—4 月在萌动前期、萌动期、立蕾期、开花前各浇 1 次，例如冬雪较多，1 月可以不浇。花后结合施肥再浇 1 次，5—6 月各浇 1 次。7—9 月是雨季，非但不能浇水，还要注意大雨过后排涝。10 月除新繁殖牡丹外最好要浇水，以免“秋发”影响翌年生长开花。11 月浇 1 次水，12 月结合施肥再浇一次封冻水，全年的浇水任务就完成了。浇水时必须掌握浇水量，不可过多，如形成积水，哪怕是暂时积水，对牡丹生长都是有害的。另外要注意水质，不可含酸、含碱、油污或有其他污染，也要注意浇水时间，不可在夏季中午气温过高时浇水，此时低温高，冷水激花易使根部受到刺激而影响呼吸作用，造成牡丹萎蔫死亡。夏季高温季节可采取微喷设施，对植株上部及地面进行喷雾处理，降温增湿，改善局部小气候，促进牡丹健康成长。

王新民（2002）介绍了宁夏大坝发电厂引种栽培的丁香、连翘、榆叶梅、黄刺玫、珍珠梅、紫叶梨、紫荆、木槿、银杏、紫薇、栾树、皂角、红瑞木、六道木、火炬树、丝棉木、合欢、月季、美国地锦、山荞麦、紫藤、侧柏、樟子松、云杉、油松等 25 种园林植物。火炬树属落叶乔木或小灌木，小枝圆柱形，密被开展的灰色柔毛和腺毛，叶互生，奇数羽状复叶，具小叶 17~25，小叶片椭圆状披针形，先端长渐尖，基部宽楔形，边缘具锯齿，上面沿中脉被柔毛，下面被灰白色柔毛，圆锥花序顶生，密被柔毛，雄雌异株，雌花序及果穗鲜红色。果小扁球形，有红色刺毛，紧密聚生成火炬状，花期 6 月，果期 10 月。利用其根蘖能力强的特点，可以选择沙壤土、肥力较好的地段，根据苗木大小按 1~2 m 的株行距定植，建立苗圃地，每年挖出其根蘖苗进行繁殖。也可以利用起苗时收集的残根，把根段按 50 cm 株行距埋入苗圃地育苗。在阳光充足的沙壤土上，或石砾含量较高的土地条件下都能良好生长，其抗风、抗寒、抗旱能力都较强，但在土壤紧实，质地较硬，排水不畅的地段生长不良，最终死亡，所以火炬树种植应选择向阳沙质土或石砾含量较高的地段种植。一般采用丛植形式，按苗木大小株行距选择 2~4 m。种植前按穴施基肥，定植时间在每年 3 月下旬或 10 月下旬，定植后浇足水，无须其他特别管理措施。若是大苗移栽则需设立支架，要培育大苗，则要每年春季进行修剪，剪去下部 2/3 侧枝，并及时挖走周边萌生苗，保证培育苗木的主干形式。火炬树病虫害也较少，只进行常规防治即可。五叶地锦 *Parthenocissus quinquefolia* 属于葡萄科爬山虎属落叶大灌木，具分枝卷须，卷须顶端有吸盘，掌状复叶 5 裂，叶边缘有粗锯齿，叶基部心形，聚伞花序，花期 6 月，果期 10 月，千粒重 31 g。蔓茎纵横，密布气根，新叶嫩绿，长势旺盛，攀附而生，形成绿色屏风，秋后入冬，茎叶变红，十分艳丽，落叶后，蔓茎似网状附在建筑体上，黑色果实悬挂其上，具有很好的观赏效果，是优美的墙面和垂直绿化树种，对二氧化碳等有害气体有较强抗性，滞尘能力强。对土壤及气候适应性强，在水分充足的向阳处能迅速生长，但在半阴处也能正常生长，喜肥沃土壤、耐寒、耐旱，分布于中国东北、华南各省（区），宁夏无自然分布。通常采用扦插育苗。北方地区冬季寒冷，一般在春季育苗，3 月下旬至 4 月上旬取五叶地锦茎蔓，剪成 10 cm 插穗，用中国林业科学院 ABT 研究开发中心研制的 ABT7 号 25 ppm 水溶液浸条 2 h 后，捞出插条，阴干 2 h 再扦插，插床选用地床，选用沙壤土地段，挖 60 cm 深，宽 1.5 m，长 10~15 m，挖好后在苗床内垫 20 cm 厚园土（拌好有机肥），再铺 10 cm 河沙，把穗插入河沙 6 cm，按 10 cm×15 cm 株行距扦插，然后用塑料薄膜覆盖，保持温度，扦插苗长出小叶后按少施勤施的原则，进行叶面追肥，当年秋季即可成苗，茎蔓长超过 50 cm，根系健壮。爬山虎对土壤的适应性比较强，在沙壤土水肥条件好的地段生长旺盛，每年新条生长量在 3 m 以上，在含沙石量较高肥水条件差的地段只能成活，新条生长量小，植株表现出叶面发黄变小，在阳光充足的地方，叶色浓绿，半阴条件下，叶色浅绿，并且幼嫩茎梢越冬有抽干现象，所以美国地锦栽植应选择沙壤土肥水条件好的地段种植，土地条件差的尽可能采取客土法，或多施有机肥改良土壤。美国地锦一般种植时间可在 3 月中旬至 4 月中旬，也可在 9 月下旬至 10 月中旬种植，单行种植可挖 50 cm 深，40 cm 宽的种植沟，沟内拌土施入有机肥，然后按株距 0.6~1 m 种植，覆土踏实后，浇头水，用重剪方法，留 10 cm 茎干。病虫害防治方面按常规防治即可。

山荞麦 *Polygonum aubertii* 是良好的攀缘植物，可牵引于墙垣、花架、花门之上，也可做地被植物栽培。山荞麦开花时一片雪白，有芳香气味，具有较高的观赏价值，也是北方干旱地区少有的攀缘藤本植物。山荞麦喜光、耐旱、耐寒，对土壤要求不严，抗盐碱性比较强，在肥水条件好质地疏松的土壤上生长良好。山荞麦原产于中国秦岭至青海、西藏等地，宁夏无自然分布。栽培经验表明山荞麦基本上能适应自然条件，没有限制其生存的制约因子，只是在肥水条件差，阳光不充足的地段生长势稍弱，生长量小，不容易萌发侧蔓，植株老叶发黄，新叶表现缺素症状，山荞麦喜大肥大水，种植前要先在种植穴内拌土施入有机肥，植苗后采用重剪，只留地上茎蔓 10~15 cm，移植成活后要定期对新生长茎蔓，采用牵拉手段使其向既定方向生长，从而形成一定的植物造型，具有较好的观赏效果。

红瑞木 *Cornus alba* 夏季枝叶茂盛，主干红色，生机勃勃，秋天叶色变红，落叶后枝干红艳，是极为优良的园林观赏树种，红瑞木半阳性树种，适应性强，极耐寒、耐旱，喜生于肥沃和湿润的高山中部林缘地带，耐修剪。扦插和分株都可以繁殖幼苗，春季 3 月底结合整形修剪，剪取 1 年生枝条做插穗，插穗长为 10 cm 左右，下口切成马蹄形，在育苗地下挖 30 cm，宽 1.2~1.5 m，长 10 m，做地床，床面铺 10~15 cm 河沙，插穗按株行距 10~20 cm 扦插，扦插完备后做小拱荫，保持温度和湿度，注意观察，扦插成活率 75%以上，当年苗高 40 cm，第一年越冬时用草覆盖或扣小拱荫，翌年春季可移栽。幼苗对早春霜冻和低温干燥反应敏感，应做好预防措施。分株繁殖可在春季移栽苗木时进行，起苗后，去掉根系上大量的土块，用 1 把快刀把相连的根系切断，尽可能减少刀痕，把植株分开后，每个分株保留 3~5 个以上分枝，即可进行移栽。栽植时先在穴内施腐熟堆肥，定植后视生长情况再进行追肥。每年春季进行修剪，除剪取插穗外，把细弱枝要疏掉，并对树形进行控制修剪，红瑞木病虫害发生较少，只需进行常规防治即可。

合欢 *Albizzia julibrissin* 喜光，有一定的耐寒性，对土壤适应性强，好生于湿润肥沃，排水良好的地区，也耐瘠薄沙质土壤，耐轻度盐碱，浅根性，萌芽能力差，极端最低温度和含盐量高是其成活的主要障碍。根据引种驯化栽培表现，合欢宜定植在背风向阳，土壤水肥条件较好的地段，合欢定植表现很好，其他地区均不理想，植株生长量不大，年年新梢抽干，不能正常生长，立地条件差的地段，逐步死亡，存活数量不多。造林或移植时间应选择在 4 月中下旬，树体即将萌芽前进行，苗木栽植时，注意提苗展根，踏实，植后及时浇水，等 1 水浇后 15~20 d 再浇 1 水，促使成活。移植苗木当年必须进行越冬保护，12 月上旬，翌年元月中旬，2 月下旬，喷施羧甲基纤维素 150 倍液，或 12 月上旬，3 月上旬喷施 5 倍工业甘油，都能起到保护新梢和主干越冬不发生冻害和抽条，定植成活后每年早春剪除繁杂枝、乱枝，调整树姿，控制树形，培养优美的树姿，增加观赏效果。用做孤植树或行道树的绿化苗木，要选择大苗，胸径 4~6 cm 苗木，定植时要选择干形通直，定干高度在 2. 5 m 以上，主侧根健壮，胸径 8 cm 苗木，要带土移栽，定植后设立支架给以保护，越冬前主干用草绳缠绕保护，侧枝和树冠，喷施羧甲基纤维素或工业甘油以防新梢抽干，合欢在大坝地区，病虫为害极少，只进行常规预防即可。

丝棉木 *Fuonymus bungeanus* 枝叶娟秀细致，树冠饱满形美，秋季果实挂满枝梢，开裂露出橘红色假种皮，引人注目，叶片经霜转红，鲜艳夺目，具有很高的观赏效果。丝棉木阳性树，稍耐阴，耐寒，在沙壤土上生长良好，根系发达，萌蘖力强，在质地紧湿的钙性土上生长不良，对烟尘有很强的抗力，适合厂矿企业作绿化树种。可采用播种、扦插或分株繁殖。秋季 10 月中下旬采集种子，用清水浸泡 2 d，搓掉种子外面假种皮，将种子用河沙层积在地窖中贮藏，春季 3 月中旬，增加温度，进行催芽处理，种子有 1/3 裂口时，进行播种。幼苗喜阴，湿润环境，当年苗高 60 cm。扦插在每年春季进行，分株在春季 3 月下旬至 4 月上旬树体萌芽前进行。根据丝棉木引种驯化栽培表现，丝棉木宜种植在半荫或侧方遮阴或疏林中，土壤以沙壤土为好，以利于根系生长，否则丝棉木表现出生长量小，树体养分积累过少，落叶早，造成苗木越冬时植株逐渐死亡。做孤植树或庭院绿化树时应选用大苗定植，定植后设立支架，丝棉木移植在 3 月下旬至 4 月初为宜，定植之前根据苗木状况及早挖好坑穴，并在穴内施以腐熟的厩肥，种植深度不宜过深，埋土深度达根茎自然分界点 20 cm 即可，种植过深容易引起根蘖苗过多。苗木定植后前几年无须特别养护，2~3 年应对树形进行修剪控制，剪去树膛内过多细弱枝，促使形成大枝，有利于扩大树冠。另外丝棉木越冬对冬季持续低温容易引起生理障碍，造成木质部与韧皮部发生开裂，发现树皮开裂，要及时用塑料膜缠绕或用红胶泥敷住裂缝，使开裂部位及早愈合，避免死亡。针对这一现象，也可在越冬前对主干采取涂白：生石灰5 kg，食盐1 kg，动物油（植物油）0.1 kg，大豆粉（豆浆粉）0.1 kg，石硫合剂原液（硫磺粉）1 kg，水18 kg，先将石灰用水化开，趁热加入动物油、大豆粉、石硫合剂原液，调成糊状，然后加入盐水，充分搅拌后即可用于树干涂白。也可用稻草保护主干，丝棉木苗虫害极少，每年只进行常规防治即可。

木槿枝繁叶茂，夏秋季开花，花期长，通过修剪可养成乔木型树姿，开花时满树花朵，娇艳夺目，颇为壮观，是观赏价格极高的园林植物，中国从晋代即有栽培记录，《礼记·月令》中有“仲夏之月，木槿荣”的记录。木槿喜光，稍耐阴，好水湿，又耐干寒，抗寒性强，宜湿润，肥沃的土壤，萌芽力强，耐修剪，易整形，对CO_2、Cl_2等有害气体抗性强，又有滞尘功能，是工厂企业绿化的优良树种。利用扦插育苗，春季4月初，选择1～2年生健壮枝条剪成8 cm长插穗，基部用快刀削成马蹄形，用中国林业科学研究院ABT研究开发中心研制ABT生根粉6号50 mg/L浸条5 h，用素沙土做基质，播后用薄膜遮盖，保持湿度和温度，扦插后1个月可生根。等第3片叶长出时，移栽到容器中，在阴棚培育1个月左右度过缓苗期，秋季带土移入苗圃地，有养护条件的最好在设施内培育，翌年可移植栽培，也可在生长季内，剪取幼嫩枝或老枝2～3节，带2片小叶，将叶片剪去1/2，以减少水分蒸发，进行扦插育苗。根据木槿引种驯化栽培表现，木槿对沙壤土适应性较好，对盐碱也有较好的抗性，但抗风能力较差，风口地区栽植的木槿越冬后常有枝条抽干现象，并且生长不良，分枝少，花径小，表现出生长势衰弱，所以应选择风小或有防护效益的小区内移植栽培，移植时间应在3月下旬至4月中旬。园林布局上一般采用丛林形式，株行距应在1.5～2 m，做篱状栽培，株距为0.6 m以上。利用木槿的耐修剪性，按园林树种修剪方法，使之成为不同风格的篱墙，营造园林小景观。木槿水肥管理比较粗放，病虫害极少。

王新民（2002）通过宁夏大坝发电厂引种工作，厂区内已在不同季节都展现多彩多姿的花卉、树种已达46个，月季从5月下旬开花到10月底，每年5月中旬，连翘绽开鲜黄色花朵，紫色的丁香花发出淡淡的香味，8—9月木槿花开，9—10月山荞麦雪白的花开成一片，深秋，鲜红的火炬树、丝棉木、爬山虎叶片，更使人赏心悦目，六道木鲜艳的红色果实挂满枝头，皂角、合欢长长的荚条在树枝上随风而动，使人感受到生命的神奇。最主要的作用是，选择出表现优秀的单株进行繁殖、育苗，用于绿化工作。经过试验选择的单株，在试验区多年的生长发育，其生物学特性和形态特征发生一些变化，形成适应新的生态条件的生态类型，即生态型。繁殖的后代，其抗性明显增强，移栽成活率极高，目前厂利用优秀单株繁殖能满足绿化工作的有火炬树、爬山虎、山荞麦、红瑞木、月季、侧柏等，移植成活率都达到85%以上，火炬树还达到96.4%，爬山虎96%，与之前不到50%的成活率相比效果显著，同时也节约了绿化费开支。其他一些树种如丝棉木、合欢、皂角等育苗工作已完成，只是苗木规格小，还未在绿化工作中使用，效果还有待观察，目前尝试进行后代繁殖的如丁香、六道木、黄刺玫、紫荆等，为今后的育种工作提供了优良的单株和种质资源，同样也具有重要意义。通过7年的栽培试验，爬山虎、火炬树、山荞麦、红瑞木、侧柏、月季在不需要特殊保护的条件下全年都能良好生长，能进行正常繁殖，并且保持了原有的观赏品质，引种驯化比较成功。丁香、连翘、榆叶梅、黄刺玫、皂角、合欢、木槿、珍珠梅的优秀单株以及保存下来的植株，也已不用特别保护措施已能正常生长，但未进行后代观察，还不能确定，银杏、栾树、紫荆、桧柏、樟子松、油松目前保存的单株，仍经特殊保护，否则冬季冻死和春季生理干旱致死还常有发生，引种驯化效果还需进一步观察。通过试验还表明，选择合适的小气候或人工创造适合的生存环境，在小面积内引种驯化，也能迅速达到丰富物种的目的，在环境绿化工作中有很重要的实用意义。在引种驯化的制约因子方面，对植物生长有影响的因子较多，温度、光照、降水和湿度、土壤酸碱度以及土壤结构等，在对原产地和引种区生态条件对比中，日照、光照条件相差不是太大，尤其和银川地区相比，平均温度只差2℃，极端最低温度比银川市低6℃，降水量不足可利用灌溉方式进行保证，但是通过这次引种试验，认为制约引种驯化的因子主要是多风、空气干燥和土壤条件。多风干燥的大环境，目前还无法改变，对本地区乡土树种刺槐的观察中发现多风地区，刺槐生物学特性发生很大变化，枝条短小，节间缩短，生长量不大，根据中国科学院北京植物园观察，南树北移的许多树种在北京不是最冷的时候冻死，而是在初春干燥风袭击下因生理脱水而干枯。在本次引种试验中，当年定植成活，越冬后死亡的植株，大多属于此类型，冬季时枝条保持绿色，质地柔软，进入3月中旬以后，逐渐发生变化，枝条变色变干，最为明显的是侧柏，春季3月中下旬，迅速抽干变黄，只有主干部分能抗多风干燥的环境，合欢幼树不采取防护措施，也严重发生抽干现象，在春季定植的苗木如榆叶梅、紫荆、桧柏、云杉等正是多风季节，定植后迅速死亡，也是因为生理干旱死亡，当年成活的植株，越冬后死亡率较低。为此在实际工作中，能拖后的树种，尽量到4月中旬以后定植，如常青树云杉、樟子松，4月15日开始定植，成活率可提高30%。另外在栽培过程中发现，相同养护管理，客土法定植苗木，成活率高于原土种植40%，原土定植苗木成活率只有20%~30%，客土定植的成活率可达到60%~70%，合欢、皂角、丁香、榆叶梅、栾树都有显著的差异，所以土壤条件也是因子之一。

沙棘 *Hippophae rhamnoides* 系胡颓子科沙棘属的灌木或小乔木，分布欧亚大陆，中国西北、华北和东北各地均能生长。它适应性广，耐旱耐瘠、耐涝、耐盐碱，是水土保持、改良土壤的好树种。据报道，1 公顷 4~5 年生沙棘林，落叶量 4 875 kg，叶易腐烂，6 年生林分其根瘤每公顷可固氮 180 kg。沙棘浆果酸甜可口，其中含可溶性糖总量 5.44%~12.5%，有机酸 3.12%~4.67%，每 100 克鲜果含维生素 C 580~800 mg，为猕猴桃的 2~3 倍，而且极为稳定，在加工过程中不易损失，富含维生素 E、A、B_1、B_2、K 及 P 等，还含有人体所需要的各种氨基酸和 Mg、Ca、Fe 等物质，尤其是含有 7 种黄酮类物质，所以沙棘有“天然维生素”和“天然食品库”的美称。沙棘果实加工的饮料、果片、果酱等，是滋补健身的佳品。其种子出油率 16%~18%，可供食用。它的叶、皮、根均供药用，叶可制成沙棘茶。近年，随着“三北”防护林的建设，沙棘由原来的野生状态逐渐引种为人工栽培，而且各地纷纷引种造林，扩大范围，如山东成立了沙棘研究协作组，开展引种栽培，提供种苗，技术指导。他们认为，引种发展沙棘，可以绿化荒山、荒滩、改良盐碱、沙地、保持水土、防风固沙，恢复并建立良性生态平衡。同时，采收果实、嫩枝叶可加工成以饮料为主的系列食品与饲料。沙棘果实品质的优劣与果实发育期及成熟期的温度和昼夜温差及充足的阳光有密切关系。在此时期，日间阳光充足、温度较高、夜间凉爽，有利于果实和种子营养成分的积累，可提高产量与品质。沙棘的繁殖，一般采用种子育苗、托插和分根 3 种方法。沙棘造林后 4~5 年可结果采种，种子 9—10 月成熟。它的种子细，种皮厚而硬，附有一层油脂状棕色胶膜，所以播种前须用 40~60℃温水浸泡 1~2 d，再以混沙催芽，待有 30%~40%种子开始裂嘴时可播种，每公顷播种量 120~135 kg，播后约 10 d 可出苗。托插育苗，在春、秋间进行，插穗宜选择健壮的 2~3 年生枝条、长 16~20 cm，插穗在流水中浸泡 4~5 d，再托插，成活率可达 90%。沙棘的根蘖苗很多，春、秋两季均可挖取造林。

玫瑰茄 *Hibiscus sabdariffa* 锦葵科木槿属一年生植物，原产非洲，现广泛分布于热带、南亚热带地区。中国于 1958 年前后引入广东、广西、福建、云南等省（区）作庭园观赏栽培，1960 年初由浙江省亚热带作物研究所引入浙江栽培。它是一种天然色素与饮料、食品。美国、德国每年均需进口用萼片加工的保健饮料。萼片含有多种维生素、有机酸、还原糖，17 种氨基酸及花青甙等，有促进胆汁分泌，减少血液黏度，降低血压，刺激肠壁蠕动等功能，不含有毒物质，具有清凉解暑、开胃生津、利尿解毒之功效。其特性是玫瑰茄喜温暖，种子发芽最适温度 20~25℃，营养生长期要求在 20℃以上，株高、茎粗生长的高峰期在 7—8 月，其生长阶段终止于 10 月中旬。耐旱性强，适宜于旱地，肥力适中的土壤中生长，如在积水、高肥条件下易徒长感病。它属短日照、对光照敏感性略强的作物，如在树阴下或种植过密时，长势差，花产量低。日照时数直接影响它现蕾、开花与种子的成熟。如同一种迟熟品种，在浙南于 9 月中下旬现蕾，而上海金山县 10 月底才有少量现蕾，花萼与种子难以成熟，在浙江南部能收到花萼与成熟种子。从玫瑰茄的引种栽培方面而言，玫瑰茄多采用种子育苗、移栽。播种前，种子须经消毒处理、漫种，播种经 2~6 d 开始出苗。苗期应加强除草、施肥、防治病虫害。如幼苗过密，应间苗、假植，以培育出株高、节密、秆粗、根多、叶茂的壮苗。如种子不足亦可用打插繁殖，插穗选幼嫩顶枝或接近顶端的第二段、无病虫害、健壮的部位，插后需遮阴保湿、用扦插苗定植能在当年开花结籽。玫瑰茄的栽植密度不宜过大，应视土壤肥力、品种、移栽时间而定。生育期为 200 d，所以栽后应加强除草、施肥及病虫害防治，以提高产量。当它的叶片变黄、顶端花颜色加深、变亮、植株上下果实大小基本一致时，选择晴天采收。采收后脱下的萼片应一次性干燥，不应堆积、受潮，以防紫色变暗，降低品质。玫瑰茄主要利用其作食品饮料。凡是全年有 6 个月或更多的月平均气温>20℃以上地区，可以选择阳光充足的丘陵、山地进行引种试栽，其次在纬度较高、霜期较早的地区，应选用早熟品种，能在霜期来临之前，萼片、种子均能成熟。

邢景景等（2019）将云南红河州采集的野生淡黄花百合引种至湖北武汉栽培，从野生淡黄花百合的物候期、生长发育规律及繁殖栽培技术等方面做了大量研究和观测。证明了淡黄花百合在武汉可以正常开花结实，完成生理周期，且植株健壮、花大色艳、香味浓郁，具有较高观赏价值。可通过鳞茎、珠芽、种子等多种方式繁殖，特别是珠芽，量大易成活，小鳞茎 1.5~2 年即可开花，可作为人工繁殖的主要方式，利于推广应用。

张万玉等（2021）在西秦岭小陇山北麓展开试验，探索高山杜鹃引种驯化过程中对生长环境的要求。试验的高山杜鹃品种为麻花杜鹃、绝伦杜鹃、迷人杜鹃和露珠杜鹃 4 种。结合西秦岭小陇山地区气候环境条件，分析了高山杜鹃形态特征、生态环境包括光照、温度、水分、土壤等，总结引栽的代表种，探讨了高山杜鹃栽培管理措施及病虫害防治，例如引种过程中加强须根保护、合理进行土壤改良、注意移植、定植，加强后期管理等措施，明确了甘肃引种驯化高山杜鹃的最佳时期为 9—11 月，高山杜鹃适宜在 pH 值 4.5~5.5 的腐殖土条件下生长，需要合理浇水，确保光照和空气湿度适宜，合理追肥确保植株健康生长。另外，此次研究过程中出现了部分植株死亡现象，为高山杜鹃的引种驯化及栽培推广提供参考。

温静怡等（2021）在对杨凌农业高新技术产业示范区内植物前期调查的基础上，筛选出 23 种观赏价值较高的蔷薇科野生植物进行引种栽培，其中灌木树种有 11 种、乔木树种有 12 种，分别对其观赏特性、抗逆性、生境及园林应用方式进行研究。结果表明，23 种植物均有较高的观赏价值、耐热性和耐寒性，在杨凌地区的园林绿地中生长较好，多数蔷薇科植物具有良好花色与果实，适合引进杨凌地区种植。大部分种类耐旱、耐贫瘠能力强，病虫害少，栽培管理简单，能在杨凌地区的园林中进行应用。除白鹃梅的适应性较差外，其余 22 种植物的园林应用方式多样且应用效果较好，色泽稳定，可在杨凌地区大力推广。

陈刚等（2021）在张掖市进行了水栒子的引种栽培试验，研究水栒子的生长发育状况；通过对花、果、叶和树形的调查观测来确定引种水栒子的观赏性；通过保存率、发生冻害率和发生病虫害率的观测确定引种水栒子的抗逆性。通过4年的引种栽培观察，发现水栒子在引种地张掖市抵御了寒冬-22℃的低温天气，而且其抗风性、抗病虫害的能力均较好。水栒子于5月中旬开花，花期长达17 d；果实7月上旬着红色，9月中下旬成熟。红果保持不落，宿存枝条到12月初，果实观赏期长达143 d；叶片10月上旬转为红色，观赏性极佳；枝条细长拱形，树形饱满、美观大方。因此，水栒子是一种夏观花、秋赏和观叶的优良观赏植物，花、果、叶、形观赏效果俱佳。水栒子在干旱半干旱区张掖市的引种栽培是成功的，既丰富了引种地的绿化材料类型又增加了园林景观，是绿化栽培的优良植物材料，可在河西走廊及其周边的园林中栽培应用。

植物引种驯化途径多种多样，分为直接引种和间接引种。在相同的气候带内或两地气候条件相似的情况下，将园林植物直接从一个地区迁入另一个地区，这种引种方法遵循气候相似论，称之为直接引种。如地处亚热带高山的庐山植物园从日本、北美环境条件下引种亚热带山地植物获得成功。直接引种的另一种情况是，被引种的植物自身的适应能力较强，通过形态、生理上的变化来缓解与新的环境条件的矛盾，进而正常地生长、发育，如落羽衫等。采用特殊的栽培措施来解决那些不能适应新地理环境条件的植物引种驯化问题，就属于间接引种。如在关键时刻对引种植物进行保护；改变植物生长节奏；改变植物的体态结构；选用遗传可塑性大的材料；采用嫁接技术；实生苗多代选择；将所引种植物的种子分阶段地逐步移到所要引种的地区，逐级进行驯化等。

植物引种驯化应不断深化新的研究内容。应总结中国引种驯化的历史，追溯园林植物的起源和发展，研究园林植物品种分类地位问题，开展民族植物学的研究，加强植物种质保存和对珍贵、稀有、濒危植物的发掘、保存、繁殖利用的研究，开展能源植物、特种油料植物、特种药用植物和低等植物在城市园林绿化中的重要作用，植物良种选育和耐性生理的研究和引种驯化基地管理现代化及加强实验室建设。园林植物的引种驯化研究牵涉到植物分类、植物地理、生态、生理、遗传育种、园艺栽培、植物保护、气象学等广泛科学内容，必须重视专业人才的培养和开展学科间的相互配合、团结协作，提高专业水平。发展中国园林植物引种驯化的事业，尤其是城市花灌木的引种必须注意加强科学普及工作，大力宣传花灌木对人类生活和改善环境的重要作用，普及引种驯化知识，使广大群众充分认识花灌木对人类贡献的巨大潜力，参加到爱护、栽培和利用花灌木的热潮中去，使中国的植物资源不断丰富和融合，为子孙后代的发展和幸福服务。

第五章　常见城市花灌木种类

第一节　毛茛科—海桐科

一、毛茛科

牡丹 *Paeonia suffruticosa* Andr.

牡丹（张琴英　摄）

（1）形态特征　又名木芍药，为毛茛科芍药属多年生落叶灌木，整株高可达 2 m。分枝短且粗壮，叶互生，二回三出复叶，顶生小叶 3 裂，宽卵圆形，叶绿色，光滑无毛，叶长约 8 cm，宽 5~7 cm，叶面有时有白粉，沿叶脉疏生短柔毛或近无毛，叶柄长 5~11 cm，叶柄、叶轴均光滑无毛。花枝顶单生，花大，直径 10~17 cm；花梗长 4~6 cm，具 5 片苞叶，长椭圆形，大小不等，具 5 片萼片，绿色，卵圆形，大小不等。花色有白、黄、粉、红、紫及复色，以黄、绿、肉红、深红、银红为上品，尤其黄、绿为贵。牡丹花大而香，故又有“国色天香”之称。有单瓣、重瓣，花瓣差异大，倒卵圆形，边缘呈不规则波状，雄蕊长 1~2 cm，花丝紫红色或粉红色，上部呈白色，长约 1.3 cm，花药长圆形，长约 4 mm。花盘杯状，通常紫红色，顶端有数个锐齿或裂片，完全包住心皮，在心皮成熟时开裂，心皮密生柔毛。蓇葖果长圆形，密生黄褐色硬毛。

（2）生长习性　牡丹喜温暖、凉爽、干燥、阳光充足的环境，但不耐夏季烈日暴晒，温度在25℃以上植株呈休眠状态，开花适温为17~20℃，但花前必须经过1~10℃的低温处理2~3个月才可以。牡丹也耐半阴，耐寒，耐干旱，耐弱碱，忌积水，最低能耐-30℃的低温，但北方寒冷地带冬季需采取适当的防寒措施，以免受到冻害。南方的高温高湿天气对牡丹生长极为不利，因此，南方栽培需特定的环境条件才可观赏到奇美的牡丹花。适宜在疏松、深厚、肥沃、地势高燥、排水良好的中性沙壤土中生长。酸性或黏重土壤中生长不良。

（3）物候期　通常花期4—5月，果期6月之后至秋季。

二、小檗科

1. 紫叶小檗 *Burberis thunbergii* var. *atropurpurea* Chenanlt

紫叶小檗（吴东兵　摄）

（1）形态特征　又名红叶小檗，为小檗科小檗属多年生落叶灌木，是日本小檗的自然变种。叶小全缘，菱形或倒卵形，长5~20 mm，偶有长达35 mm叶片，宽3~15 mm，先端钝，基部下延成短柄，表面黄绿、紫红或鲜红色，背面颜色稍淡带灰白色，具细乳突，两面均光滑无毛。入秋则叶色变红。枝丛生，细密而有刺，幼枝紫红色或暗红带绿色，无毛，老枝灰棕色或紫褐色具条棱，节间长1~1.5 cm。春季开小黄花，花2~5朵，具短总梗并近簇生的伞形花序，或无总梗而呈簇生状，花梗长5~15 mm，略有香味。花瓣长圆状倒卵形，长5.5~6 mm，宽约3.5 mm，先端微缺，基部以上腺体靠近；雄蕊长3~3.5 mm，花药先端截形。小苞片带红色，长约2 mm，急尖；外轮萼片卵形，长4~5 mm，宽约2.5 mm，先端近钝，内轮萼片稍大于外轮萼片。果实椭圆形，为浆果，红色，长约10 mm，稍具光泽，含种子1~2颗。

（2）生长习性　紫叶小檗原产于中国东北南部、华北及秦岭地带，自然生长于海拔 1 000 m 左右的林缘或疏林空地。喜凉爽、湿润的环境，适应性强，耐寒也耐旱，但不耐水涝，喜阳也耐阴，萌蘖性强，耐修剪，对各种土壤都能适应，在肥沃、深厚、排水良好的土壤中生长更佳，但在光稍差或密度过大时部分叶片会返绿，常与金叶女贞、大叶黄杨组成色块、色带及模纹花坛。植于路旁或点缀于草坪之中，是良好的观果、观叶和刺篱材料，园林常用与常绿树种作块面色彩布置，如花坛、花镜，是园林绿化中色块组合的重要树种。亦可盆栽观赏或剪取果枝瓶插供室内装饰用。

（3）物候期　花期为 4 月，果期为 9—11 月。果熟后艳红美丽。

2. 花叶小檗 *Berberis thunbergii* DC.

花叶小檗（曹广才　摄）

（1）形态特征　又叫日本小檗，小檗科小檗属落叶多枝小灌木，叶片薄，深紫色或红色，或密布白色的斑纹。叶全缘，上面绿色，背面灰绿色，中脉微隆起，两面网脉不显，无毛；叶柄长 2~8 mm，菱形、匙形或倒卵形，长 1~2 cm，宽 5~12 mm，先端骤尖或钝圆，基部狭而呈楔形，在短枝上簇生。枝条开展，具细条棱，株高 2~3 m。幼枝淡红带绿色或紫红色，老枝灰褐色、紫褐色或暗红色，有槽，无毛具刺，茎刺单一，偶三分叉，长 5~15 mm，节间长 10~15 mm。花单生或 2~5 朵成短总状花序，组成或具总梗的伞形花序，或近簇生的伞形花序或无总梗而呈簇生状，花黄色，下垂，花梗无毛；花梗长 5~10 mm，无毛；小苞片卵状披针形，长约 2 mm，带红色；外萼片卵状椭圆形，长 4~4.5 mm，宽 2.5~3 mm，先端近钝形，带红色，内萼片阔椭圆形，长 5~5.5 mm，宽 3.3~3.5 mm，先端钝圆。花瓣长圆状倒卵形，长 5.5~6 mm，宽 3~4 mm，先端微凹，基部略呈爪状，具 2 枚近靠的腺体；雄蕊长 3~3.5 mm，药隔不延伸，顶端平截；子房含胚珠 1~2 枚，无珠柄，花瓣边缘有红色纹晕。浆果椭圆形，长约 8 mm，直径约 4 mm，亮鲜红色，宿存。种子 1~2 枚，棕褐色。

（2）生长习性　原产日本，是小檗属中栽培最广泛的种之一，中国大部分省（区），特别是各大城市均有引种栽培。性喜光，稍耐阴，耐旱，耐寒性强，对土壤要求不严，酸性、微酸性、中性和微碱性土壤均能正常生长，但在肥沃、排水良好的沙壤土生长更好。耐修剪，萌芽力强，多发分枝，适应性强，抗雪压、抗干寒风能力强，光线稍差或密度过大时部分叶片会返绿。花叶小檗叶形、叶色优美，姿态圆整，春开黄花秋结红果，果实经冬不落。现广泛用于园林绿化，并可丛植或孤植，也可盆栽或剪取果枝插瓶观赏。春开黄花，秋缀红果，是叶、花、果俱美的观赏花木，适宜在园林中作花篱或在园路角隅丛植、大型花坛镶边或剪成球形对称状配植或点缀在岩石间、池畔，也可制作盆景。中国常栽培于庭园中或路旁作绿化或绿篱用。根和茎含小檗碱，可供提取黄连素的原料。民间枝、叶煎水服，可治结膜炎，根皮可作健胃剂。茎皮去外皮后，可作黄色染料。用于色块种植可控制水土流失，也可修剪成球形栽植于建筑物和假山旁边，使人产生环境明朗的印象。其萌蘖力强，易繁殖，是优良的彩色落叶灌木树种，具有较好的市场前景。

（3）物候期　花期4—6月，果熟期7—10月。

3. 黄栌木 *Berberis amurensis* Bupr.

黄栌木（曹广才　摄）

（1）形态特征　黄栌木属于小檗科小檗属落叶灌木，株高2～3.5 m。老枝淡黄色或灰色，稍具棱槽，无疣点，节间2.5～7 cm，茎刺三分叉，稀单一，长1～2 cm。叶纸质，倒卵状椭圆形、椭圆形或卵形，长5～10 cm，宽2.5～5 cm，先端急尖或圆形，基部楔形，上面暗绿色，中脉和侧脉凹陷，网脉不显，背面淡绿色，无光泽，中脉和侧脉微隆起，网脉微显，叶缘平展，每边具40～60细刺齿；叶柄长5～15 mm。总状花序具10～25朵花，长4～10 cm，无毛，总梗长1～3 cm；花梗长5～10 mm；花黄色；萼片2轮，外萼片倒卵形，长约3 mm，宽约

2 mm，内萼片与外萼片同形，长 5.5~6 mm，宽 3~3.4 mm；花瓣椭圆形，长 4.5~5 mm，宽 2.5~3 mm，先端浅缺裂，基部稍呈爪状，具 2 枚分离腺体；雄蕊长约 2.5 mm，药隔先端不延伸，平截；胚珠 2 枚。浆果长圆形，长约 10 mm，直径约 6 mm，红色，顶端不具宿存花柱，不被白粉或仅基部微被霜粉。

（2）生长习性　生于山地灌丛中、沟谷、林缘、疏林中、溪旁或岩石旁，海拔 1 100~2 850 m。研究发现，小檗属植物、花、果和叶均有较好的观赏价值，通过适当的引种驯化和人工栽培，小檗属植物已经成为庭院绿化的常用树种，其中包括黄栌木。春叶幼嫩，红色或紫红色，夏季为绿色，秋叶变为红色或紫红色。夏季开花，花密集，花皆为黄色，其色彩艳丽，且一年四季中都有开花的种类；果实秋季成熟均为红色或紫红色，色彩鲜艳，结实量大，宿存期长，枝叶茂密，有叶刺，侧根发达，萌芽力强，可用作绿篱。因此，是优良的观赏植物及刺篱材料。适于园路隅角，边缘丛植，或点缀于岩石园、湖边、池畔；亦是良好境界植物。

（3）物候期　花期 4—5 月，果期 8—9 月。

三、木兰科

含笑 *Michelia figo*

含笑（曹广才　摄）

（1）形态特征　又名香蕉花、烧酒花，为木兰科含笑属常绿灌木，株高可达 3~5 m。树皮灰褐色，分枝繁密；叶革质，单叶互生，狭椭圆形或倒卵状椭圆形，长 4~10 cm，宽 1.8~4.5 cm，先端钝短尖，基部楔形或阔楔形，上面有光泽，无毛，下面中脉上留有褐色平伏毛，余脱落无毛，叶柄长 2~4 mm，托叶痕长达叶柄顶端。芽、嫩枝、叶柄、花梗均密被黄褐色茸毛。花直立，单生于叶腋，乳黄色或乳白色，边缘常带红色或紫晕色，花瓣长 12~20 mm，宽 6~11 mm，具甜浓的芳香，花被片 6，肉质，较肥厚，长椭圆形，长 12~20 mm，宽

6~11 mm；雄蕊长 7~8 mm，药隔伸出成急尖头，雌蕊群无毛，长约 7 mm，超出于雄蕊群；雌蕊群柄长约 6 mm，被淡黄色茸毛。聚合果长 2~3. 5 cm；蓇葖卵圆形或球形，顶端有短尖的喙。

（2）生长习性　含笑花为暖地木本花灌木，原产中国华南南部各省（区），生于阴坡杂木林中，溪谷沿岸尤为茂盛。芳香花木，苞润如玉，香幽若兰。喜肥，喜温暖、湿润及光照充足的环境，耐热，较耐寒。生长适温 18~30℃。在弱阴下最利生长，忌强烈阳光直射，夏季要注意遮阴。长江以南背风向阳处能露地越冬，其他地区秋末霜前移入温室，在 10℃左右越冬。不耐干燥瘠薄，怕积水，要求排水良好，以疏松、排水良好、肥沃的微酸性壤土或中性土壤为佳。生长期每月施肥 1 次，以复合肥为主。保持土壤湿润，干旱季节须及时补充水分。冬季停肥，控制浇水，土壤稍湿润即可。2 年换盆 1 次，剪除残根及枯根，有利于新根生长，花后可适当修剪。

（3）物候期　不同品种花期不同，或 3—5 月或 6—7 月，果期 7—9 月。

四、蜡梅科

蜡梅 *Chimonanthus praecox*（L.）Link

蜡梅（曹广才　摄）

（1）形态特征　蜡梅属于蜡梅科蜡梅属的落叶丛生灌木，树高可达 4 m；幼枝四方形，老枝近圆柱形，灰褐色，无毛或被疏微毛，有皮孔，鳞芽通常着生于翌年生的枝条叶腋内，芽鳞片近圆形，覆瓦状排列，外面被短柔毛。叶纸质至近革质，卵圆形、椭圆形、宽椭圆形至卵状椭圆形，有时长圆状披针形，长 5~25 cm，宽 2~8 cm，顶端急尖至渐尖，有时具尾尖，基部急尖至圆形，除叶背脉上被疏微毛外无毛。花着生于翌年生枝条叶腋内，先花后叶，芳香，直径 2~4 cm；花被片圆形、长圆形、倒卵形、椭圆形或匙形，长 5~20 mm，宽 5~15 mm，无毛，内部花被片比外部花被片短，基部有爪，雄蕊长约 4 mm，花丝比花药长或等长，花药向内弯，无毛，药隔顶端短尖，退化雄蕊长约 3 mm，心皮基部被疏硬毛，花柱长达子房 3 倍，基部被毛。果托近木质化，坛状或倒卵状椭圆形，长 2~5 cm，直径 1~2.5 cm，口部收缩，并具有钻状披针形的被毛附生物。花期 11 月至翌年 3 月，果期 4—11 月。冬末先叶开花，花单生于一年生枝条叶腋，有短柄及杯状花托，花被多片呈螺旋状排列，黄色，带蜡质，有浓芳香。

（2）生长习性　蜡梅生于山地林中，较喜光，稍耐阴，具一定耐寒特性，在露地越冬时，一般要求-10℃以上，较耐旱，忌渍水，忌黏土和盐碱土，适生于土层深厚、肥沃、疏松、排水良好的中性或微酸性沙质壤土，盐碱地上生长不良。耐旱性较强，怕涝，故不宜在低洼地栽培。树体生长势强，分枝旺盛，根茎部易生萌蘖。耐修剪，易整形。蜡梅在 11 月至翌年 3 月的寒冬时节开放，花黄似蜡，浓香扑鼻，是冬季观赏主要花木。怕风，较耐寒，在不低于-15℃时能安全越冬，北京以南地区可露地栽培，花期遇-10℃低温，花朵受冻害。先花后叶，花开时满树金黄，是优良稀缺的冬季观花园林植物。

按照花期的不同蜡梅可分为早花类、中花类和晚花类。早花类花期为 11 月下旬至翌年 1 月下旬，中花类花期为 12 月下旬至翌年 2 月下旬，晚花类花期为 1 月下旬至 3 月下旬，将不同花期的蜡梅搭配种植有助于延长观赏期。做种植设计时，应灵活运用孤植、对植、丛植、列植、群植和林植等不同种植手法并考虑与地形、建筑和景观小品相结合。大面积种植蜡梅时，应利用植物材料形成变化丰富的空间，在小场地进行精细配置时，需要注意不同规格的苗木相互搭配，栽种位置要自然协调。配景植物方面，一般以常绿植物为背景，结合冬季观赏植物和其他季节开花或色叶植物。

（3）物候期　花期 11 月至翌年 3 月，瘦果多数，果期 4—11 月。

五、虎耳草科

1. 大花溲疏 *Deutzia grandiflora* Bunge

大花溲疏（张琴英　摄）

（1）形态特征　又名华北溲疏，虎耳草科溲疏属灌木，高约 2 m。树皮常灰褐色，其中，老枝紫褐色或灰褐色，无毛，表皮片状脱落，小枝淡灰褐色。花枝开始极短，以后延长可达 4 cm，具 2～4 叶，黄褐色，被具中央长辐线星状毛。叶纸质，卵形至卵状椭圆形，长 2～5.5 cm，宽 1～3.5 cm，顶端渐尖，基部圆形、楔形或阔楔形，边缘具大小相间或不整齐细密锯齿，表面稍粗糙，上面被 4～6 辐线星状毛，下面灰白色，被 7～11 辐线星状毛，毛稍紧贴，沿叶脉具中央长辐线，侧脉每边 5～6 条；叶柄长 1～4 mm，被星状毛。聚伞花序长和宽均为 1～3 cm，具花 1～3 朵；花蕾长圆形；花冠直径 2～2.5 cm，花梗长 1～2 mm，被星状毛；花萼被星状毛；花瓣在花蕾期镊合状排列。萼筒浅杯状，高约 2.5 mm，直径约 4 mm，密被灰黄色星状毛，有时具中央长辐线，裂片线状披针形，较萼筒长，宽 1～1.5 mm，被毛较稀疏；花瓣白色，长圆形或倒卵状长圆形，长约 1.5 cm，宽约 7 mm，先端圆形，中部以下收狭，外面被星状毛，花蕾时内向镊合状排列；外轮雄蕊长 6～7 mm，花丝先端 2 齿，齿平展或下弯成钩状，花药卵状长圆形，具短柄，内轮雄蕊较短，形状与外轮相同；花柱 3～4，约与外轮雄蕊等长。蒴果半球形，直 4～5 mm，花柱宿存，被星状毛，具宿存萼裂片外弯。

（2）生长习性　多生于海拔 800～1 500 m 的沟谷、山地阴坡、疏林内、林缘、丘陵或低山坡灌丛等处。可作观赏植物。喜光，稍耐阴，耐寒，耐旱，忌低洼积水，对土壤要求不严，但喜温暖气候和肥沃的土壤，在我国主要分布于辽宁、内蒙古、河北、湖北等省（区）。朝鲜半岛也有分布。大花溲疏是园林观赏树种，可植于草坪、路边及山坡，也可作花篱或岩石园种植材料。

（3）物候期　花期 4—6 月，果期 6—11 月。

2. 美国茶藨子 *Ribes americanum* Miller

（1）形态特征　美国茶藨子为虎耳草科茶藨子属落叶直立灌木。树高 1～2 m；枝细瘦，小枝灰紫色或灰褐色，微具棱角，皮稍剥裂，嫩枝灰褐色至灰棕色，具短柔毛和黄色腺体，无刺；芽卵圆形，长 2.5～5 mm，宽 1.5～2.5 mm，先端圆钝，具数枚褐色或棕褐色鳞片，外面具短柔毛和腺体。叶近圆形或宽卵圆形，长 2.5～6 cm，宽 3～8 cm，基部心脏形或近截形，两面均被黄色腺体，上面暗绿色，无毛，下面浅绿色，沿叶脉具短柔毛，掌状 3～5 裂，裂片卵圆形或三角状卵圆形，先端急尖，顶生裂片稍长于侧生裂片，边缘具粗锯齿或重锯齿；叶柄长 2～5 cm，具短柔毛和稀疏黄色腺体，有时近基部有少数羽状毛。花两性；总状花序长 4～8 cm，具花 8～20 朵，下垂；花序轴和花梗具短柔毛；花梗长 2～4 mm；苞片披针形至线形，长 6～10 mm，宽 1.5～2 mm，先端渐尖，具短柔毛，偶尔混生少数腺体；花萼浅黄白色，外面具短柔毛；萼筒钟状短圆筒形，长 3～5 mm，宽 2.5～4 mm；萼片长圆形或舌形，长 3.5～6 mm，宽 1.5～3 mm，先端圆钝，初期开展，后反折；花瓣舌形，浅黄白色，长 2.5～4.5 mm，宽 1.5～

2.5 mm，先端圆钝，无毛；雄蕊几与花瓣近等长，花丝长于花药，花药长圆形，顶端具蜜腺；子房无毛；花柱较雄蕊稍长或几等长，不分裂或仅柱头 2 裂。果实近球形，直径 8～10 mm，黑色，无毛。

美国茶藨子（曹广才　摄）

（2）生长习性　原产自北美洲，日本也普遍栽培，中国辽宁和河北等地庭院中长期栽植。生长于石灰岩山地河岸边林下或草地。

香茶藨子，喜光，较耐阴，应栽植于光照处。在散光处也可正常生长，但在大树下及建筑物背阴处生长不良。因其花期较长，花色鲜艳，具有较好的观赏价值。在中国园林常见于草坪、林缘、坡地、角隅、岩石旁。耐寒力强，在中国东北、华北及西北地区冬季不需采取防护措施，即可安全越冬。怕湿热，喜湿润土壤，有一定耐旱能力，不耐积水。喜肥，较耐瘠薄，对土壤要求不严，在排水良好的肥沃沙质壤土中生长最好。有一定的耐盐碱力，在 pH 值 8.7、含盐量 0.15%的轻度盐碱土中能正常生长。

（3）物候期　花期 5 月，果期 6—7 月。

3. 欧洲山梅花 *Philadelphus coronarius* L.

（1）形态特征　虎耳草科山梅花属原产欧洲南部及小亚细亚一带，北美洲及中国各地均有引种栽培。自然分布于林缘灌丛中，中国各地园林多有引种。树高可达 3 m，幼枝光滑或疏被柔毛，树皮褐色，剥落。叶片卵形至矩圆状卵形，长 4～8 cm，先端尖，基部圆形，边缘具疏锯齿，无毛或偶尔在叶脉上有毛。花朵乳白色，直径 2.5～3.5 cm；总状花序 5～7 朵，花梗光滑或有毛，花序下部的花梗长 5～10 mm，花柱分裂至 1/2。

（2）生长习性　欧洲山梅花对土壤要求不严格，在肥沃排水良好的土壤上生长良好。喜温暖湿润环境，在华北地区避风向阳处可露地越冬，怕水涝。一般

欧洲山梅花（曹广才　摄）

年浇水 8~10 次，入冬前灌 1 次冬水。喜光，稍耐阴，可配置在疏林中。它的适应性强，在山区、丘陵、城市均可栽种，还可作盆景。欧洲山梅花花朵芳香味浓，是优良的庭院观赏植物，花朵还能提浸软膏。每逢春末夏初，在悬岩石壁或林缘灌丛地，开出一丛丛、一片片雪白的花朵，远观白云一片，近看“梅花”朵朵，美丽非凡。

（3）物候期　花期 5—6 月。

4. 山梅花 *Philadelphus incanus* Koehne

山梅花（张琴英　摄）

（1）形态特征　虎耳草科山梅花属 2 年生小灌木，树高 1.5~3.5 m，小枝灰褐色，表皮呈片状脱落，当年生小枝浅褐色或紫红色，被微柔毛或有时无毛。叶卵形或阔卵形，长 6~12.5 cm，宽 8~10 cm，先端急尖，基部圆形，花枝上叶较小，卵形、椭圆形至卵状披针形，长 4~8.5 cm，宽 3.5~6 cm，先端渐尖，基部阔楔形或近圆形，边缘具疏锯齿，上面被刚毛，下面密被白色长粗毛，叶脉离基出 3~5 条，叶柄长 5~10 mm。总状花序有花 5~7 朵，花多者可达 11 朵，下部的分枝有时具叶片，花序轴长 5~7 cm，疏被长柔毛或无毛，花梗长 5~10 mm，上部密被白色长柔毛。花萼外面密被紧贴糙伏毛，萼筒钟形，裂片卵形，长约 5 mm，宽约 3.5 mm，先端骤渐尖；花冠盘状，直径 2.5~3 cm，花瓣白色，卵形或近圆形，基部急收狭，长 13~15 cm，宽 8~13 cm，具雄蕊 30~35 个，长可达 10 mm，花盘无毛，花柱长约 5 mm，无毛，近先端稍分裂，柱头棒形，长约 1.5 mm，较花药小。蒴果倒卵形，长 7~9 mm，直径 4~7 mm；种子长 1.5~2.5 mm，具短尾。

(2) 生长习性　产自山西、陕西、甘肃、河南、湖北、安徽和四川等地，生于海拔 1 200~1 700 m的林缘灌丛中。欧美各地的一些植物园有引种栽培。山梅花适应性强，喜光，喜温暖，也耐寒耐热，怕水涝，对土壤要求不严，生长速度较快，适生于中原地区以南。其花芳香、美丽、多朵聚焦，花期较久，为优良的观赏花木。宜栽植于庭园、风景区，丛植、片植于草坪、山坡、林缘地带，若与建筑、山石等配植效果也合适。

(3) 物候期　花期 5—6 月，果期 7—8 月。

5. 太平花 *Philadelphus pekinensis* Rupr.

太平花（张琴英　摄）

(1) 形态特征　又称太平端圣花、京山梅花，虎耳草科山梅花属中的一种北方山林常见多年生落叶灌木植物，太平花枝叶茂密，花乳黄而清香，花多朵聚集，颇为美丽，树高 1~2 m，分枝较多，当年生幼嫩枝条无毛，表皮黄褐色，2 年生小枝亦无毛，表皮栗褐色，不开裂。叶对生，卵形或阔椭圆形，长 6~9 cm，宽 2.5~4.5 cm，先端长渐尖，基部阔楔形或楔形，边缘疏生锯齿，稀近全缘，两面无毛，稀仅下面脉腋被白色长柔毛，叶脉离基出 3~5 条；花枝上叶较小，椭圆形或卵状披针形，长2.5~7 cm，宽1.5~2.5 cm，叶柄长5~12 mm，无毛。总状花序有花5~7朵，花多者可达9朵，乳白色，微芳香，花序轴长3~5 cm，黄绿色，无毛，花梗长3~6 mm，无毛，花萼黄绿色，外面无毛，裂片卵形，长3~4 mm，宽约2.5 mm，先端急尖，干后脉纹明显。花冠盘状，直径2~3 mm，花瓣4片，白色，卵圆形或倒卵形，长9~12 mm，宽约8 mm；具雄蕊25~28，最长的可达8 mm；花盘和花柱无毛，花柱长4~5 mm，纤细，先端稍分裂，柱头棒形或槌形，长约1 mm，常较花药小。子房半下位，3出脉，蒴果近球形或倒圆锥形，直径5~7 mm，宿存萼裂片近顶生；种子长3~4 mm，具短尾。

（2）生长习性　分布于内蒙古、辽宁、河北、河南、山西、陕西、湖北。常生于海拔1 500 m以下的山坡、林地、沟谷、杂木林中、灌丛中或溪边向阳处。朝鲜和欧美一些植物园有栽培。太平花适应强，能在山区生存，有较强的耐干旱瘠薄能力。属半阴性植物，能耐强光照射。较耐寒，喜肥沃排水良好的土壤，不耐积水，水浸易烂根。耐修剪，寿命长，其花芳香、美丽、多朵聚集，花期较久，为优良的观赏花木。宜丛植于、林缘、园路拐角和建筑物前，亦可作自然式花篱或大型花坛中心栽植材料。在古典园林中于假山石旁点缀，尤为得体。太平花作为重要的园林树种，是中国传统观赏花灌木，解决了园林绿化上的许多问题，它可以用于丰富灌木层结构，增加树种的多样性，京山梅花叶色翠绿，且少有的白色花瓣显得格外淡雅迷人，在其他彩色植物的搭配下，提高了园林景观的观赏价值。在园林绿化中应用广泛，是不可多得的园林绿化材料。

（3）物候期　花期5—7月，果期8—10月。

6. 圆锥绣球 *Hydrangea paniculata* Sieb.

圆锥绣球（曹广才　摄）

（1）形态特征　又称水亚木，为虎耳草科绣球属落叶灌木或小乔木，树高可达 4.5~7.5 m，冠幅 3~6 m。呈伸展状，树枝很低，树形很小。树皮灰褐色，小枝赤褐色，皮孔明显，疏生白色短柔毛。叶对生，偶有 3 片轮生，在营养枝上的叶片大而肥厚，多为 3 片轮生，椭圆形或卵形，长 5~12 cm，宽 2~4.5 cm，基部圆形或楔形，顶端渐尖或聚尖，表面深绿色或墨绿色，疏生短柔毛或近无毛，背面淡绿色，散生短硬毛，尤以脉上为多，边缘具锯齿，侧脉 6~8 对，呈弧形而斜上，厚纸质，叶色秋季变成黄色或紫红色。叶柄长 1~1.5 cm，庞大的圆锥花序生于枝顶，直立或弯垂，长 15~25 cm，不孕花茎 1~5 cm，萼片 3~5 片，花二型，能孕花小，全缘，白色，因花瓣中含有花青素，对空气 pH 值反应敏感，遂花逐渐变成粉紫色或紫色。孕性花萼筒杯状，顶端 5 齿裂，花瓣 5 片，芳香，早落，长椭圆形，雄蕊通常 10 枚，雌蕊花柱 2~3 枚，子房半下位，2 室。蒴果近卵形。主要观赏部位为密布于花序外围的不孕花，萼片 4 枚，倒卵形，初为白色，后变粉绿、粉红或黄色。

（2）生长习性　产自中国长江以南各省，多生于沟谷阔叶树林边，山沟丛林中或灌丛中。栽培简单、繁殖容易、适应性强，喜光，稍耐阴，耐寒，耐旱，能适应除湿地以外的各种土壤。可以孤植、丛植、列植、片植于广场、公园、街头绿地中，也是盆栽和切花的好材料。在城市园林绿地和庭院绿地中应用广泛，不仅可以弥补当地夏秋季观花灌木的不足，而且可以丰富当地植物的多样性，提升园林景观效果。在青岛、沈阳、呼和浩特等地可以露地栽培，也可以作灌木边界树种，种植在宅旁、路边、公园、草坪周围效果颇佳。

（3）物候期　花期 7 月末至 8 月。

六、海桐科

海桐 *Pittosporum tobira*（Thunb.）Ajt.

海桐（曹广才　摄）

（1）形态特征　又名山矾，为海桐科海桐属常绿灌木或小乔木，树高可达3~6 m。嫩枝被褐色柔毛，有皮孔。叶革质，2年生，单叶互生，有时聚生于枝顶呈假轮生状，经长期栽培，雄蕊常表现退化而不育，结实率亦低。嫩时上下两面有柔毛，以后变秃净，倒卵形、卵状椭圆形或倒卵状披针形，长4~9 cm，宽1.5~4 cm，上面深绿色，发亮、干后暗晦无光，先端圆钝，常微凹入或为微心形，基部窄楔形，侧脉6~8对，在靠近边缘处相结合，有时因侧脉间的支脉较明显而呈多脉状，网脉稍明显，网眼细小，全缘，干后反卷，叶柄长可达2 cm。伞形花序或伞房状伞形花序顶生或近顶生，密被黄褐色柔毛，花梗长1~2 cm，苞片披针形，长4~5 mm，小苞片长2~3 mm，均被褐毛。花白色，有芳香，后变黄色，萼片卵形，长3~4 mm，被柔毛，花瓣倒披针形，长1~1.2 cm，离生，雄蕊2型，退化雄蕊的花丝长2~3 mm，花药近于不育，正常雄蕊的花丝长5~6 mm，花药长圆形，长2 mm，黄色，子房长卵形，密被柔毛，侧膜胎座3个，胚珠多数，2列着生于胎座中段。海桐的蒴果圆球形，有棱或呈三角形，直径约12 mm，多少有毛，子房柄长1~2 mm，3片裂开，果片木质，厚约1.5 mm，内侧黄褐色，有光泽，具横格，种子多数，长约4 mm，多角形，红色，种柄长约2 mm，有黏液。

（2）生长习性　分布在中国江苏南部、浙江、福建、台湾、广东等地；长江流域及其以南各地庭园习见栽培观赏。朝鲜、日本也有分布。对气候的适应性较强，喜温暖、湿润及光照充足的环境，耐热，耐瘠，耐旱，耐寒冷，亦颇耐暑热，生长适温15~28℃。不择土壤，可粗放管理，在半阴处也生长良好，冬季放于冷凉而不冻的室内生长良好。黄河流域以南，可在露地安全越冬。对土壤的适应性强，在黏土、沙壤土及轻盐碱土中均能正常生长。对二氧化硫、氟化氢、氯气等有毒气体抗性强。华南地区可在全光照下安全越夏，海桐叶光洁浓密，萌芽力强，耐修剪，易造型，广泛用于灌木球、绿篱及造型树等，以长江流域至南岭以北生长最佳。黄河以北，多作盆栽，置室内防寒越冬。对光照的适应能力亦较强，较耐荫蔽，亦颇耐烈日，但以半阴地生长最佳。海桐枝叶繁茂，树冠球形，下枝覆地，叶色浓绿而又光泽，经冬不凋，初夏花朵清丽芳香，入秋果实开裂露出红色种子，也颇为美观。通常可作绿篱栽植，也可孤植，丛植于草丛边缘、林缘或门旁、列植在路边。因为有抗海潮及有毒气体能力，故又为海岸防潮林、防风林及矿区绿化的重要树种，并宜作城市隔噪声和防火林带的下木。在气候温暖的地方，本种是理想的花坛造景树，或造园绿化树种。多作房屋基础种植和绿篱。北方长盆栽观赏，温室过冬。株形圆整，四季常青，花味芳香，种子红艳，为著名的观叶、观果植物。抗二氧化硫等有害气体的能力强，又为环保树种。

（3）物候期　花期3—5月，果熟期9—10月。

第二节　蔷薇科

一、蔷薇科

1. 珍珠梅 *Sorbaria sorbifolia*（L.）A. Br.

珍珠梅（曹广才　摄）

（1）形态特征　又名东北珍珠梅、华楸珍珠梅、八本条、高楷子、山高粱条子。灌木，高可达 2 m，枝条开展；小枝圆柱形，稍屈曲，无毛或微被短柔毛，初时绿色，老时暗红褐色或暗黄褐色；冬芽卵形，先端圆钝，无毛或顶端微被柔毛，紫褐色，具有数枚互生外露的鳞片。羽状复叶，小叶片 11～17 枚，叶轴微被短柔毛；小叶片对生，披针形至卵状披针形，先端渐尖，稀尾尖，基部近圆形或宽楔形，稀偏斜，边缘有尖锐重锯齿，上下两面无毛或近于无毛；小叶无柄或近于无柄；托叶叶质，卵状披针形至三角披针形，先端渐尖至急尖，边缘有不规则锯齿或全缘，外面微被短柔毛。顶生大型密集圆锥花序，分枝近于直立，长 10～20 cm，直径 5～12 cm，总花梗和花梗被星状毛或短柔毛，果期逐渐脱落，近于无毛；苞片卵状披针形至线状披针形，先端长渐尖，全缘或有浅齿，上下两面微被柔毛，果期逐渐脱落；萼筒钟状，外面基部微被短柔毛；萼片三角卵形，先端钝或急尖，萼片约与萼筒等长；花瓣长圆形或倒卵形，长 5～7 mm，宽 3～5 mm，白色；雄蕊 40～50，长于花瓣 1.5～2 倍，生在花盘边缘；蓇葖果长圆形，有顶生弯曲花柱，长约 3 mm，果梗直立；萼片宿存，反折，稀开展。

（2）生长习性　生于山坡疏林中，海拔 250～1 500 m。原产于辽宁、吉林、黑龙江、内蒙古。

(3) 物候期　花期7—8月，果期9月。

2. 白鹃梅 *Exochorda racemosa* (Lindl.) Rehd.

白鹃梅（曹广才　摄）

(1) 形态特征　又名金瓜果、九活头、茧子花、总花白鹃梅。蔷薇科白鹃梅属灌木，高3~5 m，枝条细弱开展；小枝圆柱形，微有棱角，无毛，幼时红褐色，老时褐色；冬芽三角卵形，先端钝，平滑无毛，暗紫红色。叶片椭圆形，长椭圆形至长圆倒卵形，长3.5~6.5 cm，宽1.5~3.5 cm，先端圆钝或急尖稀有突尖，基部楔形或宽楔形，全缘，稀中部以上有钝锯齿，上下两面均无毛；叶柄短，长5~15 mm，或近于无柄；不具托叶。总状花序，有花6~10朵，无毛；花梗长3~8 mm，基部花梗较顶部稍长，无毛；苞片小，宽披针形；花直径2.5~3.5 cm；萼筒浅钟状，无毛；萼片宽三角形，长约2 mm，先端急尖或钝，边缘有尖锐细锯齿，无毛，黄绿色；花瓣倒卵形，长约1.5 cm，宽约1 cm，先端钝，基部有短爪，白色；雄蕊15~20，3~4枚成1束着生在花盘边缘，与花瓣对生；心皮5，花柱分离。蒴果，倒圆锥形，无毛，有5脊，果梗长3~8 mm。

(2) 生长习性　生于山坡阴地，海拔250~500 m。原产于河南、江西、江苏、浙江。

(3) 物候期　花期5月，果期6—8月。

3. 金山绣线菊 *Spiraea japonica* ‘Gold Mound’

(1) 形态特征　又名日本绣线菊、蚂蟥梢、火烧尖。蔷薇科绣线菊属园艺栽培品种，其原种为粉花绣线菊，直立灌木，高可达1.5 m；枝条细长，开展，小枝近圆柱形，无毛或幼时被短柔毛；冬芽卵形，先端急尖，有数个鳞片。叶片卵形至卵状椭圆形，长2~8 cm，宽1~3 cm，先端急尖至短渐尖，基部楔形，边缘有缺刻状重锯齿或单锯齿，上面暗绿色，无毛或沿叶脉微具短柔毛，下面色浅

金山绣线菊（曹广才　摄）

或有白霜，通常沿叶脉有短柔毛；叶柄长 1~3 mm，具短柔毛。复伞房花序生于当年生的直立新枝顶端，花朵密集，密被短柔毛；花梗长 4~6 mm；苞片披针形至线状披针形，下面微被柔毛；花直径 4~7 mm；花萼外面有稀疏短柔毛，萼筒钟状，内面有短柔毛；萼片三角形，先端急尖，内面近先端有短柔毛；花瓣卵形至圆形，先端通常圆钝，长 2.5~3.5 mm，宽 2~3 mm，粉红色；雄蕊 25~30，远较花瓣长；花盘圆环形，约有 10 个不整齐的裂片。蓇葖果半开张，无毛或沿腹缝有稀疏柔毛，花柱顶生，稍倾斜开展，萼片常直立。

（2）生长习性　原产日本、朝鲜，我国各地栽培供观赏。

（3）物候期　花期 6—7 月，果期 8—9 月。

4. 三裂绣线菊 *Spiraea trilobata* L.

三裂绣线菊（曹广才　摄）

（1）形态特征　又名三椏绣线菊、三裂叶绣线菊、团叶绣球、三椏绣球、硼子、石棒子。蔷薇科绣线菊属灌木，高 1~2 m；小枝细瘦，开展，稍呈“之”字形弯曲，嫩时褐黄色，无毛，老时暗灰褐色；冬芽小，宽卵形，先端钝，无毛，外被数个鳞片。叶片近圆形，长 1.7~3 cm，宽 1.5~3 cm，先端钝，常 3 裂，基部圆形、楔形或亚心形，边缘自中部以上有少数圆钝锯齿，两面无毛，下面色较浅，基部具显著 3~5 脉。伞形花序具总梗，无毛，有花 15~30 朵；花梗长 8~13 mm，无毛；苞片线形或倒披针形，上部深裂成细裂片；花直径 6~8 mm；萼筒钟状，外面无毛，内面有灰白色短柔毛；萼片三角形，先端急尖，内面具稀疏短柔毛；花瓣宽倒卵形，先端常微凹，长与宽各 2.5~4 mm；雄蕊 18~20，比花瓣短；花盘约有 10 个大小不等的裂片，裂片先端微凹，排列成圆环形；子房被短柔毛，花柱比雄蕊短。蓇葖果开张，仅沿腹缝微具短柔毛或无毛，花柱顶生稍倾斜，具直立萼片。

（2）生长习性　生于多岩石向阳坡地或灌木丛中，海拔 450~2 400 m。俄罗斯西伯利亚也有分布。产于黑龙江、辽宁、内蒙古、山东、山西、河北、河南、安徽、陕西、甘肃。

（3）物候期　花期 5—6 月，果期 7—8 月。

5. 高山绣线菊 *Spiraea alpina* Pall.

高山绣线菊（曹广才　摄）

（1）形态特征　蔷薇科绣线菊属灌木，高 50~120 cm；枝条直立或开张，小枝有明显棱角，幼时被短柔毛，红褐色，老时灰褐色，无毛；冬芽小，卵形，通常无毛，有数枚外露鳞片。叶片多数簇生，线状披针形至长圆倒卵形，长 7~16 mm，宽 2~4 mm，先端急尖或圆钝，基部楔形，全缘，两面无毛，下面灰绿色，具粉霜，叶脉不显著；叶柄甚短或几无柄。伞形总状花序具短总梗，有花 3~15 朵；花梗长 5~8 mm，无毛；苞片小，线形；花直径 5~7 mm；萼筒钟状，外面无毛，内面具短柔毛；萼片三角形，先端急尖，内面被短柔毛；花瓣倒卵形或近圆形，先端圆钝或微凹，长与宽各 2~3 mm，白色；雄蕊 20，几与花瓣等长或稍短于花瓣；花盘显著，圆环形，具 10 个发达的裂片；子房外被短柔毛，花柱短于雄蕊。蓇葖果开张，无毛或仅沿腹缝线具稀疏短柔毛，花柱近顶生，开展，常具直立或半开张萼片。

（2）生长习性　生于向阳坡地或灌丛中，海拔 2 000~4 000 m。蒙古国、俄罗斯西伯利亚也有分布。产自陕西、甘肃、青海、四川、西藏。

（3）物候期　花期 6—7 月，果期 8—9 月。

6. 珍珠绣线菊 *Spiraea thunbergii* Sieb. ex Blume.

珍珠绣线菊（曹广才　摄）

（1）形态特征　又名雪柳、喷雪花、珍珠花。蔷薇科绣线菊属灌木，高可达 1.5 m；枝条细长开张，呈弧形弯曲，小枝有棱角，幼时被短柔毛，褐色，老时转红褐色，无毛；冬芽甚小，卵形，无毛或微被毛，有数枚鳞片。叶片线状披针形，长 25~40 mm，宽 3~7 mm，先端长渐尖。基部狭楔形，边缘自中部以上有尖锐锯齿，两面无毛，具羽状脉；叶柄极短或近无柄，长 1~2 mm，有短柔毛。伞形花序无总梗，具花 3~7 朵，基部簇生数枚小形叶片；花梗细，长 6~10 mm，无毛；花直径 6~8 mm；萼筒钟状，外面无毛，内面微被短柔毛；萼片三角形或卵状三角形，先端尖，内面有稀疏短柔毛；花瓣倒卵形或近圆形，先端微凹至圆钝，长 2~4 mm，宽 2~3.5 mm，白色；雄蕊 18~20 mm，长约花 1/3 或更短；花盘圆环形，由 10 个裂片组成；子房无毛或微被短柔毛，花柱几与雄蕊等长。蓇葖果开张，无毛，花柱近顶生，稍斜展，具直立或反折萼片。

（2）生长习性　原产华东。现山东、陕西、辽宁等地均有栽培，供观赏用。日本也有分布。

（3）物候期　花期 4—5 月，果期 7 月。

7. 玫瑰 *Rosa rugosa* Thunb.

玫瑰（曹广才 摄）

（1）形态特征 又名海棠花、滨茄子、滨梨、刺玫。蔷薇科蔷薇属直立灌木，高可达 2 m；茎粗壮，丛生；小枝密被茸毛，并有针刺和腺毛，有直立或弯曲、淡黄色的皮刺，皮刺外被茸毛。小叶 5~9，连叶柄长 5~13 cm；小叶片椭圆形或椭圆状倒卵形，先端急尖或圆钝，基部圆形或宽楔形，边缘有尖锐锯齿，上面深绿色，无毛，叶脉下陷，有褶皱，下面灰绿色，中脉突起，网脉明显，密被茸毛和腺毛，有时腺毛不明显；叶柄和叶轴密被茸毛和腺毛；托叶大部贴生于叶柄，离生部分卵形，边缘有带腺锯齿，下面被茸毛。花单生于叶腋，或数朵簇生，苞片卵形，边缘有腺毛，外被茸毛；花梗长 5~22.5 mm，密被茸毛和腺毛；花直径 4~5.5 cm；萼片卵状披针形，先端尾状渐尖，常有羽状裂片而扩展成叶状，上面有稀疏柔毛，下面密被柔毛和腺毛；花瓣倒卵形，重瓣至半重瓣，芳香，紫红色至白色；花柱离生，被毛，稍伸出萼筒口外，比雄蕊短很多。果扁球形，直径 2~2.5 cm，砖红色，肉质，平滑，萼片宿存。

（2）生长习性 原产中国华北以及日本和朝鲜。中国各地均有栽培。

（3）物候期 花期 5—6 月，果期 8—9 月。

8. 七姊妹 *Rosa multiflora* ‘Grevi Uei’

（1）形态特征 又名红刺玫、十姊妹。蔷薇科蔷薇属为野蔷薇的变种。攀缘灌木，小枝圆柱形，通常无毛，小叶倒卵形、长圆形或卵形，边缘有尖锐单锯齿，上面无毛，下面有柔毛；花多朵，排成圆锥状花序，花直径 1.5~2 cm，萼片披针形，花瓣宽倒卵形，先端微凹，基部楔形；花柱结合成束，无毛，比雄蕊稍长。果近球形，红褐色或紫褐色，有光泽，无毛，萼片脱落。小叶较大，通常 5~7 个。花粉红，花较大，单瓣，平顶伞房花序。果实较小，少种子或无种子。

七姊妹（曹广才　摄）

（2）生长习性　多生于山坡、灌丛或河边等处，海拔可达 1 300 m。产自河北、河南、山东、安徽、浙江、甘肃、陕西、江西、湖北、广东、福建。

（3）物候期　花期 5—6 月，果期 8—9 月。

9. 黄刺玫 *Rosa xanthina* Lindl.

黄刺玫（曹广才　摄）

（1）形态特征　蔷薇科蔷薇属直立灌木，高 2~3 m；枝粗壮，密集，披散；小枝无毛，有散生皮刺，无针刺。小叶 7~13，连叶柄长 3~5 cm；小叶片宽卵形或近圆形，稀椭圆形，先端圆钝，基部宽楔形或近圆形，边缘有圆钝锯齿，上面无毛，幼嫩时下面有稀疏柔毛，逐渐脱落；叶轴、叶柄有稀疏柔毛和小皮刺；托叶带状披针形，大部贴生于叶柄，离生部分呈耳状，边缘有锯齿和腺。花单生于叶腋，重瓣或半重瓣，黄色，无苞片；花梗长 1~1.5 cm，无毛，无腺；花直径 3~5 cm；萼筒、萼片外面无毛，萼片披针形，全缘，先端渐尖，内面有稀疏柔毛，边缘较密；花瓣黄色，宽倒卵形，先端微凹，基部宽楔形；花柱离生，被长柔毛，稍伸出萼筒口外部，比雄蕊短很多。果近球形或倒卵圆形，紫褐色或黑褐色：直径 8~10 mm，无毛，花后萼片反折。

（2）生长习性　东北、华北各地庭园习见栽培，早春繁花满枝，颇为美观。

（3）物候期　花期 4—6 月，果期 7—8 月。

10. 月季花 *Rosa chinensis* Jacq.

月季花（曹广才　摄）

（1）形态特征　又名月月红、徘徊花、刺玫花、湖花、笔头花、蓓蕾花。蔷薇科蔷薇属直立灌木，高 1~2 m；小枝粗壮，圆柱形，近无毛，有短粗的钩状皮刺或无。小叶 3~5，稀 7，连叶柄长 5~11 cm，小叶片宽卵形至卵状长圆形，长 2.5~6 cm，宽 1~3 cm，先端长渐尖或渐尖，基部近圆形或宽楔形，边缘有锐锯齿，两面近无毛，上面暗绿色，常带光泽，下面颜色较浅，顶生小叶片有柄，侧生小叶片近无柄，总叶柄较长，有散生皮刺和腺毛；托叶大部贴生于叶柄，仅顶端分离部分成耳状，边缘常有腺毛。花几朵集生，稀单生，直径 4~5 cm；花梗长 2.5~6 cm，近无毛或有腺毛，萼片卵形，先端尾状渐尖，有时呈叶状，边缘常有羽状裂片，稀全缘，外面无毛，内面密被长柔毛；花瓣重瓣至半重瓣，红色、粉红色至白色，倒卵形，先端有凹缺，基部楔形；花柱离生，伸出萼筒口外，约与雄蕊等长。果卵球形或梨形，长 1~2 cm，红色，萼片脱落。

（2）生长习性　原产中国，各地普遍栽培。园艺品种很多。

（3）物候期　花期 4—9 月，果期 6—11 月。

11. 平枝栒子 *Cotoneaster horizontalis* Dcne

（1）形态特征　又名被告惹、矮红子、平枝灰栒子、山头姑娘、岩楞子、栒刺木。蔷薇科栒子属落叶或半常绿匍匐灌木，高不超过 0.5 m，枝水平开张成整齐两列状；小枝圆柱形，幼时外被糙伏毛，老时脱落，黑褐色。叶片近圆形或

平枝栒子（曹广才　摄）

宽椭圆形，稀倒卵形，长 5~14 mm，宽 4~9 mm，先端多数急尖，基部楔形，全缘，上面无毛，下面有稀疏平贴柔毛；叶柄长 1~3 mm，被柔毛；托叶钻形，早落。花 1~2 朵，近无梗，直径 5~7 mm；萼筒钟状，外面有稀疏短柔毛，内面无毛；萼片三角形，先端急尖，外面微具短柔毛，内面边缘有柔毛；花瓣直立，倒卵形，先端圆钝，长约 4 mm，宽约 3 mm，粉红色；雄蕊约 12 枚，短于花瓣；花柱常为 3，有时为 2，离生，短于雄蕊；子房顶端有柔毛。果实近球形，直径 4~6 mm，鲜红色，常具 3 小核，稀 2 小核。

（2）生长习性　生于灌木丛中或岩石坡上，海拔 2 000~3 500 m。产自陕西、甘肃、湖北、湖南、四川、贵州、云南，尼泊尔也有分布。

（3）物候期　花期 5—6 月，果期 9—10 月。

12. 金露梅 *Dasiphora fruticosa*（L.）Rydb.

金露梅（曹广才　摄）

(1) 形态特征　又名棍儿茶、药王茶、金蜡梅、金老梅、格桑花。蔷薇科金露梅属灌木，高0.5~2 m，多分枝，树皮纵向剥落。小枝红褐色，幼时被长柔毛。羽状复叶，有小叶2对，稀3小叶，上面1对小叶基部下延与叶轴汇合；叶柄被绢毛或疏柔毛；小叶片长圆形、倒卵长圆形或卵状披针形，长0.7~2 cm，宽0.4~1 cm，全缘，边缘平坦，顶端急尖或圆钝，基部楔形，两面绿色，疏被绢毛或柔毛或脱落近于几毛；托叶薄膜质，宽大，外面被长柔毛或脱落。单花或数朵生于枝顶，花梗密被长柔毛或绢毛；花直径2.2~3 cm；萼片卵圆形，顶端急尖至短渐尖，副萼片披针形至倒卵状披针形，顶端渐尖至急尖，与萼片近等长，外面疏被绢毛；花瓣黄色，宽倒卵形，顶端圆钝，比萼片长；花柱近基生，棒形，基部稍细，顶部缢缩，柱头扩大。瘦果近卵形，褐棕色，长约1.5 mm，外被长柔毛。

(2) 生长习性　生山坡草地、砾石坡、灌丛及林缘，海拔1 000~4 000 m。产自黑龙江、吉林、辽宁、内蒙古、河北、山西、陕西、甘肃、新疆、四川、云南、西藏。

(3) 物候期　花果期6—9月。

13. 稠李 *Prunus padus* L.

稠李（吴东兵　摄）

(1) 形态特征　又名臭李子、臭耳子。蔷薇科李属乔木，高可达15 m；幼枝被茸毛，后脱落无毛；冬芽无毛或鳞片边缘有睫毛；叶椭圆形、长圆形或长圆状倒卵形，长4~10 cm，先端尾尖，基部圆或宽楔形，有不规则锐锯齿，有时兼有重锯齿，两面无毛；叶柄长1~1.5 cm，幼时被茸毛，后脱落无毛，顶端两侧各具1腺体；总状花序长7~10 cm，基部有2~3叶；花序梗和花梗无毛，花梗长2.4 cm，花径1~1.6 cm；萼筒钟状；萼片脱落，三角状卵形，有带腺细锯齿，花瓣白色，长圆形；雄蕊多数；核果卵圆形，直径0.8~1 cm；果柄无毛。

(2) 生长习性　分布于我国甘肃、山东、陕西、新疆、内蒙古、青海、辽宁、吉林、黑龙江、河北、山西、河南等省（区）。

(3) 物候期　花期4—5月，果期5—10月。

14. 毛樱桃 *Prunus tomentosa*（Thunb.）Wall.

毛樱桃（曹广才　摄）

(1) 形态特征　又名樱桃、山豆子、梅桃、山樱桃、野樱桃、山樱桃梅。蔷薇科李属灌木，稀小乔木状；嫩枝密被茸毛至无毛；冬芽疏被柔毛或无毛；叶卵状椭圆形或倒卵状椭圆形，长2~7 cm，有急尖或粗锐锯齿，上面被疏柔毛，下面灰绿色，密被灰色茸毛至稀疏，侧脉4~7对；叶柄长2~8 mm，被茸毛至稀疏，托叶线形，长3~6 mm，被长柔毛；花单生或2朵簇生，花叶同放，近先叶开放或先叶开放；花梗长可达2.5 mm或近无梗；萼筒管状或杯状，长4~5 mm，外被柔毛或无毛，萼片三角状卵形，长2~3 mm，内外被柔毛或无毛；花瓣白或粉红色，倒卵形；雄蕊短于花瓣；花柱伸出与雄蕊近等长或稍长；子房被毛或仅顶端或基部被毛；核果近球形，熟时红色，径0.5~1.2 cm；核棱脊两侧有纵沟。

(2) 生长习性　生于山坡林中、林缘、灌丛中或草地。产自黑龙江、吉林、辽宁、内蒙古、河北、山西、陕西、甘肃、宁夏、青海、山东、四川、云南、西藏等省（区）。

(3) 物候期　花期4—5月，果期6—9月。

15. 欧李 *Prunus humilis*（Bge.）Sok.

(1) 形态特征　又名酸丁、乌拉奈。蔷薇科樱属灌木，高0.4~1.5 m。小枝灰褐色或棕褐色，被短柔毛。冬芽卵形，疏被短柔毛或几无毛。叶片倒卵状长椭圆形或倒卵状披针形，长2.5~5 cm，宽1~2 cm，中部以上最宽，先端急尖或短渐尖，基部楔形，边有单锯齿或重锯齿，上面深绿色，无毛，下面浅绿色，无毛或被稀疏短柔毛，侧脉6~8对；叶柄长2~4 mm，无毛或被稀疏短柔毛；托叶线形，长 5~6 mm，边有腺体。花单生或 2~3 花簇生，花叶同开；花梗长 5~10 mm，被稀疏短柔毛；萼筒长宽近相等，约 3 mm，外面被稀疏柔毛，萼片三角卵圆形，先端急尖或圆钝；花瓣白色或粉红色，长圆形或倒卵形；雄蕊 30~35 枚；花柱与雄蕊近等长，无毛。核果成熟后近球形，红色或紫红色，直径 1.5~1.8 cm；核表面除背部两侧外无棱纹。

欧李（曹广才　摄）

（2）生长习性　生于阳坡砂地、山地灌丛中；庭园栽培。产自黑龙江、吉林、辽宁、内蒙古、河北、山东、河南。

（3）物候期　花期 4—5 月，果期 6—10 月。

16. 郁李 *Prunus japonica*（Thunb.）Lois.

郁李（曹广才　摄）

（1）形态特征　又名秧李、爵梅、复花郁李、菊李、棠棣、策李。蔷薇科樱属灌木，高可达 1.5 m；叶卵形或卵状披针形，长 3~7 cm，有缺刻状尖锐重锯齿，上面无毛，下面淡绿色，无毛或脉有稀疏柔毛，侧脉5~8对；叶柄长2~3 mm，无毛或被稀疏柔毛，托叶线形，长4~6 mm，有腺齿；花1~3朵，簇生，花叶同放或先叶开放；花梗长0.5~1 cm，无毛或被疏柔毛；萼筒陀螺形，长宽均2.5~3 mm，无毛；萼片椭圆形，比萼筒稍长，有细齿；花瓣白或粉红色，倒卵状椭圆形；花柱与雄蕊近等长，无毛；核果近球形，熟时深红色，径约1 cm；核光滑。

（2）生长习性　生于山坡林下、灌丛中或栽培，海拔100~200 m。产自黑龙江、吉林、辽宁、河北、山东、浙江。

（3）物候期　花期5月，果期7—8月。

17. 贴梗海棠 *Chaenomeles speciosa*（Sweet）Nakai.

贴梗海棠（曹广才　摄）

（1）形态特征　又名铁脚梨、贴梗木瓜、楙、木瓜、皱皮木瓜。蔷薇科木瓜属落叶灌木，高可达2 m，枝条直立开展，有刺；小枝圆柱形，微屈曲，无毛，紫褐色或黑褐色，有疏生浅褐色皮孔；冬芽三角卵形，先端急尖，近于无毛或在鳞片边缘具短柔毛，紫褐色。叶片卵形至椭圆形，稀长椭圆形，长3~9 cm，宽1.5~5 cm，先端急尖稀圆钝，基部楔形至宽楔形，边缘具有尖锐锯齿，齿尖开展，无毛或在萌蘖上沿下面叶脉有短柔毛；叶柄长约1 cm；托叶大形，草质，肾形或半圆形，稀卵形，长5~10 mm，宽12~20 mm，边缘有尖锐重锯齿，无毛。花先叶开放，3~5朵簇生于2年生老枝上；花梗短粗，长约3 mm或近于无柄；花直径3~5 cm；萼筒钟状，外面无毛；萼片直立，半圆形稀卵形，长3~4 mm，宽4~5 mm，长约萼筒之半，先端圆钝，全缘或有波状齿，花瓣倒卵形或近圆形，基部延伸成短爪，长10~15 mm，宽8~13 mm，猩红色，稀淡红色或白色；雄蕊45~50，长约花瓣之半；花柱5，基部合生，无毛或稍有毛，柱头头状，有不明显分裂，约与雄蕊等长。果实球形或卵球形，直径4~6 cm，黄色或带黄绿色，有稀疏不显明斑点，味芳香；萼片脱落，果梗短或近于无梗。

（2）生长习性　产自陕西、甘肃、四川、贵州、云南、广东。

（3）物候期　花期3—5月，果期9—10月。

18. 西府海棠 *Malus×micromalus* Makino

西府海棠（曹广才　摄）

（1）形态特征　又名子母海棠、小果海棠、海红。蔷薇科苹果属小乔木，高2.5~5 m，树枝直立性强；小枝细弱圆柱形，嫩时被短柔毛，老时脱落，紫红色或暗褐色，具稀疏皮孔；冬芽卵形，先端急尖，无毛或仅边缘有茸毛，暗紫色。叶片长椭圆形或椭圆形，长5~10 cm，宽2.5~5 cm，先端急尖或渐尖，基部楔形稀近圆形，边缘有尖锐锯齿，嫩叶被短柔毛，下面较密，老时脱落；叶柄长2~3.5 cm；托叶膜质，线状披针形，先端渐尖，边缘有疏生腺齿，近于无毛，早落。伞形总状花序，有花4~7朵，集生于小枝顶端，花梗长2~3 cm，嫩时被长柔毛，逐渐脱落；苞片膜质，线状披针形，早落；花直径约4 cm；萼筒外面密被白色长茸毛；萼片三角卵形、三角披针形至长卵形，先端急尖或渐尖，全缘，长5~8 mm，内面被白色茸毛，外面较稀疏，萼片与萼筒等长或稍长；花瓣近圆形或长椭圆形，长约1.5 cm，基部有短爪，粉红色；雄蕊约20枚，花丝长短不等，比花瓣稍短；花柱5，基部具茸毛，约与雄蕊等长。果实近球形，直径1~1.5 cm，红色，萼洼梗洼均下陷，萼片多数脱落，少数宿存。

（2）生长习性　产自辽宁、河北、山西、山东、陕西、甘肃、云南等地海拔100~2 400 m处。

物候期　花期4—5月，果期8—9月。

19. 榆叶梅 *Prunus triloba* Lindl.

（1）形态特征　又名额勒伯特-其其格、小桃红。蔷薇科李属灌木，稀小乔木，高2~3 m；小枝无毛或幼时微被柔毛；短枝叶常簇生，一年生枝叶互生叶宽椭圆形或倒卵形，长2~6 cm，先端短渐尖，常3裂，基部宽楔形，上面具疏柔毛或无毛，下面被柔毛，具粗锯齿或重锯齿；叶柄长 0.5~1 cm，被柔毛；短枝叶常族生，一年生枝叶互生叶宽椭圆形或倒卵形，长 2~6 cm，先端短渐尖，常 3 裂，基部宽楔形，上面具疏柔毛或无毛，下面被柔毛，具粗锯齿或重锯齿；叶柄长 0.5~1 cm，被柔毛；花 1~2 朵，先叶开放，径 2~3 cm；花梗长 4~8 mm；萼筒宽钟形，长 3~5 mm，无毛或幼时微具毛，萼片卵形或卵状披针形，无毛，近先端疏生小齿；花瓣近圆形或宽倒卵形，长 0.6~1 cm，粉红色；核果近球形，径 1~1.8 cm，顶端具小尖头，熟时红色，被柔毛；果柄长 0.5~1 cm；果肉薄，熟时开裂；核近球形，具厚硬壳，径 1~1.6 cm，两侧几不扁，顶端钝圆，具不整齐网纹。

榆叶梅（曹广才　摄）

（2）生长习性　生于坡地或沟旁乔、灌木林下或林缘。产自黑龙江、吉林、辽宁、内蒙古、河北、山西、陕西、甘肃、山东、江西、江苏、浙江等省（区）；目前全国各地多数公园内均有栽植。

（3）物候期　花期 4—5 月，果期 5—7 月。

第三节　豆科—山茱萸科

一、豆科

1. 白刺花 *Sophora davidii*（Franch.）Skeels

（1）形态特征　又名苦刺花、白刻针、狼牙槐。豆科苦参属灌木或小乔木，高 1~2 m，有时 3~4 m。枝多开展，小枝初被毛，旋即脱净，不育枝末端明显变成刺，有时分叉。羽状复叶；托叶钻状，部分变成刺，疏被短柔毛，宿存；小叶 5~9 对，形态多变，一般为椭圆状卵形或倒卵状长圆形，长 10~15 mm，先端圆或微缺，常具芒尖，基部钝圆形，上面几无毛，下面中脉隆起，疏被长柔毛或近无毛。总状花序着生于小枝顶端；花小，长约 15 mm，较少；花萼钟状，稍歪斜，蓝紫色，萼齿 5，不等大，圆三角形，无毛；花冠白色或淡黄色，有时旗瓣稍带红紫色，旗瓣倒卵状长圆形，长 14 mm，宽 6 mm，先端圆形，基部具细长柄，柄与瓣片近等长，反折，翼瓣与旗瓣等长，单侧生，倒卵状长圆形，宽约 3 mm，具 1 锐尖耳，明显具海绵状皱褶，龙骨瓣比翼瓣稍短，镰状倒卵形，具锐三角形耳；雄蕊约 10 枚，等长，基部连合不到 1/3；子房比花丝长，密被黄褐色柔毛，花柱变曲，无毛，胚珠多数，荚果非典型串珠状，稍压扁，长 6~8 cm，宽 6~7 mm，开裂方式与砂生槐同，表面散生毛或近无毛，有种子 3~5 粒；种子卵球形，长约 4 mm，径约 3 mm，深褐色。

白刺花（曹广才　摄）

（2）生长习性　产自华北、陕西、甘肃、河南、江苏、浙江、湖北、湖南、广西、四川、贵州、云南、西藏。生于河谷沙丘和山坡路边的灌木丛中，海拔 2 500 m 以下。耐旱性强，是水土保持树种之一，也可供观赏。

（3）物候期　花期 3—8 月，果期 6—10 月。

2. 河北木蓝 *Indigofera bungeana* Walp.

（1）形态特征　又名本氏木蓝、马棘、陕甘木蓝、野蓝枝子。豆科木蓝属直立灌木，高 40~100 cm。茎褐色，圆柱形，有皮孔，枝银灰色，被灰白色“丁”字毛。羽状复叶长 2. 5~5 cm；叶柄长可达 1 cm，叶轴上面有槽，与叶柄均被灰色平贴“丁”字毛；托叶三角形，长约 1 mm，早落；小叶 2~4 对，对生，椭圆形，稍倒阔卵形，长 5~1. 5 mm，宽 3~10 mm，先端钝圆，基部圆形，上面绿色，疏被“丁”字毛，下面苍绿色，“丁”字毛较粗；小叶柄长约 0. 5 mm；小托叶与小叶柄近等长或不明显。总状花序腋生，长 4~8 cm；总花梗较叶柄短；苞片线形，长约 1. 5 mm；花梗长约 1 mm；花萼长约 2 mm，外面被白色“丁”字毛，萼齿近相等，三角状披针形，与萼筒近等长；花冠紫色或紫红色，旗瓣阔倒卵形，长可达 5 mm，外面被“丁”字毛，翼瓣与龙骨瓣等长，龙骨瓣有距；花药圆球形，先端具小凸尖；子房线形，被疏毛。荚果褐色，线状圆柱形，长不超过 2. 5 cm，被白色“丁”字毛，种子间有横隔，内果皮有紫红色斑点；种子椭圆形。

河北木蓝（曹广才　摄）

（2）生长习性　分布于河北、北京、山西、山东、河南、陕西、甘肃、青海、安徽、江苏、浙江、江西、湖南、湖北、四川、重庆、贵州、云南、福建、广西、西藏等省（区、市）。

（3）物候期　花期 5—6 月，果期 8—10 月。

3. 槐叶决明 *Senna sophera*（L.）Roxb.

槐叶决明（曹广才　摄）

（1）形态特征　又名茳芒决明。豆科决明属小叶较小，有 5～10 对，长 1. 7～4. 2 cm，宽 0. 7～2 cm，椭圆状披针形，先端急尖或短渐尖；荚果长 5～10 cm，初时扁而稍厚，成熟时近圆筒形而多少膨胀。

（2）生长习性　中国中部、东南部、南部及西南部各省区均，北部部分省区有栽培；多山坡和路旁。

（3）物候期　花期7—9月，果期10—12月。

4. 双荚决明 *Senna bicapsularis*（L.）Roxb.

（1）形态特征　又名金边黄槐、双荚黄槐、腊肠仔树。豆科决明属直立灌木，多分枝，无毛。叶长7~12 cm，有小叶3~4对；叶柄长2.5~4 cm；小叶倒卵形或倒卵状长圆形，膜质，长2.5~3.5 cm，宽约1.5 cm，顶端圆钝，基部渐狭，偏斜，下面粉绿色，侧脉纤细，在近边缘处呈网结；在最下方的1对小叶间有黑褐色线形而钝头的腺体1枚。总状花序生于枝条顶端的叶腋间，常集成伞房花序状，长度约与叶相等，花鲜黄色，直径约2 cm；雄蕊约10枚，7枚能育，3枚退化而无花药，能育雄蕊中有3枚特大，高出于花瓣，4枚较小，短于花瓣。荚果圆柱状，膜质，直或微曲，长13~17 cm，直径约1.6 cm，缝线狭窄；种子2列。

双荚决明（曹广才　摄）

（2）生长习性　栽培于广东、广西等省区。北方也有种植。

（3）物候期　花期10—11月，果期11月至翌年3月。

5. 柠条锦鸡儿 *Caragana korshinskii* Kom.

（1）形态特征　又名柠条、金香雀。豆科锦鸡儿属灌木，有时小乔状，高1~4 m。老枝金黄色，有光泽；嫩枝被白色柔毛。羽状复叶有6~8对小叶；托叶在长枝者硬化成针刺，长3~7 mm，宿存；叶轴长3~5 cm，脱落；小叶披针形或狭长圆形，长7~8 mm，宽2~7 mm，先端锐尖或稍钝，有刺尖，基部宽楔形，灰绿色，两面密被白色伏贴柔毛。花梗长6~15 mm，密被柔毛，关节在中上部；花萼管状钟形，长8~9 mm，宽4~6 mm，密被伏贴短柔毛，萼齿三角形或披针状三角形；花冠长20~23 mm，旗瓣宽卵形或近圆形，先端截平而稍凹，宽约16 mm，具短瓣柄，翼瓣瓣柄细窄，稍短于瓣片，耳短小，齿状，龙骨瓣具长瓣柄，耳极短；子房披针形，无毛。荚果扁，披针形，长2~2.5 cm，宽6~7 mm，有时被疏柔毛。

柠条锦鸡儿（曹广才 摄）

(2) 生长习性 产自内蒙古（鄂尔多斯西北部、巴彦淖尔、阿拉善盟）、宁夏、甘肃（河西走廊）。生于半固定和固定沙地。常为优势种。

(3) 物候期 花期5月，果期6月。

6. 紫荆 *Cercis chinensis* Bunge

紫荆（曹广才 摄）

(1) 形态特征 又名老茎生花、紫珠、满条红。豆科紫荆属丛生或单生灌木，高2~5 m；树皮和小枝灰白色。叶纸质，近圆形或三角状圆形，长5~10 cm，宽与长相若或略短于长，先端急尖，基部浅至深心形，两面通常无毛，嫩叶绿色，仅叶柄略带紫色，叶缘膜质透明，新鲜时明显可见。花紫红色或粉红色，2~10余朵成束，簇生于老枝和主干上，尤以主干上花束较多，越到上部幼嫩枝条则花越少，通常先于叶开放，但嫩枝或幼株上的花则与叶同时开放，花长1~1.3 cm；花梗长3~9 mm；龙骨瓣基部具深紫色斑纹；子房嫩绿色，花蕾时光亮无毛，后期则密被短柔毛，有胚珠6~7颗。荚果扁狭长形，绿色，长4~8

cm，宽 1～1.2 cm，翅宽约 1.5 mm，先端急尖或短渐尖，喙细而弯曲，基部长渐尖，两侧缝线对称或近对称；果颈长 2～4 mm；种子 2～6 颗，阔长圆形，长 5～6 mm，宽约 4 mm，黑褐色，光亮。

(2) 生长习性　产自中国东南部，北至河北，南至广东、广西，西至云南、四川，西北至陕西，东至浙江、江苏和山东等省（区）。为常见的栽培植物，多植于庭园、屋旁、寺街边，少数生于密林或石灰岩地区。

(3) 物候期　花期 3—4 月，果期 8—10 月。

二、芸香科

1. 酸橙 *Citrus aurantium* L.

酸橙（曹广才　摄）

(1) 形态特征　芸香科柑橘属常绿小乔木，枝三棱状，有长刺。叶互生，革质，卵状矩圆形或倒卵形，长 5～10 cm，宽 2.5～5 cm，全缘或具微波状齿，两面无毛，具半透明的腺点；叶柄有狭长形或倒心形的翅。花 1 至数朵簇生于当年新枝的顶端或叶腋；萼片；花瓣 5，白色，有芳香；雄蕊约 25 枚，花丝基部部分愈合。柑果近球形，直径 7～8 cm，橙黄色，果皮粗糙。

(2) 生长习性　中国长江流域及以南各省区有栽培；越南、缅甸、印度、日本也有。果实可提制柠檬酸；入药，有破气消积等效；种子含油约 30%，作茶的香料用的玳玳花是酸橙的一个变种，果实在当年冬季变橙黄色，翌年夏季又变青。北方温室可种植。

(3) 物候期　花期 5—6 月，果成熟期 12 月。

2. 佛手 *Citrus medica* ‘Fingered’

异名　*Citrus medica* var. *digitata*

(1) 形态特征　芸香科柑橘属常绿小乔木或灌木。老枝灰绿色，幼枝略带紫红色，有短而硬的刺。单叶互生；叶柄短，长 3~6 mm，无翼叶，无关节；叶片革质，长椭圆形或倒卵状长圆形，长 5~16 cm，宽 2.5~7 cm，先端钝，有时微凹，基部近圆形或楔形，边缘有浅波状钝锯齿。花单生，簇生或为总状花序；花萼杯状，5 浅裂，裂片三角形；花瓣 5，内面白色，外面紫色；雄蕊多数；子房椭圆形，上部窄尖。柑果卵形或长圆形，先端分裂如拳状，或张开似指尖，其裂数代表心皮数，表面橙黄色，粗糙，果肉淡黄色。

佛手（曹广才　摄）

各器官形态与香橼难以区别。但子房在花柱脱落后即行分裂，在果的发育过程中成为手指状肉条，果皮甚厚，通常无种子。手指肉条挺直或斜展的称开佛手，闭合如拳的称闭佛手，或称合拳（广东新语），或拳佛手或假佛手。也有在同一个果上其外轮肉条为扩展性，内轮肉条为拳卷状的。

（2）生长习性　长江以南各地有栽种，北方温室有种植。

（3）物候期　花期 4—5 月，果熟期 10—12 月。

3. 金柑 *Citrus japonica* Thunb.

（1）形态特征　又名金橘、罗浮。芸香科柑橘属。树高 3 m 以内；枝有刺。叶质厚，浓绿，卵状披针形或长椭圆形，长 5~11 cm，宽 2~4 cm，顶端略尖或钝，基部宽楔形或近于圆；叶柄长可达 1.2 cm，翼叶甚窄。单花或 2~3 花簇生；花梗长 3~5 mm；花萼 4~5 裂；花瓣 5 片，长 6~8 mm；雄蕊 20~25 枚；子房椭圆形，花柱细长，通常为子房长的 1.5 倍，柱头稍增大。果椭圆形或卵状椭圆形，长 2~3.5 cm，橙黄至橙红色，果皮味甜，厚约 2 mm，油胞常稍凸起，瓢囊 5 或 4 瓣，果肉味酸，有种子 2~5 粒；种子卵形，端尖，子叶及胚均绿色，单胚或偶有多胚。

（2）生长习性　未见有野生，南方各地栽种，以台湾、福建、广东、广西栽种的较多，其耐寒性远不如金柑，故五岭以北较少见。北方也有种植。

（3）物候期　花期 3—5 月，果期 10—12 月。盆栽的多次开花，农家保留其 7—8 月的花期，至春节前夕果成熟。

金柑（张琴英　摄）

4. 枳 *Cirus trifoliata* L.

枳（曹广才　摄）

（1）形态特征　又名枸橘。芸香科柑橘属小乔木，高 1~5 m，树冠伞形或圆头形。枝绿色，嫩枝扁，有纵棱，刺长可达 4 cm，刺尖干枯状，红褐色，基部扁平。叶柄有狭长的翼叶，通常指状 3 出叶，很少 4~5 小叶，或杂交种的则除3 小叶外尚有 2 小叶或单小叶同时存在，小叶等长或中间的一片较大，长 2~5 cm，宽 1~3 cm，对称或两侧不对称，叶缘有细钝裂齿或全缘，嫩叶中脉上有细毛，花单朵或成对腋生，先叶开放，也有先叶后花的，有完全花及不完全花，后者雄蕊发育，雌蕊萎缩，花有大、小二型，花径 3.5~8 cm；萼片长 5~7 mm；花瓣白色，匙形，长 1.5~3 cm；雄蕊通常 20 枚，花丝不等长。果近圆球形或梨形，大小差异较大，通常纵径 3~4.5 cm，横径 3.5~6 cm，果顶微凹，有环圈，果皮暗黄色，粗糙，也有无环圈，果皮平滑的，油胞小而密，果心充实，瓢囊 6~8 瓣，汁胞有短柄，果肉含黏液，微有香橼气味，甚酸且苦，带涩味，有种子 20~50 粒；种子阔卵形，乳白或乳黄色，有黏液，平滑或间有不明显的细脉纹，长 9~12 mm（王海燕，2015）。

（2）生长习性　产自山东（日照、青岛等）、河南（伏牛山南坡及河南南部山区）、山西（晋城、阳城等县）、陕西（西乡、南郑、商县、蓝田等县）、甘肃（文县至成县一带）、安徽（蒙城等县）、江苏（泗阳、东海等县）、浙江、湖北（西北部山区及西南部）、湖南（西部山区）、江西、广东（北部栽培）、广西（北部）、贵州、云南等省（区）。各地多种植。

（3）物候期　花期 5—6 月，果期 10—11 月。

5. 九里香 *Murraya exotica* L. Mant.

九里香（曹广才　摄）

（1）形态特征　又名十里香、月橘、青香木、四季青。芸香科九里香属小乔木，高可达 8 m。枝白灰或淡黄灰色，但当年生枝绿色。叶有小叶 3~7 片，小叶倒卵形成倒卵状椭圆形，两侧常不对称，长 1~6 cm，宽 0.5~3 cm，顶端圆或钝，有时微凹，基部短尖，一侧略偏斜，边全缘，平展；小叶柄甚短。花序通常顶生，或顶生兼腋生，花多朵聚成伞状，为短缩的圆锥状聚伞花序；花白色，芳香；萼片卵形，长约 1.5 mm；花瓣 5 片，长椭圆形，长 10~15 mm，盛花时反折；雄蕊约 10 枚，长短不等，比花瓣略短，花丝白色，花药背部有细油点 2 颗；花柱较子房纤细，与子房之间无明显界限，均为淡绿色，柱头黄色，粗大。果橙黄色至朱红色，阔卵形或椭圆形，顶部短尖，略歪斜，有时圆球形，长 8~12

mm，横径 6~10 mm，果肉有黏胶质液，种子有短的棉质毛。

（2）生长习性　产自台湾、福建、广东、海南、广西等 5 省（区）南部。常见于离海岸不远的平地、缓坡、小丘的灌木丛中。喜生于沙质土、向阳地方。南部地区多用作围篱材料，或作花圃及宾馆的点缀品，亦作盆景材料。各地多种植。

（3）物候期　花期 4—8 月，也有秋后开花，果期 9—12 月。

三、黄杨科

大叶黄杨 *Buxus megistophylla* Levl.

大叶黄杨（曹广才　摄）

（1）形态特征　黄杨科黄杨属灌木或小乔木，高 0.6~2 m，胸径约 5 cm；小枝四棱形（或在末梢的小枝亚圆柱形，具钝棱和纵沟），光滑、无毛。叶革质或薄革质，卵形、椭圆状或长圆状披针形以至披针形，长 4~8 cm，宽 1.5~3 cm（稀披针形，长可达 9 cm，或菱状卵形，宽可达 4 cm），先端渐尖，顶钝或锐，基部楔形或急尖，边缘下曲，叶面光亮，中脉在两面均凸出，侧脉多条，与中脉成 40°~50°，通常两面均明显，仅叶面中脉基部及叶柄被微细毛，其余均无毛；叶柄长 2~3 mm。花序腋生，花序轴长 5~7 mm，有短柔毛或近无毛；苞片阔卵形，先端急尖，背面基部被毛，边缘狭干膜质；雄花 8~10 朵，花梗长约 0.8 mm，外萼片阔卵形，长约 2 mm，内萼片圆形，长 2~2.5 mm，背面均无毛，雄蕊连花药长约 6 mm，不育雌蕊高约 1 mm，雌花萼片卵状椭圆形，长约 3 mm，无毛；子房长 2~2.5 mm，花柱直立，长约 2.5 mm，先端微弯曲，柱头倒心形，下延达花柱的 1/3 处。蒴果近球形，长 6~7 mm，宿存花柱长约 5 mm，斜向挺出。

（2）生长习性　产自贵州西南部（镇宁、罗甸）、广西东北部（临桂、灌阳）、广东西北部（连县一带）、湖南南部（宜章）、江西南部（安远，会昌）；生山地、山谷、河岸或山坡林下，海拔 500~1 400 m。北方各地也多种植。

(3) 物候期　花期3—4月，果期6—7月。

四、卫矛科

卫矛 *Euonymus alatus* (Thunb.) Sieb.

(1) 形态特征　又名鬼见羽、毛脉卫矛。卫矛科卫矛属灌木，高1~3 m；小枝常具2~4列宽阔木栓翅；冬芽圆形，长2 mm左右，芽鳞边缘具不整齐细坚齿。叶卵状椭圆形、窄长椭圆形，偶为倒卵形，长2~8 cm，宽1~3 cm，边缘具细锯齿，两面光滑无毛；叶柄长1~3 mm。聚伞花序1~3花；花序梗长约1 cm，小花梗长约5 mm；花白绿色，直径约8 mm，4数；萼片半圆形；花瓣近圆形；雄蕊着生花盘边缘处，花丝极短，开花后稍增长，花药宽阔长方形，2室顶裂。蒴果1~4深裂，裂瓣椭圆状，长7~8 mm；种子椭圆状或阔椭圆状，长5~6 mm，种皮褐色或浅棕色，假种皮橙红色，全包种子。

卫矛（曹广才　摄）

(2) 生长习性　除东北、新疆、青海、西藏、广东及海南以外，全国各省(区)均产。生长于山坡、沟地边沿。分布达日本、朝鲜。

(3) 物候期　花期5—6月，果期7—10月。

五、省沽油科

1. 美国省沽油 *Staphylea trifolia* L.

(1) 形态特征　省沽油科省沽油属大型灌木或小乔木。小枝红褐色。叶对生，是由3片小叶组成的羽状复叶。叶片长卵形，渐尖，暗绿色，叶缘有细锯齿。圆锥花序顶生。花白色，下垂。花萼5片；花冠5瓣，与萼片近等长；雄蕊5枚；雌蕊子房上位，胚珠多数。蒴果膀胱状。种子较大，卵型，黑色。

(2) 生长习性　原产美国东北部。引入中国后，常栽植于大型植物园内。

美国省沽油（曹广才 摄）

（3）物候期 花期5月。果期7—9月（沈曼，2010）。

2. 省沽油 *Staphylea bumalda* DC.

省沽油（张琴英 摄）

（1）形态特征 省沽油科省沽油属落叶灌木，高约2 m，稀达5 m，树皮紫红色或灰褐色，有纵棱；枝条开展，绿白色复叶对生，有长柄，柄长2.5~3 cm，具三小叶；小叶椭圆形、卵圆形或卵状披针形，长3.5~8 cm，宽2~5 cm，先端锐尖，具尖尾，尖尾长约1 cm，基部楔形或圆形，边缘有细锯齿，齿尖具尖头，上面无毛，背面青白色，主脉及侧脉有短毛；中间小叶柄长5~10 mm，两侧小叶柄长1~2 mm。圆锥花序顶生，直立，花白色；萼片长椭圆形，浅黄白色，花瓣5，白色，倒卵状长圆形，较萼片稍大，长5~7 mm，雄蕊5，与花瓣略等长。蒴果膀胱状，扁平，2室，先端2裂；种子黄色，有光泽。种子含油17.57%，可制肥皂及油漆。茎皮可作纤维。据分析。

(2) 生长习性 分布于黑龙江、吉林、辽宁、河北、山西、陕西、浙江、湖北、安徽、江苏、四川等地；生于路旁、山地或丛林中。

(3) 物候期 花期4—5月，果期8—9月。

科尔切斯省沽油（张琴英 摄）

3. 科尔切斯省沽油 *Staphylea colchica* Stev.

(1) 形态特征 落叶灌木或小乔木。小枝灰褐色。对生奇数羽状复叶，小叶3~5枚，暗绿色。叶片卵形，急尖，叶缘有细齿。圆锥花序顶生。花白色，芳香。花萼5片；花冠5瓣；雄蕊5枚；雌蕊子房上位，胚珠多数。蒴果膀胱状。

(2) 生长习性 国外引种后，已成功地栽植于大型植物园内（如中国科学院北京植物园）。

(3) 物候期 花期5月，果期7—8月（沈曼，2010）。

六、无患子科

文冠果 *Xanthoceras sorbifolium* Bunge

(1) 形态特征 无患子科文冠果属落叶灌木或小乔木，高2~5 m；小枝粗壮，褐红色，无毛，顶芽和侧芽有覆瓦状排列的芽鳞。叶连柄长15~30 cm；小叶4~8对，膜质或纸质，披针形或近卵形，两侧稍不对称，长2.5~6 cm，宽1.2~2 cm，顶端渐尖，基部楔形，边缘有锐利锯齿，顶生小叶通常3深裂，腹面深绿色，无毛或中脉上有疏毛，背面鲜绿色，嫩时被茸毛和成束的星状毛；侧脉纤细，两面略凸起。花序先叶抽出或与叶同时抽出，两性花的花序顶生，雄花序腋生，长12~20 cm，直立，总花梗短，基部常有残存芽鳞；花梗长1.2~2 cm；苞片长0.5~1 cm；萼片长6~7 mm，两面被灰色茸毛；花瓣白色，基部紫红色或黄色，有清晰的脉纹，长约2 cm，宽7~10 mm，爪之两侧有须毛；花盘的角状附属体橙黄色，长4~5 mm；雄蕊长约1.5 cm，花丝无毛；子房被灰色茸毛。蒴果长可达 6 cm；种子长可达 1.8 cm，黑色而有光泽。花期春季，果期秋初。

文冠果（曹广才　摄）

（2）生长习性　中国产北部和东北部，西至宁夏、甘肃，东北至辽宁，北至内蒙古，南至河南。野生于丘陵山坡等处。各地也常栽培。

七、锦葵科

1. 朱槿 *Hibiscus rosa-sinensis* L.

朱槿（曹广才　摄）

（1）形态特征　又名扶桑。锦葵科木槿属常绿灌木，高 1~3 m；小枝圆柱形，疏被星状柔毛。叶阔卵形或狭卵形，长 4~9 cm，宽约 25 cm，先端渐尖，基部圆形或楔形，边缘具粗齿或缺刻，两面除背面沿脉上有少许疏毛外均无毛；叶柄长 5~20 mm，上面被长柔毛；托叶线形，长 5~12 mm，被毛。花单生于上部叶腋间，常下垂，花梗长 3~7 cm，疏被星状柔毛或近平滑无毛，近端有节；小苞片 6~7，线形，长 8~15 mm，疏被星状柔毛，基部合生；萼钟形，长约 2 cm，被星状柔毛，裂片 5，卵形至披针形；花冠漏斗形，直径 6~10 cm，玫瑰红色或淡红、淡黄等色，花瓣倒卵形，先端圆，外面疏被柔毛；雄蕊柱长 4~8 cm，平滑无毛；花柱枝 5。蒴果卵形，长约 2.5 cm，平滑无毛，有喙。花期全年。

(2) 生长习性　广东、云南、台湾、福建、广西、四川等省（区）栽培。花大色艳，四季常开，主供园林观用。北方园林也有栽培。

2. 木芙蓉 *Hibiscus mutabilis*.

木芙蓉（曹广才　摄）

(1) 形态特征　锦葵科木槿属落叶灌木或小乔木，高 2~5 m；小枝、叶柄、花梗和花萼均密被星状毛与直毛相混的细绵毛。叶宽卵形至圆卵形或心形，直径 10~15 cm，常 5~7 裂，裂片三角形，先端渐尖，具钝圆锯齿，上面疏被星状细毛和点，下面密被星状细绒毛；主脉 7~11 条；叶柄长 5~20 cm；托叶披针形，长 5~8 mm，常早落。花单生于枝端叶腋间，花梗长 5~8 cm，近端具节；小苞片 8，线形，长 10~16 mm，宽约 2 mm，密被星状绵毛，基部合生；萼钟形，长 2.5~3 cm，裂片 5，卵形，渐尖头；花初开时白色或淡红色，后变深红色，直径约 8 cm，花瓣近圆形，直径 4~5 cm，外面被毛，基部具髯毛；雄蕊柱长 2.5~3 cm，无毛；花柱枝 5，疏被毛。蒴果扁球形，直径约 2.5 cm，被淡黄色刚毛和绵毛，果爿 5；种子肾形，背面被长柔毛。花期 8—10 月。

(2) 生长习性　辽宁、河北、山东、陕西、安徽、江苏、浙江、江西、福建、台湾、广东、广西、湖南、湖北、四川、贵州和云南等省（区）栽培，系湖南原产。北京园林可栽培。

3. 木槿 *Hibiscus syriacus* Linn.

（1）形态特征　锦葵科木槿属落叶灌木，高 3~4 m，小枝密被黄色星状茸毛。叶菱形至三角状卵形，长 3~10 cm，宽 2~4 cm，具深浅不同的 3 裂或不裂，先端钝，基部楔形，边缘具不整齐齿缺，下面沿叶脉微被毛或近无毛；叶柄长 5~25 mm，上面被星状柔毛；托叶线形，长约 6 mm，疏被柔毛。花单生于枝端叶腋间，花梗长 4~14 mm，被星状短茸毛；小苞片 6~8，线形，长 6~15 mm，宽 1~2 mm，密被星状疏绒毛；花萼钟形，长 14~20 mm，密被星状短绒毛，裂片 5，三角形；花钟形，淡紫色，直径 5~6 cm，花瓣倒卵形，长 3.5~4.5 cm，外面疏被纤毛和星状长柔毛；雄蕊柱长约 3 cm；花柱枝无毛。蒴果卵圆形，直径约 12 mm，密被黄色星状绒毛；种子肾形，背部被黄白色长柔毛。花期 7—10 月。

木槿（曹广才　摄）

（2）生长习性　台湾、福建、广东、广西、云南、贵州、四川、湖南、湖北、安徽、江西、浙江、江苏、山东、河北、河南、陕西等省（区）均有栽培，系我国中部各省原产。北京园林和路旁也常见。

八、山茶科

山茶 *Camellia japonica* L.

（1）形态特征　山茶科山茶属灌木或小乔木，高可达 9 m，嫩枝无毛。叶革质，椭圆形，长 5~10 cm，宽 2.5~5 cm，先端略尖，或急短尖而有钝尖头，基部阔楔形，上面深绿色，干后发亮，无毛，下面浅绿色，无毛，侧脉 7~8 对，在上下两面均能见，边缘有相隔 2~3.5 cm 的细锯齿。叶柄长 8~15 mm，无毛。花顶生，红色，无柄；苞片及萼片约 10 片，组成长 2.5~3 cm 的杯状苞被，半圆形至圆形，长 4~20 mm，外面有绢毛，脱落；花瓣 6~7 片，外侧 2 片近圆形，几离生，长 2 cm，外面有毛，内侧 5 片基部连生约 8 mm，倒卵圆形，长 3~4.5 cm，无毛；雄蕊 3 轮，长 2.5~3 cm，外轮花丝基部连生，花丝管长约 1.5 cm，无毛；内轮雄蕊离生，稍短，子房无毛，花柱长约 2.5 cm，先端 3 裂。蒴果圆球形，直径 2.5~3 cm，2~3 室，每室有种子 1~2 个，3 爿裂开，果爿厚木质。花期 1—4 月。

山茶（吴东兵　摄）

（2）生长习性　四川、台湾、山东、江西等地有野生种，国内各地广泛栽培，品种繁多。花大多数为红色或淡红色，亦有白色，多为重瓣。

九、瑞香科

1. 瑞香 *Daphne odora* Thunb.

瑞香（曹广才　摄）

（1）形态特征　又名夺皮香、沈丁花、瑞兰、千里香。瑞香科瑞香属常绿直立灌木；枝粗壮，通常二歧分枝，小枝近圆柱形，紫红色或紫褐色，无毛。叶互生，纸质，长圆形或倒卵状椭圆形，长 7~13 cm，宽 2.5~5 cm，先端钝尖，基部楔形，边缘全缘，上面绿色，下面淡绿色，两面无毛，侧脉 7~13 对，与中脉在两面均明显隆起；叶柄粗壮，长 4~10 mm，散生极少的微柔毛或无毛。花外面淡紫红色，内面肉红色，无毛，数朵至 12 朵组成顶生头状花序；苞片披针形或卵状披针形，长 5~8 mm，宽 2~3 mm，无毛，脉纹显著隆起；花萼筒管状，长 6~10 mm，无毛，裂片 4，心状卵形或卵状披针形，基部心脏形，与花萼筒等长或超过之；雄蕊 8，2 轮，下轮雄蕊着生于花萼筒中部以上，上轮雄蕊的花药 1/2 伸出花萼筒的喉部，花丝长约 0.7 mm，花药长圆形，长约 2 mm；子房长圆形，无毛，顶端钝形，花柱短，柱头头状。果实红色。

(2) 生长习性　分布于中国和中南半岛，日本仅有栽培。

(3) 物候期　花期 3—5 月，果期 7—8 月。

2. 金边瑞香 *Daphne odora* Thunb.

金边瑞香（曹广才　摄）

(1) 形态特征　瑞香科瑞香属是瑞香的变种，常绿小灌木。叶片边缘淡黄色，中部绿色，叶互生，纸质，长圆形或倒卵状椭圆形，叶片密集轮生椭圆形；花开早期外面淡紫红色，内面肉红色，花开后期变为白色，数朵至十几朵组成顶生头状花序，花被筒状，花香浓郁。肉质根系（刘淑娟，2019）。

(2) 生活习性　金边瑞香主要分布于中国江西、浙江一带，常用作观赏盆栽。起源于中国，属于中国特有的种质资源，由于独特的“花香神韵”，俱佳的观赏效果，深受中国及国外人民的喜爱，成为瑞香属植物中研究及栽培应用最多的一个品种。北方园林温室有种植。

(3) 物候期　花期 2 个月，盛花期春节期间，花色紫红鲜艳，香味浓郁。

十、山茱萸科

红瑞木 *Cornus alba* Linnaeus

(1) 形态特征　又名凉子木、红瑞山茱萸。山茱萸科梾木属灌木，高可达3 m；树皮紫红色；幼枝有淡白色短柔毛，后即秃净而被蜡状白粉，老枝红白色，散生灰白色圆形皮孔及略为突起的环形叶痕。冬芽卵状披针形，长3~6 mm，被灰白色或淡褐色短柔毛。叶对生，纸质，椭圆形，稀卵圆形，长5~8.5 cm，宽1.8~5.5 cm，先端突尖，基部楔形或阔楔形，边缘全缘或波状反卷，上面暗绿色，有极少的白色平贴短柔毛，下面粉绿色，被白色贴生短柔毛，有时脉腋有浅褐色毛，中脉在上面微凹陷，下面凸起，侧脉4~6对，弓形内弯，在上面微凹下，下面凸出，细脉在两面微显明。伞房状聚伞花序顶生，较密，宽约3 cm，被白色短柔毛；总花梗圆柱形，长1.1~2.2 cm，被淡白色短柔毛；花小，白色或淡黄白色，长5~6 mm，直径6~8.2 mm，花萼裂片4，尖三角形，长0.1~0.2 mm，短于花盘，外侧有疏生短柔毛；花瓣4，卵状椭圆形，长3~3.8 mm，宽1.1~1.8 mm，先端急尖或短渐尖，上面无毛，下面疏生贴生短柔毛；雄蕊4，长5~5.5 mm，着生于花盘外侧，花丝线形，微扁，长4~4.3 mm，无毛，花药淡黄色，2室，卵状椭圆形，长1.1~1.3 mm，丁字形着生；花盘垫状，高0.2~0.25 mm；花柱圆柱形，长2.1~2.5 mm，近于无毛，柱头盘状，宽于花柱，子房下位，花托倒卵形，长1.2 mm，直径1 mm，被贴生灰白色短柔毛；花梗纤细，长2~6.5 mm，被淡白色短柔毛，与子房交接处有关节。核果长圆形，微扁，长约8 mm，直径5.5~6 mm，成熟时乳白色或蓝白色，花柱宿存；核棱形，侧扁，两端稍尖呈喙状，长5 mm，宽3 mm，每侧有脉纹3条；果梗细圆柱形，长3~6 mm，有疏生短柔毛。

红瑞木（曹广才　摄）

（2）生活习性　产自黑龙江、吉林、辽宁、内蒙古、河北、陕西、甘肃、青海、山东、江苏、江西等省（区）。生于海拔 600~1 700 m（在甘肃可高达 2 700 m）的杂木林或针阔叶混交林中。北京园林中可见。

（3）物候期　花期 6—7 月，果期 8—10 月。

十一、胡颓子科

牛奶子 *Elaeagnus umbellata* Thunb.

（1）形态特征　又名甜枣、剪子果、夏茱萸。胡颓子科胡颓子属落叶直立灌木，高 1~4 m，具长 1~4 cm 的刺；小枝甚开展，多分枝，幼枝密被银白色和少数黄褐色鳞片，有时全被深褐色或锈色鳞片，老枝鳞片脱落，灰黑色；芽银白色或褐色至锈色。叶纸质或膜质，椭圆形至卵状椭圆形或倒卵状披针形，长 3~8 cm，宽 1~3.2 cm，顶端钝形或渐尖，基部圆形至楔形，边缘全缘或皱卷至波状，上面幼时具白色星状短柔毛或鳞片，成熟后全部或部分脱落，干燥后淡绿色或黑褐色，下面密被银白色和散生少数褐色鳞片，侧脉 5~7 对，两面均略明显；叶柄白色，长 5~7 mm。花较叶先开放，黄白色，芳香，密被银白色盾形鳞片，1~7 花簇生新枝基部，单生或成对生于幼叶腋；花梗白色，长 3~6 mm；萼筒圆筒状漏斗形，稀圆筒形，长 5~7 mm，在裂片下面扩展，向基部渐窄狭，在子房上略收缩，裂片卵状三角形，长 2~4 mm，顶端钝尖，内面几无毛或疏生白色星状短柔毛；雄蕊的花丝极短，长约为花药的 1/2，花药矩圆形，长约 1.6 mm；花柱直立，疏生少数白色星状柔毛和鳞片，长约 6.5 mm，柱头侧生。果实几球形或卵圆形，长 5~7 mm，幼时绿色，被银白色或有时全被褐色鳞片，成熟时红色；果梗直立，粗壮，长 4~10 mm。

牛奶子（曹广才　摄）

（2）生活习性　产华北、华东、西南各省（区）。本种为亚热带和温带地区常见的植物，生长于海拔 20~3 000 m 的向阳的林缘、灌丛、荒坡和沟边。由于环境的变化和影响，因此，植物体各部形态、大小、颜色、质地均有不同程度的变化。

（3）物候期　花期 4—5 月，果期 7—8 月。

十二、千屈菜科

紫薇 *Lagerstroemia indica* L.

（1）形态特征　又名千日红、无皮树、百日红、紫兰花。千屈菜科紫薇属落叶灌木或小乔木，高可达 7 m；树皮平滑，灰色或灰褐色；枝干多扭曲，小枝纤细，具 4 棱，略成翅状。叶互生或有时对生，纸质，椭圆形、阔矩圆形或倒卵形，长 2.5~7 cm，宽 1.5~4 cm，顶端短尖或钝形，有时微凹，基部阔楔形或近圆形，无毛或下面沿中脉有微柔毛，侧脉 3~7 对，小脉不明显；无柄或叶柄很短。花淡红色或紫色、白色，直径 3~4 cm，常组成 7~20 cm 的顶生圆锥花序；花梗长 3~15 mm，中轴及花梗均被柔毛；花萼长 7~10 mm，外面平滑无棱，但鲜时萼筒有微突起短棱，两面无毛，裂片 6，三角形，直立，无附属体；花瓣 6，皱缩，长 12~20 mm，具长爪；雄蕊 36~42，外面 6 枚着生于花萼上，比其余的长得多；子房 3~6 室，无毛。蒴果椭圆状球形或阔椭圆形，长 1~1.3 cm，幼时绿色至黄色，成熟时或干燥时呈紫黑色，室背开裂；种子有翅，长约 8 mm。

紫薇（曹广才　摄）

（2）生活习性　广东、广西、湖南、福建、江西、浙江、江苏、湖北、河南、河北、山东、安徽、陕西、四川、云南、贵州及吉林等省（区）均有生长或栽培；半阴生，喜生于肥沃湿润的土壤，也能耐旱，不论钙质土或酸性土都生长良好。原产亚洲，现广植于热带地区。北方地区园林常见，也见于路旁。

（3）物候期　花期 6—9 月，果期 9—12 月。

十三、安石榴科

石榴 *Punica granatum* L.

石榴（曹广才　摄）

（1）形态特征　安石榴科石榴属，又称安石榴、山力叶、丹若、石榴木。落叶灌木或乔木，高通常 3~5 m，稀达 10 m，枝顶常成尖锐长刺，幼枝具棱角，无毛，老枝近圆柱形。叶通常对生，纸质，矩圆状披针形，长 2~9 cm，顶端短尖、钝尖或微凹，基部短尖至稍钝形，上面光亮，侧脉稍细密；叶柄短。花大，1~5 朵生枝顶；萼筒长 2~3 cm，通常红色或淡黄色，裂片略外展，卵状三角形，长 8~13 mm，外面近顶端有 1 黄绿色腺体，边缘有小乳突；花瓣通常大，红色、黄色或白色，长 1.5~3 cm，宽 1~2 cm，顶端圆形；花丝无毛，长可达 13 mm；花柱长超过雄蕊。浆果近球形，直径 5~12 cm，通常为淡黄褐色或淡黄绿色，有时白色，稀暗紫色。种子多数，钝角形，红色至乳白色，肉质的外种皮供食用。

（2）生活习性　中国栽培石榴的历史，可上溯至汉代，据陆巩记载是张骞引入的。石榴是一种常见果树，中国南北都有栽培，以江苏、河南等地种植面积较大，并培育出一些较优质的品种，其中江苏的水晶石榴和小果石榴都是较好的。

（3）物候期　花期 5—7 月，果期 9—10 月。

因其叶翠绿，花大而鲜艳，故各地公园和风景区也常有种植以美化环境。根据花的颜色以及重瓣或单瓣等特征又可分为若干个栽培变种，如月季石榴，矮小灌木，叶线形，花果均较小；白石榴，花白色；重瓣白花石榴，花白色而重瓣；黄石榴，花黄色；玛瑙石榴，花重瓣，有红色或黄白色条纹。这些变种主要用作供观赏。

十四、五加科

八角金盘 *Fatsia japonica*（Thunb.）Decne. et Planch.

八角金盘（曹广才　摄）

（1）形态特征　又名手树。五加科八角金盘属八角金盘乃指其掌状的叶片，裂叶约 8 片，看似有 8 个角而名。常绿灌木或小乔木，高可达 5 m。茎光滑无刺。叶柄长 10~30 cm；叶片大，革质，近圆形，直径 12~30 cm，掌状 7~9 深裂，裂片长椭圆状卵形，先端短渐尖，基部心形，边缘有疏离粗锯齿，上表面暗亮绿色，下面色较浅，有粒状突起，边缘有时呈金黄色；侧脉搏在两面隆起，网脉在下面稍显著。圆锥花序顶生，长 20~40 cm；伞形花序直径 3~5 cm，花序轴被褐色绒毛；花萼近全缘，无毛；花瓣 5，卵状三角形，长 2.5~3 mm，黄白色，无毛；雄蕊 5，花丝与花瓣等长；子房下位，5 室，每室有 1 胚球；花柱 5，分离；花盘凸起半圆形。果实近球形，直径约 5 mm，熟时黑色。

（2）生活习性　中国华北、华东及云南昆明庭园。其性耐阴，在园林中常种植于假山边上或大树旁边，还能作为观叶植物用于室内，厅堂及会场陈设。

（3）物候期　花期 10—11 月，果熟期翌年 4 月。

十五、山茱萸科

1. 山茱萸 *Cornus officinalis* Siebold & Zucc.

（1）形态特征　又名枣皮。山茱萸科山茱萸属落叶乔木或灌木，高 4~10 m；树皮灰褐色；小枝细圆柱形，无毛或稀被贴生短柔毛，冬芽顶生及腋生，卵形至披针形，被黄褐色短柔毛。叶对生，纸质，卵状披针形或卵状椭圆形，长 5.5~10 cm，宽 2.5~4.5 cm，先端渐尖，基部宽楔形或近于圆形，全缘，上面绿色，无毛，下面浅绿色，稀被白色贴生短柔毛，脉腋密生淡褐色丛毛，中脉在上面明显，下面凸起，近于无毛，侧脉 6~7 对，弓形内弯；叶柄细圆柱形，长 0.6~1.2 cm，上面有浅沟，下面圆形，稍被贴生疏柔毛。伞形花序生于枝侧，总苞片 4，卵形，厚纸质至革质，长约 8 mm，带紫色，两侧略被短柔毛，开花后脱落；总花梗粗壮，长约 2 mm，微被灰色短柔毛；花小，两性，先叶开放；花萼裂片 4，阔三角形，与花盘等长或稍长，长约 0.6 mm，无毛；花瓣 4，舌状披针形，长约 3.3 mm，黄色，向外反卷；雄蕊 4，与花瓣互生，长 1.8 mm，花丝钻形，花药椭圆形，2 室；花盘垫状，无毛；子房下位，花托倒卵形，长约 1 mm，密被贴生疏柔毛，花柱圆柱形，长约 1.5 mm，柱头截形；花梗纤细，长 0.5~1 cm，密被疏柔毛。核果长椭圆形，长 1.2~1.7 cm，直径 5~7 mm，红色至紫红色；核骨质，狭椭圆形，长约 12 mm，有数条不整齐的肋纹。

山茱萸（张琴英　摄）

（2）生活习性　产自山西、陕西、甘肃、山东、江苏、浙江、安徽、江西、河南、湖南等省。生于海拔 400~1 500 m，稀可达2 100 m 的林缘或森林中。在四川有引种栽培。北京园林中可见。

（3）物候期　花期 3—4 月，果期 9—10 月。

2. 毛梾 *Cornus walteri* Wangerin

（1）形态特征　山茱萸科梾木属落叶乔木或灌木，高 6~15 m；树皮厚，黑褐色，纵裂而又横裂成块状；幼枝对生，绿色，略有棱角，密被贴生灰白色短柔毛，老后黄绿色，无毛。冬芽腋生，扁圆锥形，长约 1.5 mm，被灰白色短柔毛。叶对生，纸质，椭圆形、长圆椭圆形或阔卵形，长 4~15.5 cm，宽 1.7~8 cm，先端渐尖，基部楔形，有时稍不对称，上面深绿色，稀被贴生短柔毛，下面淡绿色，密被灰白色贴生短柔毛，中脉在上面明显，下面凸出，侧脉 4~5 对，弓形内弯，在上面稍明显，下面凸起；叶柄长 0.8~3.5 cm，幼时被有短柔毛，后渐无毛，上面平坦，下面圆形。伞房状聚伞花序顶生，花密，宽 7~9 cm，被灰白色短柔毛；总花梗长1.2~2 cm；花白色，有香味，直径约9.5 mm；花萼裂片4，绿色，齿状三角形，长约0.4 mm，与花盘近于等长，外侧被有黄白色短柔毛；花瓣4，长圆披针形，长4.5~5 mm，宽1.2~1.5 mm，上面无毛，下面有贴生短柔毛；雄蕊4，无毛，长4.8~5 mm，花丝线形，微扁，长约4 mm，花药淡黄色，长圆卵形，2室，长1.5~2 mm，"丁"字形着生；花盘明显，垫状或腺体状，无毛；花柱棍棒形，长约3.5 mm，被有稀疏的贴生短柔毛，柱头小，头状，子房下位，花托倒卵形，长1.2~1.5 mm，直径1~1.1 mm，密被灰白色贴生短柔毛；花梗细圆柱形，长0.8~2.7 mm，有稀疏短柔毛。核果球形，直径6~8 mm，成熟时黑色，近于无毛；核骨质，扁圆球形，直径约5 mm，高约4 mm，有不明显的肋纹。

毛梾（曹广才　摄）

（2）生活习性　产自辽宁、河北、山西南部以及华东、华中、华南、西南各省（区）。生于海拔300~1 800 m，稀达2 600~3 300 m的杂木林或密林下。北京园林中可见。

（3）物候期　花期5月，果期9月。

3. 日本四照花 *Cornus kousa* F. Buergerex Hance

（1）形态特征　异名 *Dendrobenthamia japonica*，山茱萸科山茱萸属落叶小乔木；小枝幼时被灰白色细伏毛；叶厚纸质或纸质，卵形或卵状椭圆形，长5~11.5 cm，先端尾状渐尖，基部宽楔形或近圆，全缘或具细齿，上面疏被白色细伏毛，下面被白色短伏毛，脉腋簇生黄色丝状毛，侧脉4~5对；叶柄长0.5~1 cm，被白色细伏毛；顶生圆球形头状花序常由40~50花组成；白色总苞片4，卵形或卵状披针形，无毛；花序梗纤细，近无毛；花萼裂片内侧具1圈褐色短柔毛；花盘垫状；花柱被粗毛；果序球形，成熟时红色，微被毛；果序柄纤细，长5.5~6.5 cm。

日本四照花（曹广才　摄）

（2）生活习性　长江流域及河南、山西、陕西、甘肃均有栽培。性喜光，稍耐阴，喜温暖湿润气候，有一定耐寒力，喜湿润而排水良好的沙质土壤。北京园林中可见。

（3）物候期　3 月下旬开始发芽，4 月上旬展叶，4 月下旬形成花序，5 月上旬为始花期，5 月中旬为盛花期，6 月上旬为终花期；9 月中旬果实开始成熟，9 月下旬至 10 月上中旬为果熟期，11 月中旬为果实成熟盛期，11 月下旬至 12 月上旬逐渐散落（杨寻，2017）。

4. 四照花 *Cornus kousa* subsp. *chinehsis*（Oborh）Q. Y. Xiang

四照花（曹广才　摄）

（1）形态特征　山茱萸科山茱萸属落叶小乔木，高 5~9 m。单叶对生，厚纸质，卵形或卵状椭圆形，长 6~12 cm，宽 3~6.5 cm，叶柄长 5~10 mm，叶端渐尖，叶基圆形或广楔形，弧形侧脉 3~5 对，脉腋具黄褐色毛或白色毛。头状花序近球形，生于小枝顶端，具 20~30 朵花；花序总苞片 4 枚，长可达

5 cm，花瓣状，卵形或卵状披针形，乳白色。花萼筒状；花盘垫状。雄蕊 4，子房 2 室。果球形，紫红色；总果柄纤细，长 5.5~6.5 cm，果实直径 1.5~2.5 cm（罗伟祥，2007）。

（2）生长习性　分布于内蒙古、山西、陕西、甘肃、江苏、安徽、浙江、江西、福建、台湾、河南、湖北、湖南、四川、贵州、云南等省（区）。生长于海拔 600~2 200 m 的森林中。北京园林中可见。

（3）物候期　花期 5—6 月，果期 8—10 月。

5. 红瑞木 *Cornus alba* Linnaeus

红瑞木（曹广才　摄）

（1）形态特征　又名凉子木、红瑞山茱萸。山茱萸科山茱萸属灌木，高可达 3 m；树皮紫红色；幼枝有淡白色短柔毛，后即秃净而被蜡状白粉，老枝红白色，散生灰白色圆形皮孔及略为突起的环形叶痕。冬芽卵状披针形，长 3~6 mm，被灰白色或淡褐色短柔毛。叶对生，纸质，椭圆形，稀卵圆形，长 5~8.5 cm，宽 1.8~5.5 cm，先端突尖，基部楔形或阔楔形，边缘全缘或波状反卷，上面暗绿色，有极少的白色平贴短柔毛，下面粉绿色，被白色贴生短柔毛，有时脉腋有浅褐色髯毛，中脉在上面微凹陷，下面凸起，侧脉 4~6 对，弓形内弯，在上面微凹下，下面凸出，细脉在两面微明显。伞房状聚伞花序顶生，较密，宽 3 cm，被白色短柔毛；总花梗圆柱形，长 1.1~2.2 cm，被淡白色短柔毛；花小，白色或淡黄白色，长 5~6 mm，直径 6~8.2 mm，花萼裂片 4，尖三角形，长 0.1~0.2 mm，短于花盘，外侧有疏生短柔毛；花瓣 4，卵状椭圆形，长 3~3.8 mm，宽 1.1~1.8 mm，先端急尖或短渐尖，上面无毛，下面疏生贴生短柔毛；雄蕊 4，长 5~5.5 mm，着生于花盘外侧，花丝线形，微扁，长 4~4.3 mm，无毛，花药淡黄色，2 室，卵状椭圆形，长 1.1~1.3 mm，“丁”字形着生；花盘垫状，高 0.2~0.25 mm；花柱圆柱形，长 2.1~2.5 mm，近于无毛，柱头盘状，宽于花柱，子房下位，花托倒卵形，长 1.2 mm，直径 1 mm，被贴生灰白色短柔毛；花梗纤细，长 2~6.5 mm，被淡白色短柔毛，与子房交接处有关节。核果长圆形，微扁，长约 8 mm，直径 5.5~6 mm，成熟时乳白色或蓝白色，花柱宿存；核棱形，侧扁，两端稍尖呈喙状，长 5 mm，宽 3 mm，每侧有脉纹 3 条；果梗细圆柱形，长 3~6 mm，有疏生短柔毛。

（2）生活习性　产黑龙江、吉林、辽宁、内蒙古、河北、陕西、甘肃、青海、山东、江苏、江西等省（区）。生于海拔 600~1 700 m（在甘肃可高达 2 700 m）的杂木林或针阔叶混交林中。北京园林中可见。

（3）物候期　花期 6—7 月，果期 8—10 月。

第四节　杜鹃花科—山榄科

一、杜鹃花科

1. 杜鹃 *Rhododendron simsii* Planch.

杜鹃（曹广才　摄）

（1）形态特征　又名映山红、山石榴、山踯躅、红杜鹃等。杜鹃花科杜鹃属半常绿灌木。树皮淡灰色。多分枝，小枝细而弯曲，暗灰色，有鳞片和柔毛。芽卵形，鳞片广卵形。单叶互生，叶柄短，有微毛；叶片近革质，集生于小枝上部，椭圆形或卵状长圆形，先端钝，有短尖，基部楔形，全缘，上面深绿色，散生白色腺鳞，下面淡绿色，密生腺鳞。花 1~4 朵生于枝顶，先叶开放。萼片短小，5 裂，外面密生鳞片；花冠漏斗状，5 裂，粉红色或紫红色，外生柔毛；雄蕊 10 枚，伸出花冠，花丝基部有柔毛，花药紫色；雌蕊 1 子房，10 室，子房壁上密生腺鳞，花柱比花瓣长，宿存。蒴果长圆形，先端开裂。

（2）生长习性　生于山脊、山坡及林下，喜酸性土壤。原产长江流域以南及西南各地。分布较广泛。北方常用温室盆栽。

（3）物候期　花期 5—6 月，果期 7—8 月。

2. 照山白 *Rhododendron micranthum* Turcz.

照山白（曹广才　摄）

（1）形态特征　又名照白杜鹃、达理、万斤、万经科、小花杜鹃、白镜子、铁石茶。杜鹃花科杜鹃属常绿灌木。茎多分枝。小枝褐色，有褐色鳞片及柔毛。单叶互生或集生枝顶，叶柄短或近无柄；叶片革质，椭圆状披针形或狭卵圆形，先端钝尖，基部楔形，边缘有疏浅齿或全缘，上面绿色，下面密生褐色腺鳞。花密集成顶生总状花序，花小。花萼 5 裂，卵形至披针形，外面被褐色鳞片及柔毛；花冠钟形，白色，5 裂，裂片卵形；雄蕊 10 枚，伸出花冠，无毛；雌蕊子房 5 室，花柱短于雄蕊。蒴果长圆形，成熟后褐色，5 裂，外面有鳞片。

（2）生长习性　生于山坡、山沟、石缝、灌丛。分布于东北、华北、西北及湖北、四川、山东等地。性喜阴，喜酸性土壤，耐干旱、耐寒、耐瘠薄，适应性强。

（3）物候期　花期 5—7 月，果期 7—9 月。

二、木樨科

1. 木樨 *Osmanthus fragrans* Lour.

（1）形态特征　又名岩桂、桂花、九里香、金粟、丹桂。木樨科木樨属常绿灌木或小乔木。分枝性强，分枝点低。树皮粗糙，灰褐色或灰白色，纵裂或有明显菱形皮孔。单叶对生，叶片革质，叶面有光泽或稍具光泽，叶表呈绿色或深绿色，叶背颜色较淡，长椭圆形，先端急尖或渐尖，基部楔形，边缘具锯齿或仅顶端有齿；叶柄短。芽叠生，被鳞片，绿色，有的为暗紫红色。聚伞花序簇生叶腋，基部有合生苞片。每花序有小花 3~9 朵，花梗纤细。萼管有 4 齿；花冠 4 深裂，黄白色，有浓烈香气；雄蕊 2 枚，花丝极短，不外露；雌蕊柱头头状，2 裂，子房上位，2 室。花色因品种而异，有浅黄白、浅黄、橙黄和橙红等色。核果，成熟时暗紫蓝色，椭圆形，顶端渐尖，有喙。

木樨（曹广才　摄）

（2）生长习性　原产中国西南部，为中国特有树种。长江流域广泛栽培。北方也不鲜见。播种、压条、嫁接和扦插法繁殖。喜光，稍耐阴，不耐寒。

（3）物候期　花期 9—10 月，果期翌年 4—5 月。

2. 白丁香 *Syringa oblata* ‘Alba’

白丁香（曹广才　摄）

（1）形态特征　木樨科丁香属落叶灌木或小乔木，叶较小，叶面有疏生绒毛；花为白色。单叶互生，叶片纸质，卵圆形或肾脏形，有微柔毛，先端锐尖。圆锥花序。花白色，有单瓣、重瓣之别。花冠 4 裂，筒状。

（2）生长习性　喜光，稍耐阴，耐寒，耐旱，喜排水良好的深厚肥沃土壤。

原产华北地区。长江以北地区均有栽培，尤以华北、东北为多。扦插繁殖或嫁接繁殖，种子繁殖容易产生变异。

（3）物候期　花期4—5月，果期9月。

3. 红丁香 *Syringa villosa* Vahl

红丁香（曹广才　摄）

（1）形态特征　木樨科丁香属灌木，枝直立，粗壮，灰褐色，具皮孔，小枝淡灰棕色，无毛或被微柔毛；叶片卵形，椭圆状卵形、宽椭圆形至倒卵状长椭圆形，先端锐尖或短渐尖，基部楔形或宽楔形至近圆形，上面深绿色，下面粉绿色。圆锥花序直立，由顶芽抽生，长圆形或塔形，花芳香；萼齿锐尖或钝；花冠淡紫红色、粉红色至白色，裂片成熟时呈直角向外展开，卵形或长圆状椭圆形，果长圆形，先端凸尖，皮孔不明显。

（2）生长习性　国内分布分布于河北、山西。生长在海拔1 200～2 200 m的山坡灌丛或沟边、河旁。红丁香是丁香属的一个优良抗逆观赏品种。

（3）物候期　5—6月开花，9月结果。

4. 花叶丁香 *Syringa persica* L.

（1）形态特征　又名波斯丁香、棒棒花。木樨科丁香属小灌木。皮暗灰褐色、小枝对生，细长，无毛，皮孔灰白色，椭圆形。芽广卵形，红褐色，芽鳞多数，无毛。叶对生，有柄，无毛；叶片卵状椭圆形、长圆状卵形至披针形，不裂或3裂，基部楔形至广楔形，先端渐尖，全缘，表面绿色，背面淡绿色，无毛，密布微小的黑点。圆锥花序自侧芽生出，花梗短。花萼4裂，裂片广三角形，先端钝；花冠淡紫色，4裂片，椭圆形，先端钝或稍尖，外展，花冠筒细长；雄蕊2枚，着生于花冠筒的中上部，花丝极短；雌蕊子房卵圆形，花柱细长，可达花冠筒的中部，柱头2裂。蒴果，四棱形，无毛，先端钝或尖。

（2）生长习性　喜光，稍耐阴；喜温暖及湿润气候，也耐寒，耐旱。生于山坡阳处。分布于甘肃、四川至西藏。北方园林有栽培。

花叶丁香（曹广才 摄）

（3）物候期 花期5月，果期9月。

5. 蓝丁香 *Syringa meyeri* Schneid.

蓝丁香（曹广才 摄）

（1）形态特征 木樨科丁香属矮灌木，枝叶密生，枝直立，灰棕色，具皮孔，小枝四棱形，被微柔毛，具皮孔。叶片椭圆状卵形或椭圆状倒卵形或近圆形，有时卵形，先端锐尖、短渐尖或钝，基部楔形、宽楔形或近圆形，叶缘具睫毛，上面深绿色，微带紫褐色，无毛下面淡绿色，无毛或沿叶脉基部被柔毛，叶柄长，无毛或被微柔毛。圆锥花序直立，由侧芽抽生，稀顶生，花密生；花序轴和花梗被微柔毛；花萼暗紫色，无毛或被微柔毛，萼齿锐尖；花冠蓝紫色，花冠管近圆柱形，裂片展开，长圆形先端内弯呈兜状而具喙；花药初浅棕色，后呈黑色，长圆形。果长椭圆形，先端渐尖，具皮孔。

（2）生长习性 北京、西安等地多作园林观赏树种。喜阳，喜土壤湿润而排水良好的条件。树形较矮而雅致，适庭院栽培，芳香四溢。

(3) 物候期 花期较长，每年开花2次，第1次4—6月，第2次8—9月。

6. 连翘 *Forsythia suspense* (Thunb.) Vahl.

连翘（曹广才 摄）

(1) 形态特征 又名一串金、旱莲子、黄奇丹。木樨科连翘属落叶灌木。枝开展或伸长，稍带蔓性，常着地生根，小枝梢呈四棱形，节间中空，仅在节部具有实髓。单叶对生，或成为3小叶；叶柄较短；叶片卵形、长卵形、广卵形以致圆形，先端渐尖、急尖或钝，基部阔楔形或圆形，边缘有不整齐的锯齿，半革质。花先叶开放，腋生。花萼4深裂，椭圆形；花冠上基部管状，上部4裂，裂片卵圆形，金黄色，通常具橘红色条纹；雄蕊2枚，着生于花冠基部；雌蕊1个，子房卵圆形，花柱细长，柱头2裂。蒴果狭卵形略扁，先端有短喙，成熟时2瓣裂。种子多数，棕色，狭椭圆形，扁平，一侧有薄翅。

(2) 生长习性 丛生于山野荒坡间，各地多有栽培。分布于辽宁、河北、河南、山东、江苏、湖北、江西、云南、山西、陕西、甘肃等地。扦插、播种、分株繁殖皆可。

(3) 物候期 花期3—5月，果期7—8月。

7. 茉莉花 *Jasminum sambac* (L.) Aiton

(1) 形态特征 又名小南强、木梨花、柰花等。木樨科素馨属常绿小灌木或藤本状灌木。枝条细长，小枝有棱角，有时有毛，略呈藤本状。单叶对生，叶片薄纸质，光亮，圆形、宽卵形或椭圆形，先端急尖或钝圆，基部圆形，全缘，叶脉明显，叶面微皱；叶柄短而向上弯曲，有短柔毛。初夏由叶腋抽出新梢。顶生聚伞花序，顶生或腋生，有花3~9朵，通常3~4朵。花萼裂片8~9，线形；花冠管长，白色，极芳香；雄蕊2枚，不外露，雌蕊子房2室。浆果球形，紫黑色。

茉莉花（曹广才　摄）

（2）生长习性　喜光稍耐阴，喜温暖气候，不耐寒。原产印度、伊朗、阿拉伯国家。多在中国广东、福建及长江流域江苏、湖南、湖北、四川栽培，北方也有盆栽。扦插、压条、分株繁殖均可。

（3）物候期　花期 5—8 月。果期 7—9 月。

8. 金叶女贞 *Ligustrum×vicaryi* Rehder

金叶女贞（曹广才　摄）

（1）形态特征　又名黄叶女贞。木樨科女贞属落叶灌木。是加州金边女贞和欧洲女贞的杂交种。枝灰褐色。单叶对生，叶片较大叶女贞稍小，革质，椭圆形或卵状椭圆形，端渐尖，有短芒尖，基部圆形或阔楔形，圆锥花序顶生，花白色。核果阔椭圆形，紫黑色。

（2）生长习性　喜光，耐阴性较差，耐寒力中等。适应性强，对土壤要求不严，但以疏松肥沃、通透性良好的沙壤土为最好。

（3）物候期　花期 5—6 月，果期 9—10 月。

9. 女贞 *Ligustrum lucidum* Ait.

女贞（曹广才　摄）

（1）形态特征　又名冬青、蜡树、女桢、桢木、将军树。木樨科女贞属常绿灌木或小乔木。树皮灰褐色，光滑不裂。树干直立或二、三干同出，成广卵形圆整的树冠。枝开展，无毛，皮孔明显，无毛。冬芽长卵形，无毛。叶片革质，卵形至卵状披针形，先端渐尖，基部圆形或阔楔形，全缘，叶面深绿色，有光泽，叶背淡绿色；有叶柄。圆锥花序顶生，最下面具叶状包片。花两性，花梗极短。花萼钟形，4 齿裂；花冠高脚碟状。4 裂片，白色，花冠筒与花冠裂片近等长；雄蕊 2 枚。着生在花冠管上；雌蕊花柱圆柱形，子房 2 室，每室 2 胚珠。浆果状核果，矩圆形，蓝黑色，被白粉。

（2）生长习性　喜光，稍耐阴；喜温暖，不耐寒；喜湿润，不耐干；产于长江流域及以南各地，甘肃南部及华北南部多有栽培，北京可露地栽培。

（3）物候期　产地花期 5—7 月，果期 10—12 月。

10. 迎春花 *Jasminum nudiflorum* Lindl.

（1）形态特征　又名迎春花、金腰带、串串金、迎春。木樨科迎春花属落叶灌木。枝条细长，绿色，有 4 棱，呈拱形下垂生长。三出复叶对生，叶片卵形至长圆状卵形，端极尖，表面光滑，全缘，缘有短睫毛，表面有基部突起的短刺毛。叶柄较短。花单生于叶腋间，先叶开放。苞片小。花萼裂片 5~6，线形，绿色；花冠高脚杯状，鲜黄色，外染红晕，顶端 6 裂，或成复瓣，约为花冠筒长度的 1/2。

（2）生长习性　喜光，稍耐阴，略耐寒，怕涝。原产于云南、西藏、甘肃、陕西和四川，主要分布在华北、辽宁、陕西、山东等地。

（3）物候期　花期 2—4 月，一般无果实。

迎春花（曹广才　摄）

三、马钱科

醉鱼草 *Buddleja lindleyana* Fort.

醉鱼草（曹广才　摄）

（1）形态特征　又名鱼尾草、醉鱼儿草槐木、闹鱼花等。玄参科醉鱼草属落叶灌木。小枝四棱形，嫩枝被棕黄色，单叶对生，叶柄很短；叶片卵形或卵状披针形，先端渐尖，基部楔形。全缘或有疏波状小齿，青绿色无毛，叶背疏生棕黄色星毛。冬芽具芽鳞，常叠生。花两性，成顶生直立穗状花序，花密集。花萼4裂，裂片三角形；花冠钟形，紫色，4裂，稍有弯曲，萼、瓣均被细白鳞片；雄蕊4枚，不外露；雄蕊子房2室，花柱1条，柱头2裂。蒴果，矩圆形，具鳞片。种子细小。

（2）生长习性　喜温暖湿润气候和深厚肥沃的土壤，适应性强，但不耐水湿。主产长红流域以南各地，华北地区也常见分布。

（3）物候期　花期 6—8 月，果熟期 10 月。

四、夹竹桃科

1. 白花夹竹桃 *Nerium oleander* ‘Paihua’

白花夹竹桃（曹广才　摄）

（1）形态特征　夹竹桃科夹竹桃属常绿灌木。无毛。树冠开展。枝直立而光滑，丛生，嫩枝具棱，分枝力强。叶披针形，常 3~4 叶轮生，枝条中下部多对生，全缘，厚革质，背面浅绿色；叶脉明显，侧脉扁平，密生而平行。枝叶内均有少量乳汁。聚伞花序顶生。花萼直立，花冠白色，有香气，漏斗状，5 裂，瓣上有皱，裂片向右扭旋，副花冠鳞片状，顶端撕裂。蓇葖果矩圆形。种子顶端黄褐色种毛。

（2）生长习性　白花夹竹桃为人工栽培变种。在中国南北各地均有分布，以云南、广西、广东、河北等地多见。

（3）物候期　花期 6—10 月，果期 12 至翌年 1 月。

2. 棒锤树 *Pachypodium namaquanum* var. *brevicalyx* Pachypodium

（1）形态特征　夹竹桃科棒锤树属多肉植物，茎高 1.5~2 m，不分枝，只有在生长点被破坏之后才在伤口下方萌发数个新枝。茎上密生 2~5 cm 的长刺；刺很有特点，它虽然没有刺座，但仍然是 3 根刺着生在一起，两根长刺呈“八”字形分开，中间夹 1 根短刺，刺为灰褐色，叶片生在 3 根刺下面。生长期茎顶簇生长卵形至长披针形的叶片，绿色，长 8~12 cm，宽 2~6 cm，中脉明显，颜色较淡，在叶背面突出，叶缘平整或呈波浪形；叶片在旱季脱落。花着生在叶腋部有红褐色茸毛，芳香。

（2）生长习性　原产纳米比亚，典型的旱生植物。夹竹桃科多肉植物中，棒锤树属是最重要的，而由于稀有，被引入中国的极少。棒锤树是多肉植物中第一批列为一级保护的种类，植物应收集作为珍贵的标本。观赏价值很高。

棒锤树（曹广才　摄）

（3）物候期　花期春季。

3. 黄花夹竹桃 *Thevetia peruviana*（Pers.）K. Schum.

黄花夹竹桃（曹广才　摄）

（1）形态特征　又名黄花状元竹、酒杯花。夹竹桃科黄花夹竹桃属常绿小乔木。全株无毛，有乳汁，树皮棕褐色，皮孔明显。叶互生，光亮无毛，叶片线形或狭披针形，顶端急尖或短渐尖，基部楔形，多向下表面反卷成筒状或槽状，上表面深绿色或灰绿色，下表面淡黄绿或灰黄绿色，具密集白色小点，侧脉羽状平行。花大，有香味，成顶生聚伞花序。花萼 5 深裂，裂片三角形；花冠黄色，漏斗状，5 裂片，左旋，喉部有 5 枚被毛鳞片；雄蕊 5 枚，着生于花冠喉部；雌蕊子房 2 室，柱头盘状，花盘黄绿色，5 浅裂。核果，扁三角状球形，熟时浅黄色，内有种子3~4粒。种子两面凸起，坚硬。

（2）生长习性　喜光，喜高温多湿，耐半阴。原产美洲热带、西印度群岛及墨西哥一带。中国广东、广西、福建、台湾、云南等地为栽培，长江流域及其以北可温室栽培。扦插、压条繁殖。

（3）物候期　花期6—12月，果期11月至翌年2月。

4. 蕊木 *Kopsia arborea* Blume

蕊木（曹广才　摄）

（1）形态特征　又名梅桂、马蒙加锁（傣族语）、长茎柯蒲木、云南蕊木。夹竹桃科蕊木属常绿乔木。具乳汁，树皮灰褐色。幼枝略有微毛，老枝无毛。叶腋间或叶腋内有线状钻形腺体。单叶对生，叶柄粗壮，基部楔形；叶片坚纸质，椭圆状长圆形或椭圆形，顶端短渐尖，全缘。光滑。聚伞花序复总状，着花多朵。花冠白色，高脚碟状。管纤弱，基部呈红色五星状，5裂，冠筒比冠片长。近端部膨大，冠片披针形；雄蕊生于冠管近顶部，花丝短而柔；花盘为2枚条状披针形舌状片所组成；雌蕊花柱长。核果椭圆形，外皮肉质。熟时红色，干时黑色。

（2）生长习性　国内分布在云南西双版纳，海拔500~800 m山坡树林中或山地路旁。国家级保护植物，稀有濒危植物。北方大型温室有栽培。

（3）物候期　花期4—9月，果期9—12月。

5. 夹竹桃 *Nerium oleander* L.

（1）形态特征　夹竹桃科夹竹桃属常绿大灌木。茎直立、光滑，为典型三叉分枝，嫩枝具棱。叶3~4枚轮生，在枝条下部为对生，叶柄短；叶片线状披针形至长圆披针形，全缘，革质，叶面光亮，背面浅绿色，侧脉羽状平生。夏季开花，花桃红色或白色，成顶生的聚伞花序。花萼5裂，花萼裂片广展，裂片三角状披针形，紫红色，直立；花冠漏斗形，5裂，深红或粉红色，5单瓣，微香，花冠筒喉部有5枚副花冠；雄蕊5枚，生于花冠筒中部以上，花冠筒喉部鳞片顶端多裂，雌蕊有2离生心皮，花柱1条，柱头近球形。蓇葖果2枚，圆柱形，种子顶端具毛。

夹竹桃（曹广才　摄）

（2）生长习性　喜光，喜温暖、湿润气候，不耐寒，耐旱力强。原产地中海，现欧洲、美洲、亚洲热带和亚热带地区有栽植。

（3）物候期　北方花期6—8月，果期7—10月。

五、马鞭草科

紫珠 *Callicarpa bodinieri* Levl.

紫珠（吴东兵　摄）

（1）形态特征　又名白棠子树、爆竹紫、白木姜、珍珠枫。唇形科紫珠属落叶灌木，多分枝。小枝梢呈紫红色，具星状毛。单叶对生。叶柄短；叶片倒卵形或披针形，先端急尖或尾状尖，基部楔形，叶缘上半部疏生细锯齿。聚伞花序腋生，具总梗，花多数。苞片线形。花萼杯状；花冠顶端4裂，紫色、白色或粉红色；雄蕊4枚，花丝长度约2倍于花冠。雌蕊子房无毛，有黄色腺点。核果球形，成熟后呈紫色，有光泽，不落果。

(2) 生长习性 原产中国中部和南方各地。常栽植于园林中。

(3) 物候期 花期5—7月，果期7—11月。

六、茄科

珊瑚樱 *Solanum pseudocapsicum* L.

珊瑚樱（曹广才 摄）

(1) 形态特征 茄科茄属直立分枝小灌木。叶双生，大小不相等，椭圆状披针形，先端钝或短尖，基部楔形下延成短柄，叶面无毛，叶下面沿脉常有树枝状簇茸毛，边全缘或略作波状，叶面无毛；花序短，腋生，花单生或成蝎尾状花序，花小，萼绿色，裂片卵状披针形，端钝，花冠白色，筒部隐于萼内，花药长圆形，子房近圆形，花柱短，柱头截形；浆果单生，球状，珊瑚红色或橘黄色，种子盘状，扁平。

(2) 生活习性 原产巴西；在中国栽培，有时归化为野生种，见于河北、陕西、四川、云南、广西、广东、湖南、江西等省。在四川、云南、广东、广西尤多见于田边、路旁、丛林中或水沟边，海拔1 350~2 800 m地区常见，600 m地区也有分布。

(3) 物候期 花期4—7月，果期8—12月。

七、紫葳科

硬骨凌霄 *Tecomaria capensis* Lindl.

(1) 形态特征 紫葳科黄钟花属半藤状或近直立灌木。枝细长，绿褐色，叶对生，奇数羽状复叶，小叶柄短，小叶片卵形至阔椭圆形，先端短尖或钝，基部阔楔形，边缘有不甚规则的锯齿，秃净或于背脉腋内有绵毛。总状花序顶生；萼钟状、花冠漏斗状，略弯曲，花冠橙红色至鲜红色，有深红色的纵纹，稍呈漏斗状，蒴果扁线形，略扁，多不结实。

硬骨凌霄（曹广才　摄）

（2）生长习性　喜温暖、湿润和充足的阳光。不耐寒，不耐阴。对土壤选择不严，喜排水良好的沙壤土。切忌积水。分布于广东、广西、云南等地。

（3）物候期　花期为8—11月。多不结实。

八、茜草科

1. 巴戟天 *Morinda officinalis* How

巴戟天（曹广才　摄）

（1）形态特征　茜草科巴戟天属藤状灌木。根圆柱形，肉质肥厚，生长过程中不规则断续膨大呈念珠状。茎有纵棱，幼时被褐色粗毛。单叶对生。叶柄较长，有褐色粗毛；叶片长椭圆形，先端短渐尖，基部钝或圆形，全缘。托叶鞘状，膜质。2~10花组成头状花序，生于小枝顶端，总花梗有污黄色短粗毛。花萼倒圆锥状，先端有不规则的齿裂；花冠白色，肉质，花冠管内面密生短粗毛，多数3深裂，有时14

裂；雄蕊与花冠裂片同数，花丝短；雌蕊子房下位，4 室，花柱纤细，2 深裂。核果近球形，熟时红色。核果内有 4 粒种子，近卵形或倒卵形，被白短柔毛。

（2）生长习性　生于山谷、溪边或山地林下。分布于江西、福建、海南、广西等地。北方大型温室有栽培。

（3）物候期　花期 4—7 月，果期 6—11 月。

2. 薄皮木 *Leptodermis oblonga* Bunge

薄皮木（吴东兵　摄）

（1）形态特征　又名小丁香等。茜草科野丁香属落叶小灌木。小枝有细柔毛。单叶对生。叶柄短而狭，有托叶；叶片椭圆状卵形至长圆形，先端尖，表面粗糙，背面密背短柔毛。数朵无柄花集合成头状，生于小枝顶部叶腋。小苞片基部至中部合生，长于花萼。花萼 5 齿裂；花冠紫色，长漏斗形，5 裂，外面及喉部有毛，裂片长椭圆状披针形。蒴果椭圆形，有宿存小苞片。

（2）生长习性　原产中国。生于低山阴坡。分布于华北、西北和长江以南谷地。

（3）物候期　花期 6—8 月，果期 10 月。

九、忍冬科

1. 朝鲜锦带花 *Weigela coraeensis* Thunb.

（1）形态特征　又名海仙花、二色锦带等。忍冬科锦带花属落叶灌木。小枝粗壮，无毛或近有毛。有柄单叶对生。叶片宽椭圆形或倒卵形，先端短渐尖，基部楔形，叶缘有细齿，表面深绿，背面淡绿，叶脉之间稍有毛。花数朵，组成腋生聚伞花序。花萼 5 裂；花冠漏斗状钟形，略呈二唇状，初开时白色、黄色或淡玫瑰红色，后渐变为深红色；雄蕊 5 枚，短于花冠；雌蕊子房下位，2 室。蒴果柱形。种子有翅。

朝鲜锦带花（曹广才　摄）

（2）生长习性　产于华东一带。北方露地栽培可越冬。分株或扦插繁殖。

（3）物候期　花期5—7月，果期9—10月。

2. 锦带花 *Weigela florida*（Bunge）A. DC.

锦带花（曹广才　摄）

（1）形态特征　忍冬科锦带花属落叶灌木。小枝细，紫红色，光滑或有细棱，当年生新枝绿色，有短柔毛，有柄单叶对生。叶片椭圆形至卵状长圆形或倒卵形，先端渐尖或骤尖，基部楔形，叶缘有浅锯齿，两面有短柔毛。花1~4朵顶生于短侧枝上，成为伞形花序。花萼5裂；花冠漏斗状钟形，外面粉红色，内面灰白色，5裂片，宽卵形；雄蕊5枚，着生于花冠中部，稍超出花冠；雌蕊子房下位，2室，柱头扁平，2裂。蒴果，2瓣室间开裂。种子多数，近无翅。

（2）生长习性　产于东北、华北、华东、西北各地。生于山谷杂木林缘或灌木。作为花灌木，多栽植于园林、庭院、路旁。

（3）物候期　花期6—8月，果期9—10月。

十、五福花科

1. 黑果荚蒾 *Viburnum melanocarpum* Hsu

黑果荚蒾（曹广才　摄）

（1）形态特征　别名绵毛荚蒾。五福花科荚蒾属落叶灌木。小枝有毛。单叶对生。有叶柄；叶片卵形至卵状披针形，先端尖或纯，基部圆形或宽楔形、叶缘有小齿，表面皱缩，两面有星状毛。小聚伞花序集成伞形复伞花序。花萼 5 齿裂；花冠白色，5 裂片长于筒部；雄蕊 5 枚，伸出花冠管：雌蕊子房 1 室。核果椭圆形，成熟过程中由红变黑色。

（2）生长习性　原产欧洲及亚洲西部。国内分布于江西、浙江、河南、安徽等地。北方大型园林已成功引种。

（3）物候期　花期 5—6 月，果熟期 8—9 月。

2. 红蕾荚蒾 *Viburnum carlesii* Hemsl.

红蕾荚蒾（曹广才　摄）

（1）形态特征　五福花科荚蒾属落叶灌木。单叶对生，有柄。叶片椭圆形或近圆形，灰绿色，表面皱缩，两面皆有细毛，叶缘有齿。聚伞花序顶生，半球形。花蕾粉红色，亮丽。开放时花萼 5 裂；花冠管外面粉红色，内面白色，5 裂；雄蕊 5 枚，较短，不伸出花冠；雌蕊子房 1 室。浆果状核果，黑色。

（3）物候期　花期 6—7 月，果期 9—10 月。

3. 桦叶荚蒾 *Viburnum betulifolium* Batal.

桦叶荚蒾（曹广才　摄）

（1）形态特征　又名卵叶荚蒾、阔叶荚蒾。五福花科荚蒾属灌木或小乔木。小枝紫褐色，幼时有毛，老时无毛。单叶对生。叶柄较长：叶片卵形，上表面微皱，叶缘具齿。伞状聚伞花序。花萼 5 齿裂：花冠辐状，5 裂，白色；雄蕊 5 枚；雌装子房 1 室，花柱短。浆果状核果近球形，红色。核扁，背、腹具浅沟。

（2）生长习性　分布于陕南、甘南及四川、贵州、云南、西藏等地。北方已成功引种。

（3）物候期　花期 6—7 月，果期 9—10 月。

4. 枇杷叶荚蒾 *Viburnum rhytidophyllum* Hemsl.

（1）形态特征　又名山枇杷、皱叶荚蒾。五福花科荚蒾属常绿灌木。全株被星状茸毛。单叶对生。有叶柄；叶片革质，卵状长圆形或长圆状披针形，先端钝尖，基部圆或微心，全缘或具小齿，叶面深绿色，皱缩，密生黄褐色星状毛。伞形花序。萼筒 5 裂，被黄白色星状毛；花冠 5 裂，白色；5 枚，伸出花冠管；雌蕊子房 1 室。核果卵形。

（2）生长习性　原产中国。分布于陕西、湖北、四川及贵州等地。已成功引种到北方。

（3）物候期　花期 4—5 月，果期 7—9 月。

枇杷叶荚蒾（曹广才　摄）

5. 修枝荚蒾 *Viburnum burejaeticum* Regel et Herd.

修枝荚蒾（曹广才　摄）

（1）形态特征　又名暖木条荚蒾。五福花科荚蒾属落叶灌木。小枝灰褐色，有星状短柔毛。单叶对生。叶柄较短；叶片卵形至椭圆形，先端急尖或钝，基部截形或微心形，叶缘具齿，叶上面微皱，两面皆有疏毛。聚伞花序顶生。花萼 5 齿裂；花冠筒钟状，5 裂，白色；雄蕊 5 枚，伸出花冠外，花药黄色；雌蕊子房 1 室，花柱短。浆果状核果，椭圆形，成熟时蓝黑色。

（2）生长习性　原产中国。大型植物园有栽培。

（3）物候期　花期 6—7 月，果期 9—10 月。

6. 玫瑰欧洲荚蒾 *Viburnum opulus* Linn.

（1）形态特征　又名欧洲绣球、欧洲琼花。五福花科荚蒾属落叶灌木。枝浅灰色，有毛。单叶对生，叶柄较长，近端处有盘状大腺体；叶片轮廓近圆形，渐尖，基部楔形，3 裂或 5 裂，裂片有不规则粗齿，背面有毛。复聚伞花序，稍扁平，生于侧枝顶端，大型，白色，有1圈不孕边花，中间为两性花。花萼和花冠皆5裂；雄蕊5枚，花药黄色；雌蕊子房1室。核果近球形，红色。

玫瑰欧洲荚蒾（曹广才　摄）

（2）生长习性　原产欧洲、北非及亚洲北部。中国已成功引种栽培。

（3）物候期　花期5—6月，果期8—9月。

7. 鸡树条 *Viburnum opulus* subsp. *calvescens*（Rohder）Sugim

鸡树条（曹广才　摄）

（1）形态特征　又名萨氏荚蒾、佛头花、并头花天目琼花。五福花科荚蒾属落叶灌木。暗灰色，浅纵裂，小枝有明显皮孔。单叶对生。叶柄较长，有毛，基部有2托叶，顶端有2~4个腺体；叶片轮廓宽卵形至卵圆形，通常3裂，裂片边缘具不规则齿，掌状3出脉。聚伞花序组成复伞形花序，生于侧枝顶端边缘有大型白色不孕花，中间为两性花。萼筒5浅裂；花冠乳白色，5裂，辐状；雄蕊5枚，长于花冠；雌蕊子房1室；果近球形，鲜红色。

（2）生长习性　原产中国，发现于浙江天目山地区。野生于山谷、林下山坡。已广泛引种栽培，种子繁殖或扦插繁殖。见于园林，也见于行道树。

（3）物候期　花期 5—6 月，果期 8—9 月。

8. 忍冬 *Lonicera　japonica* Thunb.

忍冬（吴东兵　摄）

（1）形态特征　别名金银花、金银藤、鸳鸯藤等。忍冬科忍冬属落叶攀缘性灌木。幼枝密生柔毛和腺毛。单叶对生。叶柄短；叶片卵形至卵状椭圆形，幼时两端被毛，先端短渐尖或纯，基部圆形至近心形，全缘。2 花成对生于叶腋。苞片叶状，边缘有纤毛。萼筒无毛，5 裂；花冠二唇形，上唇 4 裂，常合并、直立，下唇反转，约与花冠筒等长，初开时白色，后变黄色，有芳香；雄蕊 5 枚，与雌蕊花柱均稍超出花冠。浆果球形，黑色。

（2）生长习性　原产于中国。生于山坡灌丛和疏林中。除野生外，各地林院多栽培。

（3）物候期　花期 6—8 月，果期 8—10 月。

9. 金银忍冬 *Lonicera maackii*（Rupr.）Maxim.

金银忍冬（曹广才　摄）

（1）形态特征　又名金银木等。忍冬科忍冬属落叶灌木或小乔木。树皮灰黄色，纵裂，小枝中空。单叶对生。叶柄较短，叶片卵状椭圆形至卵状披针形。顶端渐尖，两面叶脉上有毛。总花柄短于叶柄，有腺毛。花成对，腋生，相邻两花的萼筒分离；花冠二唇形，上唇4浅裂，下唇稍反卷，白色，后变黄色，芳香；雄蕊5枚，与雌蕊花柱均短于花冠。浆果球形，红色。

（2）生长习性　山野林下多见。广泛分布于东北、华北、华中、中南和西南各地。

（3）物候期　花期5—6月，果期8—10月。

10. 接骨木 *Sambucus williamsii* Hance

接骨木（曹广才　摄）

（1）形态特征　又名续骨木等。忍冬科接骨木属落叶灌木。树皮浅灰褐色，无毛，有纵条棱。奇数羽状复叶对生，小叶5~7片。有总叶柄，下部2对小叶有柄；小叶片长圆状卵形，叶缘有不整齐锯齿。圆锥花序顶生，由多数聚伞花序组成。花小。花萼5裂，裂片三角形；花冠有香气，黄白色，辐状，5裂，花期裂片向外反折，裂片宽卵形，5枚，着生于花冠裂片上并与之互生；雌蕊子房下位，柱头2裂，近球形。核果状浆果，红色或紫黑色。种子有皱纹。

（2）生长习性　产于中国，生于山地灌丛、林缘，分布遍及全国，多栽培。

（3）物候期　花期6—7月，果期8—9月。

11. 糯米条 *Abelia chinensis* R. Br.

（1）形态特征　又名茶条树等。忍冬科糯米条属落叶灌木。老干树皮纵裂，嫩枝纤细，红褐色。单叶对生。叶柄短，叶片卵形或全椭圆状卵形。先端渐尖或短尖，基部宽钝或圆形。叶缘疏生浅齿。背面有白色柔毛。圆锥状聚伞花序顶生或生于枝稍叶腋。花萼5片。粉红色，花后宿存；花冠漏斗状，5裂，白色至粉红色，芳香；雄蕊4枚；雌蕊子房3室。瘦果状核果。

糯米条（曹广才　摄）

（2）生长习性　原产中国。多生于湿润山地、溪边、灌丛、疏林等环境中。分布于华中、华南、陕西、四川等地。较耐寒，北方可露地栽培。

（3）物候期　花期 9 月，果期 10 月。

十一、桔梗科

风铃草 *Campanula medium* L.

风铃草（曹广才　摄）

（1）形态特征　又名钟花、瓦筒花、风铃花。桔梗科风铃草属多年生草本。叶全互生，基生叶有的成莲座状。花单朵顶生，或多朵组成聚伞花序，聚伞花序有时集成圆锥花序，也有时退化，既无总梗，亦无花梗，成为由数朵花组成的头状花序。花萼与子房贴生，裂片 5 枚，有时裂片间有附属物。花冠钟状，漏斗状或管状钟形，有时几乎辐状，5 裂。雄蕊离生，极少花药不同程度地相互黏合，花丝基部扩大成片状，花药长棒状。柱头 3~5 裂，裂片弧状反卷或螺旋状卷曲。无花盘。子房下位，3~5 室。蒴果 3~5 室，带有宿存的花萼裂片，在侧面的顶端或在基部孔裂。种子多数，椭圆状，平滑。

（2）生长习性　喜冬暖夏凉、光照充足、通风良好的环境，不耐干热，耐寒性不强，喜深厚肥沃、排水良好的中性土壤，微碱性土壤中也能正常生长。中国近 20 种，主产西南山区，少数种类产北方，个别种也产广东、广西和湖北西部。

（3）物候期　花期 4—5 月，果期 6—7 月。

十二、虎耳草科

草绣球 *Cardiandra moellendorffii*（Hance） Migo

草绣球（曹广才　摄）

（1）形态特征　又名绣球、阴绣球、斗球等。绣球花科草绣球属落叶灌木。小枝粗壮，无毛，皮孔和叶痕明显。单叶对生，有叶柄；叶片椭圆形至宽卵形，先端短渐尖，基部阔楔形，叶缘有锯齿。伞房花序顶生，有总梗，具柔毛。花的中央为可孕两性花，扁平状，外围为不孕花，全部开放时成为大的圆球形，白色、粉红色或蓝色。花萼 4 片，花瓣状，阔卵形。

（2）生长习性　原产中国。分布于长江流域及以南各地。属于短日植物。全国各地有栽培。

（3）物候期　花期 6—8 月。

十三、金缕梅科

红花檵木 *Loropetalum chinense* var. *rubrum* Yieh

（1）形态特征　又名红桎木、红檵花等。金缕梅科檵木属常绿灌木或小乔木。嫩枝暗红色，有星状毛。单叶互生，有短柄，叶片革质。卵形，先端急尖。

基部近圆形，全缘，越冬老叶暗红色。花 4~8 朵簇生于总状花梗上，呈顶生头状或短穗状花序。花两性。花萼筒倒圆锥形。被星状毛，4 萼齿，卵形，花后脱落，花瓣 4 枚，淡紫红色，带状线形；雄蕊花丝极短。花药 4 室。瓣裂，药隔突出。退化雄蕊鳞片状，与雄蕊互生，雌蕊子房半下位。蒴果木质，被星状毛，2 片裂，每片 2 浅裂。果柄极短或近无柄。种子长卵形，黑色，光亮。

红花檵木（曹广才　摄）

（2）生长习性　国内分布于长江中下游及以南地区。红花檵木是湖南省株洲市市花。北京大型温室有栽培。印度也有分布。

（3）物候期　花期 4—5 月，果期 9—10 月。

十四、山榄科

人心果 *Manilkara zapota*（L.）Van Royen

（1）形态特征　又名吴凤柿、赤铁果、奇果等。山榄科铁线子属乔木，小枝茶褐色。叶互生，密聚于枝顶，革质，长圆形或卵状椭圆形，先端急尖或钝，基部楔形，全缘或稀微波状，两面无毛，具光泽；花生于枝顶叶腋，密被黄褐色或锈色茸毛；花萼外轮 3 裂片长圆状卵形，内轮 3 裂片卵形，略短，外面密被黄褐色茸毛，内面仅沿边缘被茸毛；花冠白色，花冠裂片卵形，先端具不规则的细齿，花丝丝状，基部加粗，花药长卵形；子房圆锥形，密被黄褐色茸毛；花柱圆柱形，基部略加粗。浆果纺锤形、卵形或球形，褐色，果肉黄褐色；种子扁。

（2）生长习性　性喜高温多湿，不耐寒，土壤以肥沃深厚的沙质或黏质壤土为宜，排水、日照需良好，生长缓慢。原产美洲热带地区，广东、广西、云南（西双版纳）有栽培。

人心果（曹广才　摄）

（3）物候期　花期4—9月，果期9—10月。

参考文献

阿丽米拉·阿依库尔曼，2016. 小区花木在现代园林中的应用与发展［J］. 中国农业信息（13）：133.
阿丽香，2020. 乌兰浩特市园林植物引种驯化情况调查研究［J］. 内蒙古林业调查设计，43（4）：40-44.
安兴林，陈淑英，2009. 红果小蘗、鞑靼忍冬等野生花灌木引种驯化繁育技术［J］. 农村科技（9）：56-57.
安永芳，冯云霄，李宪德，等，2004. 园林花卉苗木压条繁殖技术［J］. 河北农业科技（4）：29.
安永鹏，2014. 六盘山野生珍珠梅的引种驯化研究［J］. 陕西农业科学，60（3）：61-62.
巴奎，2016. 园林植物的引种与驯化［J］. 现代园艺（12）：115.
北京林学院，1979. 林木病理学［M］. 北京：农业出版社.
北京林学院，1980. 森林昆虫学［M］. 北京：农业出版社.
北京师范大学生物系植物组，1978. 北京地区植物检索表［M］. 北京：人民出版社.
陈丹，2021. 现代园林景观的空间类型与设计探究［J］. 现代园艺，44（18）：60-61.
陈刚，王咏梅，吕东，等，2021. 水栒子在河西干旱半干旱区张掖市的引种适应性［J］. 林业科技通讯（8）：32-35.
陈杰，韩维栋，莫定鸣，等，2012. 野生土坛树资源的利用研究［J］. 广东林业科技，28（6）：77-80.
陈俊愉，程绪珂，严玲璋，等，1998. 中国花经［M］. 上海：上海文化出版社.
陈俊愉，余树勋，王大钧，等，1996. 中国农业百科全书观赏园艺卷［M］. 北京：农业出版社.
陈恺之，2018. 浅议绿化养护管理中花灌木的修剪技术［J］. 花卉（2）：40.
陈淑英，陈幻林，秦玉林，等，2006. 野生花灌木的引种驯化繁育［J］. 中国林业，7A：40-41.
陈铁如，吴钟玲，于万利，等，1992. 农业气候相似理论在蔬菜引种中的应用［J］. 吉林农业大学学报，14（1）：19-22.
陈为民，2012. 花灌木在城市园林绿地中的配置［J］. 中国园艺文摘（4）：59-60.
陈有民，1990. 园林树木学［M］. 北京：中国林业出版社.
程金水，刘青林，2000. 园林植物遗传育种学［M］. 北京：中国林业出版社.
达尔文，1963. 动物和植物在家养下的变异［M］. 方宗熙，叶晓，译，北京：科学出版社.
董德军，钟玉峰，张正国，2005. 野生树种的引种驯化［J］. 林业实用技术（5）：42-43.
段晓明，2007. 青海野生观赏花灌木资源及应用［J］. 河北林业科技（2）：25-26.
方岩，2019. 太原园林绿地花灌木种群调查及应用分析［J］. 山西林业科技（3）：49-51，58.
房丽君，贾明贵，1996. 植物引种驯化过程中的病虫害问题及其防治对策［J］. 西北植物学报，16（5）：1-4.
冯正波，庄平，张超，等，2004. 野生杜鹃花迁地保护适应性评价［J］. 云南植物研究（5）：497-506.
高更良，张景学，1994. 四平郊区野生花卉资源调查报告［J］. 松辽学刊（自然科学版）（2）：77-79.
过春芳，胡惠根，朱丹，2013. 杜鹃花的特征特性及扦插繁殖技术［J］. 现代农业科技（6）：156-157.
汉梅兰，杨永花，李文哲，2008. 适宜兰州地区栽植的新优花灌木［J］. 甘肃农业科技（1）：49-52.
何海洋，彭方仁，张瑞，等，2016. 嫁接繁殖研究进展及其在林木遗传改良中的应用前景［J］. 世界林业研究（4）：25-29.
何柳娴，2019. 几种开花灌木的引种栽培及园林应用［J］. 花卉（4）：78-79.
贺士元，1984. 北京植物志［M］. 北京：北京出版社.
贺士元，邢其华，尹祖堂，1993. 北京植物志［M］. 北京：北京出版社.
侯国华，马骏骥，吴生广，等，2015. 欧李分株繁殖技术研究初报［J］. 林业科技通讯（3）：32-33.
胡中成，蒋文娟，马新乔，等，2005. 牡丹嫁接繁殖技术［J］. 浙江林业科技（5）：34-36.
华烨，肖俊安，向导，2021. 北疆地区膜下滴灌引种兰州百合的农业气候适应性［J］. 贵州农业科学，49（3）：96-100.
黄超群，周金，2021. 浙江省几种野生观赏植物引种驯化研究初报［J］. 现代园艺，44（7）：52-54.
黄宏文，段子渊，廖景平，等，2015. 植物引种驯化对近500年人类文明史的影响及其科学意义［J］. 植物学报，50（3）：280-294.
黄三秀，刘蕊，江灶发，2011. 我国观赏植物种质资源特点与保护对策［J］. 现代农业科技（7）：229-231.
霍应强，2016. 植物引种栽培驯化过程中比较植物生态地理学的运用［J］. 林业与环境科学，32（6）：97-101.
贾乃仟，陈野，2015. 观花灌木在园林绿化中的应用［J］. 现代农业（4）：80.
金波，1998. 常见花卉图谱［M］. 北京：农业出版社.
晋苗苗，2019. 园林绿化中观赏花灌木无干造型技术［J］. 新农业（5）：22-24.
邝先松，陈松，曾赣林，2005. 园林树木常见病虫害防治［J］. 江西林业科技（3）：56-58.
黎晓青，2021. 生态规划理念在园林景观设计中的表达［J］. 居业（7）：15-16.
黎雪佼，2020. 园林绿化中观赏花灌木无干造型技术［J］. 种子科技（2）：47-48.
李国兴，张慧，陈学君，2015. 山东地区野生观赏植物引种栽培实验［J］. 科学种养（9）：119-121.
李丽纯，陈家金，林晶，等，2010. 基于模糊相似优先比的闽台两地果树气候相似性分析［J］. 中国生态农业学报，21（9）：1 149-1 156.
梁洁，2018. 植物引种栽培驯化过程中比较植物生态地理学的运用［J］. 绿色环保建材（4）：58.
廖成松，康俊霞，郭梁，2017. 国内野生观赏植物研究现状综述与展望［J］. 农业技术与装备（3）：21-23.
林栋，2012. 浅析园林新优品种引种驯化与应用［J］. 福建建材（11）：86-87.
刘宏伟，邱海峰，海瑜，等，2018. 园林花卉的无性繁殖技术［J］. 绿色科技（15）：126-127.
刘利，李太允，闫胜勇，等，2002. 长白山野生百合栽培技术［J］. 吉林林业科技，31（1）：59-60.
刘明财，崔凯峰，梁勇君，等，2004. 东北百合的开发利用及栽培技术［J］. 吉林林业科技，33（3）：17-20.
刘平秀，李晓建，刘杉，等，2009. 野生园林观赏植物的引种驯化试验［J］. 天津农林科技（4）：14-15.
刘欣，2016. 生态型园林景观设计的植物配置分析［J］. 现代园艺（18）：79.
龙韬，2011. 我国观赏植物资源研究现状及发展趋势［J］. 北京农业（6下）：53-55.
卢辉，王瑞，胡慧，等，2019. 6种落叶花灌木及其在廊道绿化中的养护管理［J］. 现代园艺（19）：73-74.
马德滋，刘惠兰，1986. 宁夏植物志第一卷［M］. 银川：宁夏人民出版社.
马德滋，刘惠兰，1990. 宁夏植物志第二卷［M］. 银川：宁夏人民出版社.
毛亦杨，2020. 野生土坛树在南方滨海绿化中的引种驯化探讨［J］. 防护林科技（4）：3.
蒲凌奎，王前，姚永刚，等，2019. 北京八达岭林场野生观花植物资源调查［J］. 北京农学院学报，34（2）：108-112.
祁如雄，2008. 青南牧区野生金露梅、银露梅人工驯化研究［J］. 现代农业科技（18）：32.
沈金元，彭华华，2012. 浅析影响园林植物引种驯化成败的因素［J］. 科技创新与应用（16）：103.
沈漫，曹广才，袁兴福，2010. 中国北方木本花卉［M］. 北京：中国农业科学技术出版社.
盛诚桂，俞德浚，1984. 植物的引种驯化［J］. 植物杂志（2）：2-4.
师晨娟，刘勇，胡长寿，2002. 青海云杉硬枝扦插繁殖研究［J］. 江西农业大学学报（2）：259-263.
四川林业学校，1979. 土壤学［M］. 北京：农业出版社.
宋满珍，丁剑敏，蒋波，等，2016. 庐山地区野生观赏乔木植物资源及合理利用［J］. 沈阳农业大学学报（社会科学版），18（2）：229-235.
孙可群，1985. 花卉及观赏树木栽培手册［M］. 北京：中国林业出版社.
孙青竹，2021. 浅谈园林植物中引种驯化方向的分析［J］. 农业与技术，41（10）：122-124.
孙珊珊，朱新宇，刘焕婷，2015. 植物引种驯化的概念、意义及影响因素分析［J］. 防护林科技（1）：77-78.
孙晓锋，赵文方，陈卫萍，2015. 24种新优花灌木应用价值的综合评价

[J]. 上海交通大学学报（农业科学版），33（3）：80-85.
田朝阳，胡颖，郭二辉，等，2008. 河南野生木本紫花观赏植物资源调查分析［J］. 西北农林科技大学学报（自然科版）（2）：134-142.
田国庆，2016. 九种引种驯化植物的应用价值探析［J］. 国土绿化（5）：48-49.
田洪，赵占英，张宝国，1998. 长白山野生百合的栽培技术［J］. 农村天地（6）：30.
田媛媛，张秀新，王顺利，等，2015. 北京地区牡丹秋季嫁接繁殖技术［J］. 中国园艺文摘（12）：144-145.
汪源，鞠波，2006. 中国野生杜鹃资源开发利用探讨［J］. 生物学杂志（1）：43-44.
王德泉，孟繁英，2015. 观花类灌木整形修剪技术［J］. 现代农村科技（5）：47.
王海东，纪全武，王海英，2009. 花灌木摘叶反季栽植技术［J］. 中国林副特产（1）：47-48.
王豁然，江泽平，1995. 论中国林木引种驯化策略［J］. 林业科学，31（4）：367-372.
王吉智，沈家智，吴以德，等，1990. 宁夏土壤［M］. 银川：宁夏人民出版社.
王俊英，宇振荣，2012. 北京农田景观建设［M］. 北京：中国农业科学技术出版社.
王瑞，胡慧，卢辉，等，2019. 廊道绿化中落叶花灌木养护管理技术［J］. 现代农业科技（15）：175-176.
王新民，石玉萍，曹慧琴，2002. 大坝发电厂绿化植物引种驯化的栽培管理技术［J］. 宁夏农林科技（5）：25-30.
王毅承，2018. 花灌木在北方城市园林绿化中的应用［J］. 现代农业（9）：58-60.
王印政，王遂义，曹冠武，等，1992. 植物引种驯化的区系学研究［J］. 河南农业大学学报，26（3）：310-314.
王永辉，2015. 花灌木在园林绿化中的应用［J］. 现代园艺（24）：148.
魏薇，王立群，塔娜，2009. 浑善达克沙地野生花灌木资源及其园林应用价值［J］. 内蒙古林业科技，35（1）：53-56.
魏育钢，蓝登明，李钢铁，2015. 内蒙古贺兰山野生花灌木资源观赏及潜在开发利用价值评价［J］. 内蒙古林业科技，41（4）：13-17.
温静怡，开泽滑，龚森，2021. 杨凌区几种蔷薇科野生观赏植物引种驯化研究［J］. 种子科技，39（17）：16-17.
翁国盛，赵利群，周勇，等，2017. 哈尔滨市花灌木在园林绿化中的配置［J］. 防护林科技（11）：77-79.
吴丹，张锦，古书鸿，等，2015. 贵州水城县与四川苍溪县红阳猕猴桃种植的气候相似性分析［J］. 贵州气象，39（3）：35-38.
吴雅文，姚兵，白天，等，2016. 雪椿种源地和引种地气候研究［J］. 广东园林，38（5）：37-40.
吴中伦，1994. 国外树种引种概论［M］. 北京：科学技术出版社.
肖楠，陈建伟，樊宏弛，等，2015. 野生观赏植物资源及园林应用研究进展［J］. 安徽农业科学，43（8）：195-199.
邢景景，刘国锋，曾凤，等，2019. 淡黄花百合的引种驯化与繁殖栽培技术［J］. 中国野生植物资源，38（5）：88-92.
徐兴友，郭学民，王同坤，等，2005. 两种野生花灌木硬枝扦插繁殖试验［J］. 西北林学院学报，20（2）：104-106，120.
徐兴友，王同坤，孟宪东，等，2003. 燕山东段野生花灌木资源及其在园林中的应用［J］. 河北职业技术师范学院学报，17（4）：25-28.
许红霞，汪明，付永飞，等，2022. ‘绿翡翠’野黄桂品种在江汉平原的引种驯化试验［J］. 湖北林业科技，51（3）：22-24.
闫晗，2017. 刍议花灌木在园林绿化中的应用［J］. 科技与创新（7）：111.
阎翠兰，丽念缘，1990. 青海花卉［M］. 西宁：青海人民出版社.
杨利霞，孟茹，王楚，等，2015. 汉中茶区与国内名茶产区农业气候相似性研究［J］. 陕西农业科学，61（11）：55-58.
杨守志，刘丰权，王秀艳，2000. 几种野生百合的引种栽培［J］. 北方园艺（3）：31.
杨书才，王华，2011. 植物引种驯化理论与实践述评［J］. 吉林农业（6）：302.
杨炜茹，张启翔，2008. 中国野生百合种子资源调查与引种驯化研究进展［J］. 安徽农业科学，36（19）：8 066.
杨小雨，2013. 浅谈园林植物的压条繁殖方法［J］. 吉林蔬菜（12）：60-61.
杨志恒，孙艳，林博，等，2020. 10种槭属植物的生态适应性评价［J］. 贵州农业科学，48（9）：103-108.
易晓洁，2020. 花灌木在园林绿化中的应用［J］. 湖北农机化（21）：39-40.
尹朝朝，2016. 花灌木在园林绿化中的应用［J］. 建筑节能（19）：169-

170.
于安明，2021. 金山绣线菊引种及繁殖技术研究［J］. 农业开发与装备（2）：66-67.
于化杰，2016. 试论花灌木在园林绿化中的运用［J］. 农林科技，26（6）：70.
于庆，张玉国，2019. 长白山林区野生观花灌木资源的开发［J］. 特种经济动植物（1）：32-33.
余治家，袁彩霞，余杨春，等，2008. 野生花灌木金花忍冬繁育技术研究［J］. 陕西农业科学，54（5）：112-114.
俞杭见，2015. 北方地区红王子锦带扦插繁殖技术［J］. 辽宁农业科学（1）：86-87.
袁淑荣，李天亮，2006. 气候相似理论在引种中的应用与探讨［J］. 种子世界（7）：36-38.
查振道，郭建喜，白芳芳，等，2009. 秦岭植物的引种与开发应用［J］. 中国城市林业，7（2）：68-70.
曾妍锋，2018. 天津市西青郊野公园花灌木的应用［J］. 现代农业（9）：54-56.
张宝鑫，杨洪杰，成仿云，2017. 北京地区园林植物引种栽植［J］. 农学学报，7（11）：74-79.
张冬梅，张浪，有祥亮，等，2020. 气候障碍因子对城市绿化适生树种选择的影响——以上海世博公园为例［J］. 中国园林，36（5）：94-98.
张凡，张全生，李淑玲，等，2021. 固原地区彩叶观赏树种引种驯化试验初报［J］. 河南农业（5）：34-38.
张君艳，张军军，黄亚刚，2012. 几种耐阴野生花灌木在园林绿化中的应用［J］. 黑龙江农业科学（3）：93-94.
张俊桦，2019. 园林花灌木栽植的色彩搭配方法及应用［J］. 现代园艺（14）：115-116.
张乐华，王书胜，单文，等，2014. 基质激素种类及其浓度对鹿角、杜鹃扦插育苗的影响［J］. 林业科学，50（3）：45-54.
张琳，2015. 园林花灌木栽培的色彩搭配方法及应用［J］. 现代园艺（23）：93-94.
张日清，何方，2001. 植物引种驯化理论与实践述评［J］. 广西林业科学，30（1）：1-6.
张万玉，张万刚，2021. 浅析高山杜鹃的引种驯化与栽培管理［J］. 广东蚕业，55（12）：120-121.

张燕燕，吉志红，陈莹，2017. 三门峡烟区与国外烟区气候相似性分析［J］. 农学学报，7（8）：43-47.
赵丙和，2008. 浅谈树木引种驯化技术［J］. 山西林业科技（1）：51-52.
赵晓波，2016. 太原花灌木调查研究［J］. 山西林业（5）：40-41.
赵永梅，2019. 花灌木在北方城市园林绿化中的应用探讨［J］. 花卉（24）：133-134.
赵勇，姚旭东，2008. 丁香的嫁接繁殖与苗期管理［J］. 青海农林科技（4）：73-75.
赵宇，韩海波，2016. 观花灌木在漯河市园林景观中的应用［J］. 现代园艺（23）：101-102.
郑艾琴，胡维宝，2014. 六盘山野生花灌木绣球绣线菊的组培快繁试验研究［J］. 宁夏农林科技，55（9）：9-10，24.
郑川，闵怡，顾欣，等，2011. 修文县花椒引种的农业气候相似诊断分析［J］. 安徽农业科学，39（12）：7 138-7 139，7 146.
郑亚明，2021. 以月季景观为主题的农业生态园研究［J］. 河北农机（13）：143-144.
中等农校教科书编辑委员会，1958. 栽培学［M］. 北京：农业出版社.
中国科学院华南植物研究所，1998. 广东植物志第三卷［M］. 广州：广东科技出版社.
中国科学院植物研究所，1985. 中国高等植物图鉴［M］. 北京：科学出版社.
中国科学院中国植物志编辑委员会，1984. 中国植物志第四十九卷第二分册［M］. 北京：科学出版社.
周军峰，2017. 园林花灌木的整形修剪要点探析［J］. 现代园艺（2）：42.
周特先，李岳坤，1988. 宁夏国土资源［M］. 银川：宁夏人民出版社.
周繇，2002. 长白山百合属植物野生资源及其开发利用［J］. 中国野生植物资源，21（3）：22-23.
周媛，陈法志，董俊，等，2010. 木本野生观赏植物的引种驯化与耐阴性研究［J］. 湖北农业科学，49（10）：2 469-2 472.
朱春艳，包志毅，唐宇力，2006. 杜鹃花赏析［J］. 生物学通报，41（6）：16-17，64.
朱慧芬，张长芹，龚洵，2003. 植物引种驯化研究概述［J］. 广西植物，23（1）：52-60.
朱庆松，胡松梅，张伟艳，2018. 园林花卉［M］. 西安：世界图书出版公司.

竺利波，顾万春，李斌，2007. 花灌木种质资源及其遗传多样性研究［J］. 植物遗传资源学报，8（2）：240-245.

宗凯华，2018. 浅谈园林花灌木在城市美化中的前景应用［J］. 花卉（14）：138-139.